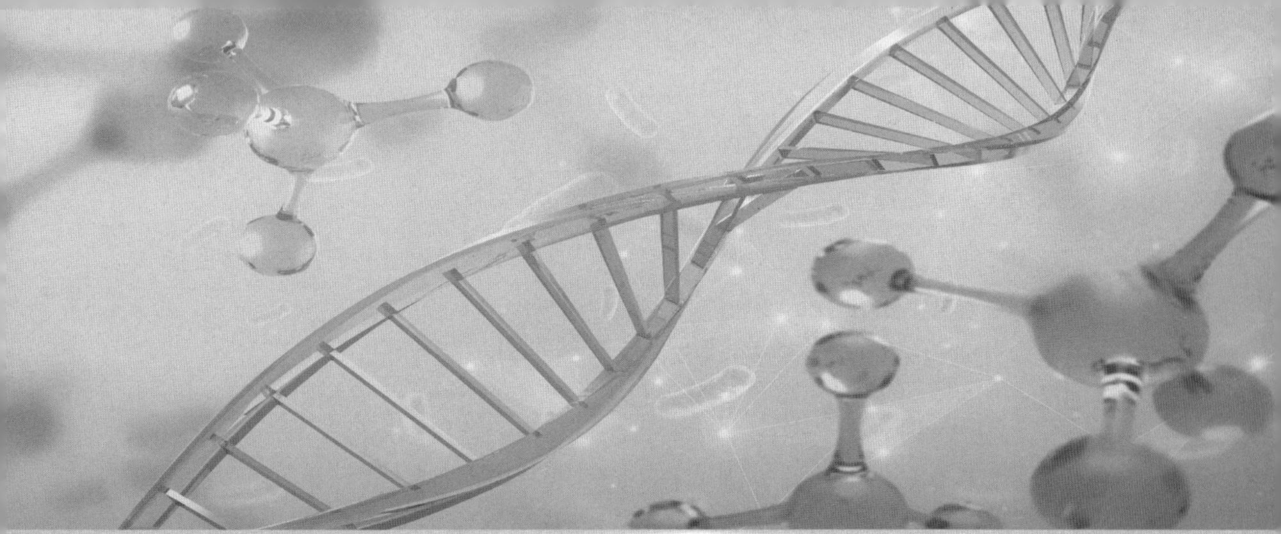

基因工程原理与技术研究

程双怀 著

重庆大学出版社

图书在版编目(CIP)数据

基因工程原理与技术研究/程双怀著.--重庆:重庆大学出版社,2020.6

ISBN 978-7-5689-2137-4

Ⅰ.①基… Ⅱ.①程… Ⅲ.①基因工程 Ⅳ.①Q78

中国版本图书馆 CIP 数据核字(2020)第 077962 号

基因工程原理与技术研究

JIYIN GONGCHENG YUANLI YU JISHU YANJIU

程双怀 著

策划编辑:鲁 黎

责任编辑:张红梅 版式设计:鲁 黎

责任校对:刘志刚 责任印制:张 策

*

重庆大学出版社出版发行

出版人:饶帮华

社址:重庆市沙坪坝区大学城西路 21 号

邮编:401331

电话:(023) 88617190 88617185(中小学)

传真:(023) 88617186 88617166

网址:http://www.cqup.com.cn

邮箱:fxk@ cqup.com.cn (营销中心)

全国新华书店经销

重庆俊蒲印务有限公司印刷

*

开本:787mm×1092mm 1/16 印张:14.25 字数:314 千

2020 年 6 月第 1 版 2020 年 6 月第 1 次印刷

ISBN 978-7-5689-2137-4 定价:58.00 元

前　言

Preface

生命科学在20世纪有了惊人的发展,并已成为21世纪发展最快的领头科学之一。以生命科学领域中的基因工程技术为代表的新型生物技术,已成为推动生命科学持续发展的主要动力。近年来,基因工程技术不断发展、日趋成熟,成为探索复杂生命活动规律的重要技术。同时,利用基因工程技术开发、生产生物药物、生物制品、生物材料等方面的应用研究也蓬勃开展,对相关产业的发展起到前所未有的巨大推动作用。可以预测,21世纪必将成为基因工程技术等众多生物技术推动生命科学发展的世纪。

为了紧跟生命科学发展的步伐,适应新时代学科发展和高等教育改革的需要,充分体现素质教育、创新教育及个性教育的思想,笔者根据目前生命科学领域中基因工程技术的研究与应用现状,结合普通高等院校生物类本科专业的教学特点和培养目标要求,以及应用型、复合型人才培养特点撰写了本书,以满足普通高等教育对人才培养的要求。

本书共十二章,内容有基因工程概论,基因与基因表达调控,基因组测序及分析,基因编辑,PCR的原理和应用,基因工程常用载体,核酸工具酶,核酸的分离纯化,目的基因的克隆,重组子的构建、转化和筛选,大肠杆菌表达系统,酵母表达系统等。

基因工程是一门发展迅速的新兴学科,其研究与应用十分广泛,新的成果层出不穷,再加上编者水平有限,书中疏漏与错误在所难免,恳请同行专家、读者批评指正。

编　者

2020年1月

目　录

Contents

第一章　基因工程概论

19 世纪中叶，西方世界普遍信奉“创世说”，相信上帝是世间万物的主宰。英国生物学家 C.R.Darwin 经过数年的环球考察，提出了著名的进化论，出版了《物种起源》一书。达尔文在书中用大量事实证明了“物竞天择，适者生存”的进化思想。与此同时，德国植物学家 M.J. Schleiden 和动物学家 Theodor Schwann 经过多年的研究，发现所有生命组织的基本组成单位都是形态相似、分化不同的细胞，由此创立了细胞学说，促进了“进化论”与“细胞学”的结合，从而将宏观的生命现象带入微观世界，使描述性的生物学发展为实验性的生物学。

伟大的遗传学家 G.J.Mendel 通过多年的豌豆杂交实验，提出遗传因子假说，认为遗传因子是主宰生命遗传现象的基础。1909 年，丹麦生物学家 W.Johannsen 根据希腊文“给予生命”之义，创造了“gene”（基因）一词，代替了 Mendel 提出的“遗传因子”。但是他所说的基因并不代表任何具体的物质形态，只是一种抽象的遗传单位或符号。T.H.Morgan 经过多年的果蝇杂交研究，将基因与生物体中某一特定的染色体联系起来，提出“连锁遗传规律”，进一步完善和发展了遗传学理论，并于 1926 年出版了重要的学术专著《基因论》，指出基因是组成物种的独立要素。从此，“基因”便成为遗传学研究的重要内容。

尽管以表型观察、生化鉴定和统计分析为基础的遗传学研究发展迅速，但 20 世纪中叶的遗传学家们还是开始认识到，仅提出抽象的基因概念和遗传规律并没有揭示基因的物质基础和化学本质，人类依旧无法回答下列基本问题：基因如何复制，借以传宗接代？基因如何表达，方可种瓜得瓜？基因如何突变，才有大千世界？从 1928 年开始，微生物学家 O.T. Avery 以有荚膜的 S 型肺炎双球菌和无荚膜的 R 型肺炎双球菌为研究对象，开展了长达 16 年的遗传转化研究。他十分谨慎地提出了“使 R 型肺炎双球菌发生性状转变的转化因子，可能是基因，或与基因本质一样的物质”的观点，这一观点奠定了遗传物质——基因的化学本质的理论基础。时隔 8 年之后，M. Delbruck、S. E. Luria 和 A. Hershey 通过同位素标记 T2 噬菌体的转导实验更为精准地证明了：噬菌体中的遗传物质是 DNA，而不是蛋白质。J.D. Watson 和 F. Crick 于 20 世纪 50 年代开创性地提出了“DNA 的双螺旋结构模型”，成为基因研究发展史上的里程碑。直至 20 世纪 60 年代，有关基因属性的核心问题得以基本阐明，揭示基因奥秘的研究与应用开始进入分子生物学时代。

科学与技术历来互促共进,科学为技术的发明与发展提供理论依据,技术为科学的发现与研究提供方法和手段。20 世纪 70 年代初,P. Berg 和 H. Boyer 成功实现了 SV-40 病毒 DNA 与噬菌体 P22 DNA 分子的体外重组。从此人类可将体外重组的 DNA 分子转化到细菌或其他受体生物细胞中并表达出新的蛋白质,或获得能稳定遗传的新性状,现代生物技术——基因工程技术从此诞生。迄今,以基因工程为主要内容的综合性生物技术已经成为现代生物技术的核心和基础,并已在基因的功能验证、生物的遗传改良与疾病的基因治疗等领域得到广泛的应用,深刻影响着整个生命科学的研究与发展,使生物学从观察性—验证性的科学发展成干涉性—创造性的科学,成为当今科学领域最具影响力的技术之一。

第一节 基因工程的概念与基本步骤

一、基因工程的概念

1969 年,美国哈佛大学 R. Beckwith 博士的研究小组运用 DNA 杂交技术首次成功分离了大肠杆菌的β-半乳糖苷酶基因。以 P. Berg 和 H. Boyer 等为代表的一批科学家发展了有关重组 DNA 的技术,并于 1972 年成功获得了第一个重组 DNA 分子;1973 年,S. Cohen 和 H. Boyer 等完成了第一个基因的克隆,由此基因克隆技术(也称为重组 DNA 技术)诞生了。

"克隆"(clone)一词最初作为名词,这一名词最初用来描述来源于一个共同的祖先,并经无性繁殖产生的一个遗传上具有相同 DNA 分子、细胞或个体组成的特殊群体;现又常作为动词,特指产生这一群体的无性繁殖过程。依动词意义的"过程"而言,基因克隆技术与基因工程技术便可视为近义词,都是指利用遗传重组技术,在体外通过人工"剪切"和"拼接"等方法,将包含目的基因、特殊载体在内的各种必需元件的 DNA 分子经过改造和重组后,转入另一受体生物细胞内。目的基因随载体分子(或插入整合到受体细胞染色体中)的复制而得以无性繁殖,完成"基因克隆"的过程。重组于表达载体中的外源目的基因经诱导表达后,可在受体细胞或个体内合成新的蛋白质,或获得能稳定遗传的新性状,完成"基因工程"的全过程。但在严格的学术定义上,基因克隆技术与基因工程技术却有着明显的区别。"基因克隆"特指目的基因的分离与克隆过程,而"基因工程"则强调基因克隆、载体构建、遗传转化、性状表达与产品提取及纯化等全部过程。

从工程学定义出发,基因工程又称遗传工程,通指重组 DNA 技术的产业化设计与应用流程。它强调按工程学的方法设计和操作外源 DNA,构建新的分子组合,并导入另一受体生物中,使基因能跨越天然物种间远缘杂交的屏障,实现基因在微生物、植物、动物之间的"交流与展示”，迅速并定向地获得人类需要的新生物类型，最终实现目标蛋白质的工程化生产或物种的遗传改良。

二、基因工程技术的基本步骤

基因工程技术自诞生以来已在相关应用领域取得了巨大的成就，展示出了在生物产品研发和物种遗传改良方面令人憧憬的前景。特别是近年来，核酸分子测序、生物信息分析及组织细胞培养等现代生物技术的发展和测试分析平台的建立与完善，进一步推动了基因工程技术的快速发展。一个完整的工程化生产目的基因产品的基因工程技术基本步骤如图1-1所示。

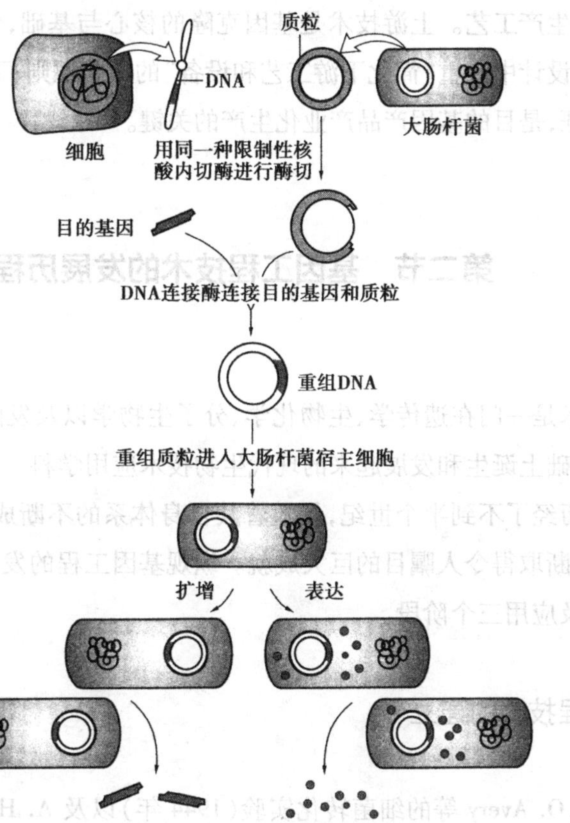

图 1-1　基因工程技术的基本步骤示意图

①从复杂的生物体基因组中鉴定、分离带有目的基因的 DNA 片段。

②将带有目的基因的外源 DNA 片段连接到具有自我复制功能（或有转录启动子、终止子功能的序列）和筛选标记的克隆载体（或表达载体）分子上，构建成重组 DNA 分子。

③将重组 DNA 分子转化到宿主细胞，筛选含有目的基因 DNA 的阳性转化子，并随宿主细胞的分裂、繁殖而被克隆、扩增。

④从细胞繁殖群体中筛选出获得了外源目的基因的受体细胞克隆，称为重组子。

⑤从重组子群体中提取已经得到扩增的目的基因，用于进一步的分析鉴定。

⑥将目的基因克隆到合适的表达载体上，导入宿主细胞，筛选鉴定阳性转化子，构建成高效、稳定的具有功能表达能力的基因工程细胞，或转基因生物体系。

⑦利用工程技术大规模培养基因工程细胞，获得外源基因表达产物，或选育和建立转基因新品系。

⑧基因工程细胞表达产物的分离纯化，最后获得所需的基因工程产品，或供实验研究及推广应用的转基因新品系。

上述 8 个步骤也可归并为上游技术和下游技术两大部分。其中上游技术包括步骤①—步骤⑤；下游技术包括步骤⑥—步骤⑧。两部分既各有侧重，又有机整合；既是独立的研究体系，又是完整的生产工艺。上游技术是基因克隆的核心与基础，包括基因重组、克隆载体的设计与构建，在设计中注重"简化下游工艺和设备"的重要原则；下游技术是上游基因克隆蓝图的体现和保证，是目的基因产品产业化生产的关键。

第二节　基因工程技术的发展历程

基因工程技术是一门在遗传学、生物化学、分子生物学以及发酵工艺学、育种学等多学科交叉、融合的基础上诞生和发展起来的现代生物技术应用学科。自诞生至今，基因工程技术的发展虽然只历经了不到半个世纪，但随着其自身体系的不断成熟和完善，它在工业、农业、医药等领域不断取得令人瞩目的巨大成就。纵观基因工程的发展历史，其大致可划分为建立、成熟、发展及应用三个阶段。

一、基因工程技术的建立

20 世纪中叶，O. Avery 等的细菌转化实验（1944 年）以及 A. Hershey 等的 T2 噬菌体转导实验（1952 年）证明了 DNA 是基因载体；J. Watson 和 F. Crick 揭示了 DNA 分子的双螺旋结构模型（1953 年）；F. Crick 提出了遗传信息传递的中心法则（1956 年）；M. Meselson 和 F. Stahl 提出了 DNA 半保留复制模型（1958 年）；F. Jacob、J. Monod 和 A. Iwoff 提出乳糖操纵子模型（1965 年）；M. Nirenberg、S. Ochoa 和 H. Khorana 共同破译了编码氨基酸的 64 种遗传密码（1966 年）；等等。这些开创性研究成果标志着人类在探究基因奥秘的历程中取得了阶段性成就——有关基因属性的核心问题得以基本阐明，生命科学研究的基本理论框架得以初步建立，全方位的"分子机理的解谜"得以逐步开始。同时，基因奥秘的揭晓也为基因工程技术的诞生奠定了重要的理论基础，进而推动生物学发展成为一门在分子水平上可操作、可实现人类定向改变生物蓝图的实验科学。

几乎同时被三个实验室发现的 DNA 连接酶(1967 年)，以及由 H. Smith 等分离的第一种限制性核酸内切酶(1970 年)等重要酶类为 DNA 的体外拼接、重组提供了有力的技术支撑。1972 年，P. Berg 等利用已报道的连接酶、限制性核酸内切酶等多项研究成果与技术，创造性地实现了 SV-40 病毒 DNA 与噬菌体 P22 DNA 的体外重组；1973 年，H. Boyer 和 S. Cohen 合作将分离自沙门菌的抗生素抗性基因构建重组质粒，并成功实现对大肠杆菌的转化；1974 年，S. Cohen 又与他人合作，将非洲爪蟾含 rRNA 基因的 DNA 片段与质粒 pSC101 重组，转化大肠杆菌，成功转录出相应的 rRNA。

这些具有里程碑意义的开创性研究成果(图 1-2)标志着现代基因工程技术的诞生，也被学术界誉为"具有与沃森(J. Watson)和克里克(F. Crick)提出 DNA 双螺旋结构模型同样的开拓性价值"。

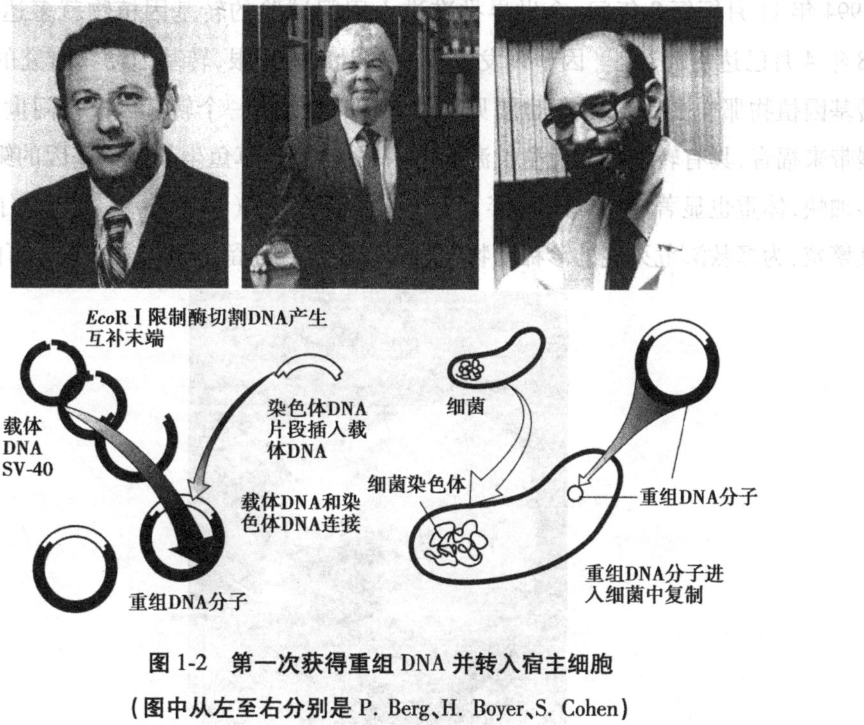

图 1-2　第一次获得重组 DNA 并转入宿主细胞

(图中从左至右分别是 P. Berg、H. Boyer、S. Cohen)

二、基因工程技术的成熟

随着第一个人工体外重组的 DNA 分子的诞生，基于"遗传重组"技术的生物学理论不断创新，基于"基因工程"技术改良生物遗传的成效日益显著，基因工程技术体系的成熟与完善也为人类实现物种的定向遗传改造展示了一个清晰而又美好的前景。

1975 年，F. Sanger 等发明了一种快速测定 DNA 序列的技术——双脱氧链终止技术；

1977 年，H. Boyer 等将人工合成的生长激素释放抑制因子 14 肽的基因重组入质粒，并成功地在大肠杆菌中合成得到这一目标靶肽；1978 年，Itakura 等使人生长激素 191 肽在大肠杆菌中表达成功；1979 年，美国基因技术公司用人工合成的人胰岛素基因重组转入大肠杆菌中合成人胰岛素等。基因工程技术自问世以来的短短二十多年时间，不仅发展成具有系列新操作技术、不断完善的技术体系，构建了适于转化（或转导）原核生物和动物、植物细胞的各类载体，而且经遗传改造的动植物个体不断诞生——1980 年，首次通过显微注射培育出世界上第一个转基因动物——转基因小鼠；1978 年，第一种通过基因工程生产的药物——胰岛素，在美国和英国获准临床使用（生产胰岛素的美国基因技术公司在纽约证券交易所上市的一幕令人震撼：在上市开盘的 20 min 内，公司股价从 3.5 美元迅速攀升至 89 美元）；1983 年，采用根癌农杆菌介导法成功培育出世界上第一例转基因植物——转基因烟草，从此开启了利用基因工程技术改良植物种性的时代。1990 年，第一棵转基因玉米植株诞生。1994 年，转基因耐储藏番茄在美国上市；从 1986 年首次批准转基因烟草进入"环境释放"的田间试验，至 1994 年 11 月短短 8 年间，全世界批准进入田间试验的转基因植物就多达 1 467 例，至 1998 年 4 月已达 4 387 例。因个体发育等诸多因素的局限，转基因动物研究的发展虽然不如转基因植物那样富有成效，但也屡见报道。1985 年，第一个转基因家畜问世，为畜牧业的发展带来福音，具有转大马哈鱼生长激素基因的泥鳅、转草鱼生长激素基因的鲫鱼生长速度明显加快，体重也显著增加。1997 年，克隆羊"多莉"诞生（图 1-3），人类实现了高等动物的无性繁殖，为拯救濒危灭绝的珍稀动物及优良家畜品种的留种和扩繁开辟了可能的新途径。

图 1-3　克隆羊"多莉"

参加人类基因组工程项目的美国、英国、日本、德国、法国、中国等 6 国科学家，于 2000 年共同宣布人类基因组草图的绘制工作已经完成，这标志着人类对生命现象的认识与基因研究进入了一个崭新的"组学"时代；同时基因工程的理论与技术创新也推进到了一个体系更趋完善、成果更快走向应用的新阶段。

三、基因工程技术的发展及应用

如果说20世纪80—90年代是基因工程技术体系渐趋成熟、应用初见成效的阶段,那么21世纪便是基因工程的应用及成果在世界各国的工业、农业、医药、能源、环境等领域全面展开,并取得巨大社会效益、经济效益的时代。

从1983年第一株转基因烟草培育成功,至今已有百余种转基因植物问世,水稻、玉米、棉花、油菜、大豆、甜菜、亚麻、南瓜、马铃薯、番茄、西葫芦、番木瓜、菊苣等10余种作物的上百个转基因品系、品种被批准进行环境释放或商业化生产。截至2012年的统计结果表明,全球有28个国家种植转基因大豆、玉米、棉花、油菜,种植面积已达1.703亿公顷。

基于转基因技术的植物遗传改良的成果主要包括抗虫性、抗病性、抗除草剂、耐非生物逆境性胁迫(盐碱、旱涝、高低温、隐蔽弱光照等)、品质改良、耐储藏性、实现植物杂种优势利用的雄性不育性、改善性状发育、改善观赏性等。

截至2000年,我国自主研究的转基因植物种类有47种,涉及各类基因103种,批准农业转基因生物中间试验135项,环境释放81项。我国自行研制的转基因抗虫棉已在全国棉产区大面积推广种植多年。第一例具有我国自主知识产权的耐储藏番茄获得商品化生产许可,2009年我国首次颁发转Bt基因抗虫水稻、转植酸酶基因玉米的安全证书。2015年,我国已成为继美国、巴西、阿根廷、加拿大、印度之后转基因植物种植面积的第六大国(表1-1)。2018年全球共有70个国家和地区种植或进口了转基因作物,这已是全球连续应用转基因作物的第23个年头,全球转基因作物种植面积达1.917亿公顷,比2017年的种植面积增加了190万公顷。

表1-1 国际农业生物技术应用服务组织(ISAAA)
公布的2014年全球转基因作物在各国的种植面积

排名	国家	种植面积/百万公顷	转基因作物
1	美国	73.1	玉米、大豆、棉花、油菜、甜菜、苜蓿、木瓜、南瓜
2	巴西	42.2	大豆、玉米、棉花
3	阿根廷	24.3	大豆、玉米、棉花
4	印度	11.6	棉花
5	加拿大	11.6	油菜、玉米、大豆、甜菜
6	中国	3.9	棉花、木瓜、白杨、番茄、甜椒
7	巴拉圭	3.9	大豆、玉米、棉花
8	巴基斯坦	2.9	玉米、大豆、棉花
9	南非	2.7	棉花

续表

排名	国家	种植面积/百万公顷	转基因作物
10	乌拉圭	1.6	大豆、玉米
11	玻利维亚	1.0	大豆
12	菲律宾	0.8	玉米
13	澳大利亚	0.5	棉花、油菜
14	布基纳法索	0.5	棉花
15	缅甸	0.3	棉花
16	墨西哥	0.2	玉米
17	西班牙	0.1	棉花、大豆
18	哥伦比亚	0.1	棉花、玉米
19	苏丹	0.1	棉花

基因工程技术在动物品种改良上的应用，主要集中在利用大型家畜的乳腺建立生产特定蛋白的生物反应体系，改良家畜动物的营养、生产性能。如导入人生长激素基因的转基因猪，生长期显著缩短，料肉比大幅降低；美国2009年批准首个由转基因奶山羊生产的药物“ATryn”上市，用于治疗遗传性抗凝血酶缺乏症，疗效极佳；转入血浆酶原基因的山羊可成为生产人血浆酶原的最环保、最安全、低成本的生物反应器，获得了“吃进草，流出药”的巨大经济效益。在家畜品种改良研究上，使用最多的外源基因是生长素类基因。

利用基因工程技术建立饰变微生物体系，产业化生产哺乳动物的蛋白质及药物具有广阔的发展空间。至今我国已有人干扰素、人白介素2、人集落刺激因子、重组人乙型肝炎疫苗、基因工程幼畜腹泻疫苗、猪伪狂犬病毒缺失疫苗等多种基因工程药物和疫苗进入生产或临床试用。一些仅靠接种传统灭活疫苗而无法预防的疾病，采用新型基因工程疫苗可产生预期疗效。世界范围内有几百种基因工程药物及其他基因工程产品正在研制中，基因工程药业已成为当今医药业发展的重要方向，将对医学和药学的发展作出新贡献。

重组DNA技术有力地促进着医学科学研究的发展。基因诊断和基因治疗是基因工程技术在医学领域的重要应用。1991年，美国科学家成功地在一位患先天性免疫缺陷病［遗传性腺苷脱氨酶（ADA）基因缺陷］的女孩体内导入重组的ADA基因，并获得了预期疗效。1994年，我国首例向乙型血友病患者导入人凝血因子Ⅸ基因，实施基因治疗获得成功。目前，我国用作基因诊断的试剂盒已有近百种，基因诊断和基因治疗的研究处于发展之中，方兴未艾，涉及有关遗传疾病的胎儿早期基因诊断、遗传疾病的基因修饰治疗等均已取得了突出成就，并有望在不久的将来广泛应用于临床。随着致癌基因的发现和肿瘤起因的初步揭晓，携带药物并靶向癌细胞的各类“生物导弹”载体的研发将为人类最终预防、诊断、治疗、攻克肿瘤顽症提供行之有效的治疗措施。

第三节 基因工程的研究内容

一、基因克隆工具的研究

基因工程技术之所以能在体外将不同来源的 DNA 进行重新组合,构建新的重组 DNA 分子并在宿主细胞内扩增和表达,关键是借助了一系列重要的克隆工具,主要包括装载目的基因的载体系统、操作核酸分子的工具酶类及接受外源基因的受体系统。

(1)载体系统 载体是外源基因的运载工具,它能使携带的外源基因随自身 DNA 的复制而复制,或使外源基因插入、整合到宿主细胞的染色体上,随宿主 DNA 的复制而复制,并可启动目的基因在宿主细胞内完成转录。利用载体上特殊的选择标记,在相应的选择压力下,筛选阳性转化子的细胞克隆。目前已构建了数以千计的各类载体:原核载体和真核载体;克隆载体和表达载体;质粒载体、噬菌体载体、病毒载体及其他如 YAC(yeast artificial chromosome,酵母人工染色体)、PAC(P1 derived artificial chromosome,源于噬菌体 P1 的人工染色体)、BAC(bacterial artificial chromosome,细菌人工染色体)等人工构建的载体。结构不断优化的载体分子,不仅简化了复杂的克隆操作程序,提高了转化效率,而且能装载的目的 DNA 片段可大至数千碱基对(kilo base pairs,kbp)。

(2)工具酶类 基因工程操作中必需的工具酶主要包括限制性核酸内切酶、DNA 连接酶、DNA 聚合酶及各种修饰酶。顾名思义,这些酶类是实施体外 DNA 切割、连接、修饰及合成等过程所需要的重要工具。限制性核酸内切酶可对 DNA 分子实施定点切割,且多数产生于便于连接的黏性末端。连接酶可通过催化磷酸酯键的形成,使不同来源的 DNA 片段相互连接。耐高温 DNA 聚合酶的发现使得 DNA 分子扩增的聚合酶链式反应(PCR)过程实现了程序化、自动化,成为使用领域最广的 DNA 扩增技术。

(3)受体系统 基因工程的受体与载体是一个严格配套、前后衔接的完整系统的两个方面。受体是载体及其携带的目的基因的宿主,是外源基因扩增和表达的场所。在真核生物宿主细胞内存在完成 mRNA 加工的酶系统,以确保外源目的基因的最终表达。受体的选择需根据工程设计的目的、转化所用的载体以及工程实施所采用的技术和方法而定。目前最常用的微生物受体系统是大肠杆菌受体系统和酵母受体系统,它们分别是原核与真核受体的典型代表。此外,还相继发展了链霉菌、芽孢杆菌、丝状真菌等受体系统。动物受体系统多为受精卵、干细胞以及乳腺组织、胚胎组织等。植物受体系统常用未成熟胚、愈伤组织或生长点、丛生芽等。

二、基因克隆技术的研究

从基因工程诞生至今,其技术体系所依赖的理论支撑和创新平台已获得长足发展,并成为一门渗透甚广、分支众多的综合性应用技术学科,全面推动着整个生命科学的发展。这一新兴的工程技术体系也在探索与创新中应用并推广,在研发与实践中完善并成熟,如以聚合酶链式反应为基础的 DNA 片段扩增与差异筛选技术、核酸序列的全自动化合成技术、第二代高通量核酸序列分析技术、定制的特殊基因芯片检测技术、借助计算机和互联网的生物信息技术、组织工程技术、动植物生物反应器技术等,以及转录组、降解组、代谢组、蛋白质组等各种"组学"研究技术的发展与应用,无疑对基因工程技术体系的发展起到了重要的推动作用。

三、克隆对象——目的基因的研究

基因是一种重要的生物资源和有限的战略资源。人类基因组计划的最新研究结果显示,人体有近百万个体细胞,在每个细胞长达 30 亿个核苷酸的 DNA 序列内,具有编码功能的基因总数约有 20 500 个;而仅有千余体细胞的线虫,每个细胞的 DNA 序列内具有编码功能的基因达 20 000 个。包括人类在内的所有动物、植物、微生物中,如此珍贵的基因资源自然成为激烈竞争的对象。世界各国政府与科学家在高度重视从已拥有的生物物种中开发基因资源的同时,各种没有硝烟的基因资源争夺战也从未停歇过。谁获得的基因专利多,谁就在基因工程的应用领域拥有了主动权,占据了制高点。可见,发现、定位并最终获得目的基因是基因工程研究极为重要的内容。以功能基因克隆为主要目标的研究工作,已经从零敲碎打的"钓鱼"策略发展到全基因组分析的"捕鱼"策略;人类基因组计划的研究策略与方法已在其他多种生物的基因组计划中得以利用和完善。我国 100 多位科学家参与的国际水稻基因组计划的研究成果举世瞩目,在 2002 年 4 月 5 日出版的 *Science* 上发表的论文《水稻(籼稻)基因组的工作框架序列图》,被称为"这一领域里具有重要意义的里程碑",也标志着我国已经进入世界基因组研究的强国之列(图 1-4)。2005 年 8 月,"水稻基因组精细图"刊登于 *Nature* 上,我国科学家的贡献率达 20%,写下了绚烂的"中国卷"。从此,我国独立完成的玉米、小麦、棉花、柑橘、家猪、家蚕等大基因组生物的基因组计划研究成果相继报道,功能基因的定位与克隆频频亮相,大量的基因专利也宣告获准保护。

图 1-4 我国科学家完成的水稻基因组测序研究成果发表在国际权威杂志 *Science* 上，并在封面配图

四、基因工程产品的研究

人类认识自然的最终目的是更加主动、更为有效地改造、利用和保护自然。人类“探索基因奥秘”的目的除了认识基因的结构、功能和调控性状表达的网络体系外，更希望获得目标基因的表达产物，并合理、有效地将其用在工、农、医、药等领域。仅以医、药行业为例，从1982 年美国 Lilly 公司将第一例重组胰岛素的基因工程产品投放市场以来，迄今全球已有 50 多种基因工程药物上市，近千种处于研发阶段，业已形成一个新兴的高新技术产业，产生了巨大的社会效益和经济效益。据不完全统计，我国已经进入产业化生产的基因工程药物有 20 多种，另有一批正进入临床试验或上游研发阶段。随着我国国力的不断增强，生物技术药业研发水平迅速提升，加之我国独特的人类基因资源和广阔的市场需求，基因工程药物的研发将赶超世界先进水平。可以预见，一场新的生物技术革命将成为 21 世纪药业发展的支柱。

第二章　基因与基因表达调控

基因是 DNA 分子中含有特定遗传信息的一段核苷酸序列,是遗传物质的最小功能单位。通过 DNA 复制,基因携带的遗传信息能准确地传递给后代,以维持生物体遗传性状的稳定;通过转录和翻译,基因信息能表达出生物个体特定的遗传性状,呈现出一定的表型特征。根据基因是否转录和翻译可将其分为三类:①既能转录又能翻译的编码蛋白质的基因,包括结构蛋白、蛋白酶、信号分子及转录因子等结构基因;②可转录但不被翻译的基因,包括 tRNA、rRNA 和 micRNA 等非编码 RNA(non-coding RNA)的基因;③不转录的基因,主要包括对基因表达起调控作用的启动子、操纵子、增强子、衰减子和绝缘子等。

生物体内的基因按其自身的规律开启或关闭,基因开启后即可转录,合成各种 RNA 或进一步翻译出蛋白质,这一过程被称为基因表达。不同类型的基因,其表达产物各不相同。结构基因的表达产物是各种功能不同的蛋白质;而可转录但不被翻译的基因的表达产物是各种结构和功能不同的 RNA。生物体中基因的表达有其特定的规律,并受多种因素的调节和控制,才能使体内基因的表达产物协调、有序地发挥作用,使生命活动成为一个协调、统一的整体。对基因的研究,以及对基因表达调控规律的探索研究是基因工程研究的重要基础。

第一节　基因的结构与功能

根据基因的定义,基因是 DNA(deoxyribonucleic acid,脱氧核糖核酸)分子中一段特定的核苷酸序列,它包括编码蛋白质肽链或可转录但不被翻译的 RNA 的核苷酸序列,以及保证转录所必需的调控序列。不同种类的生物,其基因结构不同。随着分子生物学学科理论的迅速发展以及 DNA 分子克隆技术、核苷酸序列分析技术、核酸分子杂交技术等现代生物学实验手段的不断创新,人们能够从分子水平上研究基因的结构与功能,并不断丰富与深化对基因本质的认识,为基因工程技术的应用奠定坚实的理论基础。

一、基因的分子基础

Watson 和 Crick 于 1953 年提出的 DNA 双螺旋结构模型为解析基因的复制、表达及突变的基本属性提供了物质结构基础。根据这一模型可知，DNA 是由两条多聚脱氧核苷酸链以极性相反、反向平行的方式，按 A 与 T、C 与 G 配对的原则，由氢键连接，向右盘旋形成的双螺旋结构分子。每条多聚脱氧核苷酸链的基本组成单位或单体是脱氧核苷酸（deoxynucleotide，dNT），每个脱氧核苷酸由一个磷酸和一个脱氧核苷（deoxynucleoside，dN）组成，而每个脱氧核苷又由一个脱氧核糖和一种碱基组成。在 DNA 分子中，碱基有两种嘌呤［腺嘌呤（A）、鸟嘌呤（G）］和两种嘧啶［胸腺嘧啶（T）、胞嘧啶（C）］。当 DNA 复制时，双链解开形成单链，然后以每条单链为模板，在 DNA 聚合酶的催化下，按照碱基配对的原则合成新的子代 DNA 分子。在子代 DNA 分子中，保留了一条完整的亲代 DNA 链，另一条链则是新合成的，如图 2-1 所示。通过这种准确的复制，基因信息便能稳定遗传，达到传宗接代、代代相传的目的。尽管现在知道 RNA（ribonucleic acid，核糖核酸，碱基主要有腺嘌呤 A、鸟嘌呤 G、尿嘧啶 U、胞嘧啶 C）也可以作为遗传物质（如某些 RNA 病毒或噬菌体的 RNA 就是基因载体），但是绝大多数生物还是以 DNA 的形式携带遗传信息。

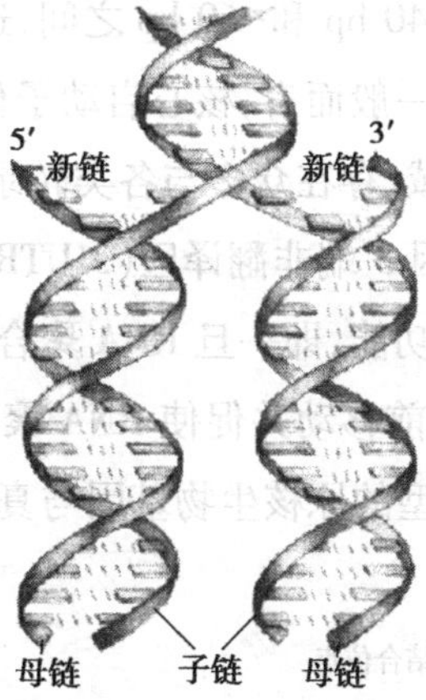

图 2-1　DNA 的半保留复制模型

作为一个最小的、不可分割的遗传功能单位，基因所对应的核苷酸序列被称为顺反子（cistron）。原核生物中，一个顺反子编码一条完整的多肽链。因此，顺反子是一个功能单位。在原核生物和低等真核细胞中，基因和顺反子是同义词；而在高等真核细胞中，由于基因中存在内含子，因此一个顺反子就等价于该基因全部外显子的总和。顺反子内有许多突变位点和多个可以发生交换的位点。从 DNA 的化学结构上看，两个 DNA 分子发生交换的过程实质上就是连接脱氧核苷酸的磷酸酯键的断裂与拼接的过程，因此最小交换单位就为 1 个碱基对（base pair，bp），称为交换子（recon）。另外，理论上基因内的任何碱基都可能发生突变，因此最小突变单位就为 1 bp，称为突变子（muton），它也是基因组具有遗传多样性［又称单核苷酸多态性(single nucleotide polymorphism, SNP)]的主要原因。

二、结构基因的基本结构

原核生物的单个基因平均为 1 000 bp 左右,而真核生物的单个基因平均由 7 000~8 000 bp组成。一条 DNA 分子可以包含多至几千个基因。基因由多个不同的区域组成。无论是原核生物基因还是真核生物基因,都可划分为转录区和调控区两个基本组成部分。转录区为转录起始点至转录终止点的区域,其中,从 5′端至 3′端顺序排列依次为:5′端非翻译区(5′UTR)、翻译起始密码(通常是 AUG)、连续排列的密码子区(真核生物基因的这个区域为可翻译的外显子和不可翻译的内含子间隔排列)、终止密码(UAA 或 UAG 或 UGA)、3′端非翻译区(3′UTR)。转录的调控区位于转录起始位点 5′上游,包含核心启动子、上游启动元件以及增强子等序列。

启动子(promoter)有时也称为核心启动子,是位于基因 5′端非翻译区与转录起点上游紧邻的一段非转录序列,其功能是募集 RNA 聚合酶并令其识别和结合转录起点,启动基因的转录。一般而言,原核生物基因的核心启动子比较简单,位于转录起点上游约-10 bp 和-40 bp之间,含有 RNA 聚合酶对转录模板链的识别序列(-10—-17 bp)和结合序列(-35—-40 bp);上游启动元件一般位于-40 bp 和-60 bp 之间,通常是促进转录的正控制蛋白结合位点。而真核基因的启动子较大,一般而言,核心启动子位于-30 bp 和-40 bp 之间,上游启动元件位于上游-70 bp 的较大区域,存在众多与各类转录因子结合的顺式作用元件。

终止子(terminator)是位于基因 3′端非翻译区(3′UTR)与转录终点下游紧邻的一段非转录核苷酸短序列,具有终止转录的功能,即一旦 RNA 聚合酶完全通过了基因的转录序列,终止子就可阻止 RNA 聚合酶继续向前移动并促使 RNA 聚合酶、DNA、RNA 复合体的解体,释放出 mRNA,使转录活动终止。典型的原核生物基因与真核生物基因的基本结构如图 2-2 和图 2-3 所示。

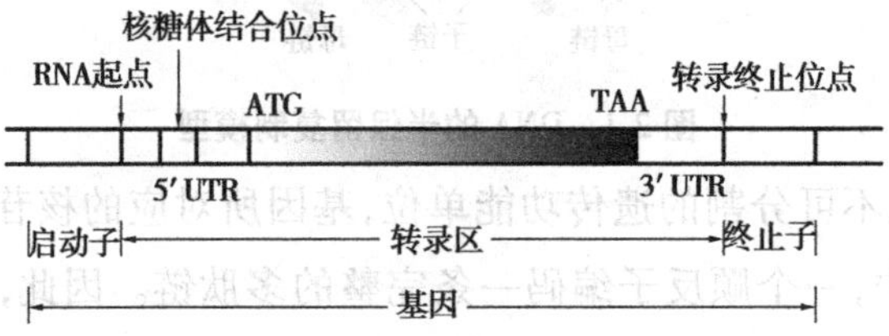

图 2-2　典型的编码蛋白质的原核基因结构示意图

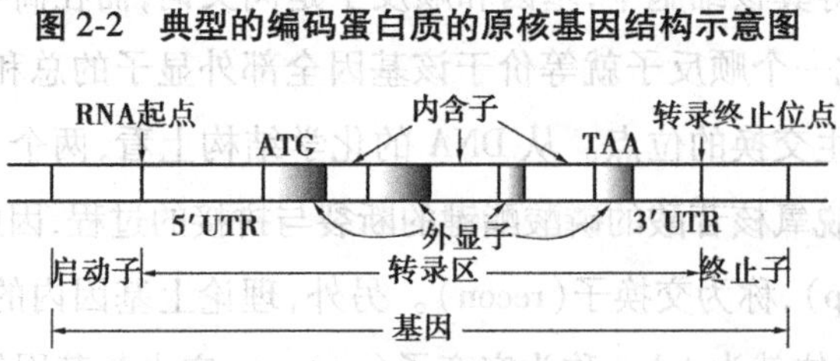

图 2-3　典型的编码蛋白质的真核基因结构示意图

如图 2-2 和图 2-3 所示，原核基因与真核基因的结构组成大体相似，它们的转录都开始于启动子，终止于终止子。但是真核生物基因结构更复杂一些，其编码序列往往是不连续排列的，由外显子和内含子间隔排列，因此真核生物的基因有时也被称为间隔基因（splitting gene）或断裂基因（interrupted gene）。其中，外显子是指基因内编码蛋白质的 DNA 序列或可被翻译的序列或与成熟 mRNA 对应的序列。内含子是指基因内不编码蛋白质的 DNA 序列或可转录但不被翻译的序列或与成熟 mRNA 不对应的序列。不同的基因中内含子数目不等。第一个外显子紧邻 5′UTR 下游，最后一个外显子紧邻 3′UTR 上游。

三、原核生物的基因结构与调控模式

原核生物中，功能相关的基因常串联在一起，构成信息区，与其上游的调控序列共同组成一个转录单位——操纵子（operon）。操纵子调控序列从 5′端指向 3′端，包括调节基因（也可能非紧邻）、正控制位点、启动子、操纵基因等。正控制位点与正控制调节蛋白结合后可活化 RNA 聚合酶而激活转录。启动子是 RNA 聚合酶结合的区域，操纵基因实际上不是一个基因，而是一段能被调节基因表达产物（阻遏蛋白）特异结合并阻止转录过程的 DNA 序列。这些调控元件的共同作用决定基因表达的开与关。以 *E. coli* 的乳糖操纵子（lac operon）为例。乳糖操纵子含 Z、Y、A 三个结构基因，分别编码 β-半乳糖苷酶、通透酶和乙酰基转移酶，调控区包括从 5′至 3′顺序排列的 CAP 位点、启动子（promoter，P）和操纵基因（operator，O）。调节基因也称为阻遏基因（inhibitor gene，Ⅰ），它编码一种阻遏蛋白，能与操纵基因结合，阻止基因转录，基于这一功能特点，阻遏蛋白也称为负控制调节蛋白。CAP（Catabolic gene activator protein，降解物基因活化蛋白）位点与 CAP 结合，促进转录，所以 CAP 也称为正控制调节蛋白。由 CAP 位点、P 序列、O 序列共同构成的调控区与 CAP 蛋白、阻遏蛋白相互协调，在负控制诱导物乳糖和正控制诱导物环磷酸腺苷（cyclic adenosine monophosphate，cAMP）等效应分子的诱导下，共同控制信息区中 Z、Y、A 三个编码基因的转录。大肠杆菌乳糖操纵子结构如图 2-4 所示。

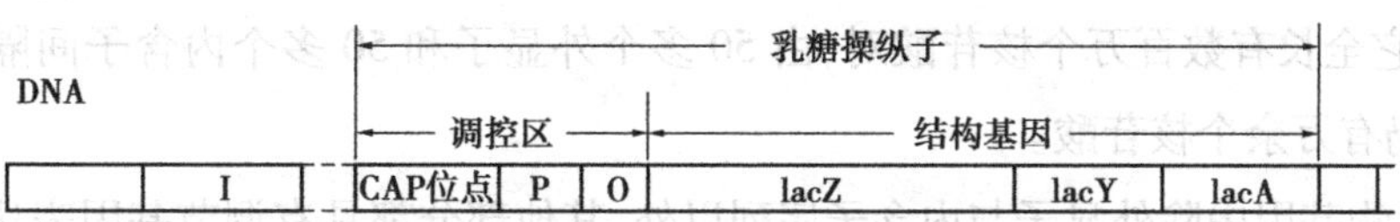

图 2-4 大肠杆菌乳糖操纵子结构示意图

四、真核生物的基因结构与调控模式

真核生物（eukaryote）的结构基因为断裂基因。编码序列外显子被内含子间隔开。不同的基因中，外显子的数量并非定数，因此外显子的数目也是描述基因结构的重要特征之一。

外显子、内含子连同 5′UTR、3′UTR 构成的结构基因转录区，在转录的同时被转录下来，转录的初产物称为前体 mRNA（pre-mRNA），又称为不均一核 RNA（heterogeneous nuclear RNA，hnRNA）。经过剪接加工后，内含子被切除，外显子依次连接，成为成熟 mRNA，图 2-5 所示即为断裂基因及其转录、转录后修饰示意图。研究发现，内含子并不是一些垃圾序列，有些内含子中含有调控信息，甚至含有增强子。内含子和外显子的划分也不是绝对的，有些基因的内含子被选择性剪接后也可成为编码序列外显子。

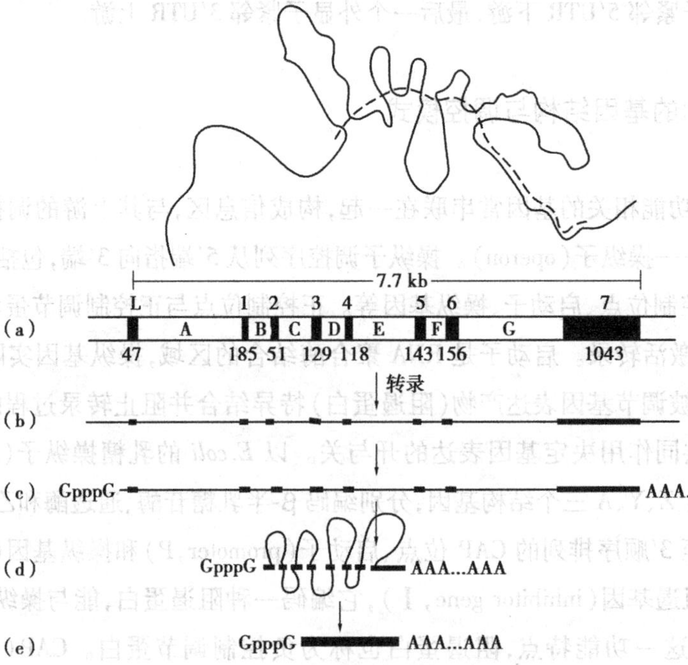

图 2-5　断裂基因及其转录、转录后修饰示意图

图 2-5 中，图上方为成熟 mRNA 与基因 DNA 杂交的电镜结果示意，虚线代表 mRNA，实线代表 DNA 模板；(a)为卵清蛋白基因；(b)为转录初级产物 hnRNA；(c)为 hnRNA 的首、尾修饰；(d)为剪接过程中套索 RNA 的形成；(e)为胞浆中出现的 mRNA，套索已去除；A、B、C、D、E、F、G 为内含子；L、1、2、3、4、5、6、7 为外显子。迄今发现的人类最大的基因是抗肌萎缩蛋白基因，它全长有数百万个核苷酸对，由 50 多个外显子和 50 多个内含子间隔排列，成熟的 mRNA 仍有万余个核苷酸。

真核生物基因中除外显子与内含子序列以外，其他部分都具有调节基因表达的作用，包括启动子、上游启动子元件、一些能与调节蛋白结合的应答元件和增强子等，它们被统称为顺式调控元件或顺式作用元件（图 2-6），即那些与结构基因表达调控相关、能够被调控蛋白特异性识别和结合的 DNA 序列。一些蛋白质因子可通过与顺式作用元件结合调节基因转录，这些蛋白质因子被称为反式作用因子或转录因子。

(1)启动子　真核生物的每一个结构基因上游都有启动子，各个基因的启动子序列具有较高的同源性。真核生物基因的启动子自身并不足以被 RNA 聚合酶识别与结合，启动子必

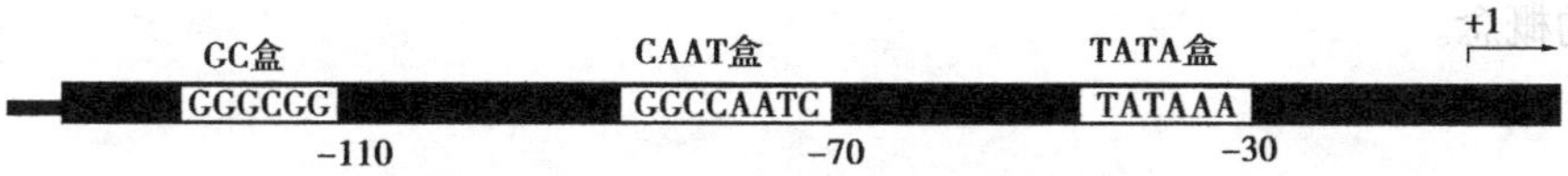

图 2-6　真核生物基因 5′端启动子的顺式调控元件示意图

转录方向以箭头表示,+1 表示转录起始点

须与转录因子结合后,才能被 RNA 聚合酶识别与结合,这一点与原核基因启动子不同。

TATA 盒是启动子中的主要元件,它位于转录起始点上游约-30 bp 处,几乎所有已发现的真核生物基因的启动子都有此序列。TATA 盒的核心序列是 TATA(A/T)A(A/T)。TATA 盒与一种称为 TATA 因子的转录因子结合后即成为完整的启动子,精确地决定 RNA 合成的起始位点,其序列的完整与准确对其功能十分重要,如某些碱基发生突变,甚至 A 和 T 的颠换突变都能导致启动子失活或转录效率降低。

(2)上游启动子元件　上游启动子元件是 TATA 盒上游的一些特定 DNA 序列,反式作用因子可与这些元件结合,通过调节 TATA 因子与 TATA 盒的结合、RNA 聚合酶与启动子的结合及转录起始复合物的形成(转录起始因子与 RNA 聚合酶结合)来调控基因的转录效率。

上游启动子元件包括 CAAT 盒、CACA 盒及 GC 盒等。CAAT 盒含有 5′GGNCAATCT3′核心序列,GC 盒含有 5′GGGCGG 3′核心序列,二者位于-70 bp 和-120 bp 之间,CACA 盒位于上游-80 bp 和-90 bp 处,其核心序列为 GCCACACCC。大多数真核生物基因具有 CAAT 盒;一些组成型基因,即不受生物体发育调节而持续表达的基因具有 GC 盒。CAAT 盒与 GC 盒的作用类似于原核基因-35 区的作用,是反式作用因子识别与结合的位点。不过,原核生物启动子中的-35 序列位置恒定,而 CAAT 盒与 GC 盒在不同基因中所处的位置不同。

(3)应答元件　它是一类能介导基因对细胞外的某种信号产生反应的 DNA 序列,被称为反应元件。反应元件都具有较短的保守序列,通常位于启动子附近和增强子内,如热休克反应元件(heat shock response element,HSE)一般在启动子内,糖皮质激素反应元件(glucocorticoid response element,GRE)在增强子内。与反应元件结合的信息分子受体便是一些反式作用因子,如糖皮质激素可进入细胞,与糖皮质激素受体结合并使之活化,活化的糖皮质激素受体则与 GRE 结合,促进特定的基因表达。

(4)增强子　增强子是一段 DNA 序列,其中含有多个能被反式作用因子识别与结合的顺式作用元件。反式作用因子与这些元件结合后能够调控(通常为增强)邻近基因的转录。增强子一般位于转录起始点上游-100 bp 至-300 bp 处,但在基因序列之外或内含子中也有增强子序列。

增强子主要通过改变 DNA 模板的螺旋结构,为 DNA 模板提供特定的局部微环境或为 RNA 聚合酶和反式作用因子提供一个与某些顺式元件联系的结构等方式发挥作用。其作用无方向性,无基因特异性,也不受与基因之间距离远近的影响。

1986 年,Maniatis 等研究干扰素-β(IFN-β)基因转录时发现其增强子内具有负调控序列,即负增强子,又称沉默子。由于负调控序列的发现,有人建议用调变子(modulator)代替增强子的概念。

五、具有特殊结构与功能的基因

1.转座基因

转座基因也称转座因子,是指可以从染色体基因组上的一个位置转移到另一个位置,甚至在不同的染色体之间跃迁的基因成分,因此有些文献形象地称之为跳跃基因。转座基因最早由美国冷泉港实验室的女科学家 B. McClintock 于 20 世纪 40 年代晚期在玉米中发现,但直到 60 年代末,基因转座现象在原核生物中再次被证实后才被学术界公认。因在转座基因研究上的超时代发现和卓越贡献,B. McClintock 于 81 岁高龄时荣获了 1983 年诺贝尔生理学或医学奖。

原核生物的转座因子可以分成三种不同的类型:插入序列 IS(insertion sequence,分子小于 2 000 bp)、转座子 Tn(transposon,分子大于 2 000 bp,并具有较为完备的转座调节系统)、可转座噬菌体(包括噬菌体 Mu 和 D108)。

转座(位)作用的机制有两种,即简单转座(又称单纯转座)和复制型转座。简单转座时,在转座酶的作用下,转座因子从原来的位置转座插入新的位置,结果是在原来的位置上丢失了转座因子序列,而在插入位置上增加了转座因子序列,这种方式也称为剪-贴式转座。复制型转座则是在转座酶和解离酶的参与下,转座因子在复制和交换的过程中,将一份转座因子拷贝转座到新的位置,在原先的位置上仍然保留一份转座因子序列。但两种转座类型均要求转座因子的两端必须具有一段能被转座酶识别和切割的反向重复序列(IR),尽管不同转座因子的 IR 序列的长短和组成不尽相同。

2.假基因

1977 年,G. Jacq 等根据对非洲爪蟾 5S rRNA 基因簇的研究,首次提出了假基因(pseudo gene)概念。现已在大多数真核生物中发现了假基因,它约占整个基因组的 1/4。假基因是多基因家族中的成员,因其碱基顺序发生缺失、倒位或点突变等失去活性,成为无功能基因,它们或者不能转录,或者转录后合成无功能的异常多肽。这类假基因与原有功能的“真基因”具有较高的同源性。假基因在哺乳动物中是一种普遍现象,成了基因进化的轨迹。表示假基因的 DNA 顺序可在相应基因名称之前加“φ”。如 α-珠蛋白基因家族中 φξ1 与功能性 ξ2 基因同源,φξ1 有 3 个碱基被取代,其中密码子 6 由 GAG 突变为 TAG,发生了无义突变。

实际上,在断裂基因概念提出后,对假基因的结构序列进行比较研究发现,在真核生物的基因家族中,除了功能基因累积突变型的假基因外,还广泛存在一种“加工假基因”。它具有 4 个显著的特点:①没有启动子,没有内含子;②具有与成熟 mRNA 相同的 poly(A)尾序列;③两侧具有 DNA 插入后形成的“足迹”顺向重复序列 DR;④随机出现在非正常的位置上。故有人据此提出假基因并非来自真基因的突变,很可能与反转录病毒的感染有关。当真基因的 mRNA 经剪接去除内含子,并加上 poly(A)尾后,再反转录为 cDNA,进而以一种类似转座的方式插入染色体中,成为假基因。如果此过程发生于性细胞中,则可遗传至下一代。

3.重叠基因

长期以来,人们一直认为,在一段具有编码信息的 DNA 序列内,读码框架是唯一的,遗传密码不存在重叠性。如果在这段编码 DNA 序列中存在 2 种或 3 种读码框架,就意味着这段 DNA 序列可能编码 2 个或 3 个基因信息,它们彼此重叠,当一个核苷酸发生突变,就可能会形成 2 个或 3 个突变基因。

随着 DNA 核苷酸序列测定技术的发展,人们已经在一些噬菌体和动物病毒中发现不同基因的核苷酸序列有时是可以共用的。也就是说,它们的核苷酸序列是彼此重叠的。分子生物学称这样的 2 个基因为重叠基因,或嵌套基因。

已知大肠杆菌 ØX174 噬菌体单链 DNA 共有 5 387 个脱氧核苷酸。如果使用单一的读码框架,它最多只能编码 1 795 个氨基酸。按每个氨基酸的平均相对分子质量为 110 计算,该噬菌体所合成的全部蛋白质的总相对分子质量最多为 197 450。可实际测定发现,ØX174 噬菌体所编码的 11 种蛋白质的总相对分子质量竟是 262 000。1977 年,英国分子生物学家 F. Sanger 领导的研究小组在测定 ØX174 噬菌体 DNA 的脱氧核苷酸序列时发现,它的同一部分 DNA 能够编码两种不同的蛋白质,从而解释了上述矛盾现象。

就现在所知,不仅在细菌、噬菌体及病毒等低等生物基因组中存在重叠基因,而且在一些真核生物中也发现了不同于原核生物的其他类型的重叠基因。这是基因结构与功能研究上的又一个有意义的发现。

4.基因家族

真核生物的基因数量巨大,结构和功能复杂。但这众多的基因实际上是由数量有限的原始基因经过逐步扩增、突变进化而来的,因而许多基因在核苷酸序列或编码产物的结构上具有不同程度的同源性。基因家族就是指核苷酸序列或编码产物的结构具有一定程度同源性的一组基因。同一个家族的基因成员是由同一祖先基因进化而来的,同源性最高可达 100%,即多拷贝基因,也称为重复基因,当然同源性也可以很低。在多基因家族中的基因,其编码产物常常具有相似的功能,而在基因超家族中,可能有些基因的编码产物在功能上毫无相同之处,或某些成员并不能表达出有功能的产物,成为假基因。根据家族内各成员同源性的程度,基因家族主要有以下几种类型。

(1)核酸序列相同　这实际上是多拷贝基因。在真核基因组中,有些基因的拷贝数不止一个,可以有几个、几十个甚至几百个,被称为单纯多基因家族,如 rRNA 基因家族、tRNA 基因家族等。一般真核生物细胞都有成百上千个 tRNA 基因,人类基因组约有 1 300 个 tRNA

基因。每种 tRNA 基因可有 10 个到几百个拷贝。每一拷贝往往串联排列在一起,但由非转录间隔区间隔形成基因簇,因此,常常比结构基因长近 10 倍。

组蛋白基因家族在染色体上的排列则是另一种形式。5 种组蛋白基因串联成一个单元,再由许多单元串联成一个大簇,这种形式的基因家族也称为复合多基因家族,组蛋白基因的串联排列与 DNA 复制时需要成比例地大量合成各种组蛋白有关。

(2)核酸序列高度同源　如人类生长激素基因家族,包括 3 种激素的基因,即人生长激素(hGH)、人胎盘促乳素(hCS)和催乳素。它们之间同源性很高,尤其是 hGH 和 hCS 之间,蛋白质氨基酸序列有 85%的同源性,mRNA 序列上有 92%的同源性,说明它们是来自一个共同祖先的基因。hGH 和 hCS 基因在 17 号染色体上的排列次序是:(hGH-N)—(hCS-L)—(hCS-A)—(hGH-V)—(hCS-B)—。其中,hGH 基因有 2 个,一个是正常表达(hGH-N),另一个至今未发现表达产物(hGH-V);hCS 基因中有 2 个正常表达基因(hCS-A,hCS-B)和一个假基因(hCS-L)。

(3)编码产物具有同源功能区　在某些基因家族成员之间,基因全长序列的相似性可能较低,但基因编码的产物却具有高度保守的功能区。如 src 癌基因家族,各成员基因结构并无明显的同源性,但每个基因产物都含有 250 个氨基酸顺序的同源蛋白激酶结构域。一些结构类似、功能相关的受体也可依此划分成一个个家族。

(4)编码产物具有小段保守基序　在有些基因家族中,各成员的 DNA 序列可能并不明显相关,而基因编码的产物却具有共同的功能特征,存在小段保守的氨基酸序列。例如 DEAD 盒基因家族含有几个不同的基因,它们的产物都具有解旋酶的功能,其结构特征是 8 个氨基酸序列,内含 DEAD 序列:Asp—Glu—Ala—Asp 。

(5)基因超家族　基因超家族是指一组由多基因家族及单基因组成的更大的基因家族。它们的结构有程度不等的同源性,它们可能都起源于相同的祖先基因,但它们的功能并不一定相同——这一点正是与多基因家族的区别所在。这些基因在进化上虽也有一定的亲缘关系,但亲缘关系较远,故将其称为基因超家族。

在基因超家族中,免疫球蛋白基因家族是最早被发现,也是最经典的基因超家族。这一家族的各成员都具有共同的免疫球蛋白样的结构域,因而也将其命名为免疫球蛋白基因超家族。

第二节　基因组的结构与功能

在特定的细胞或生物体中,一套完整单倍体的遗传物质的总和称为基因组(genome),它包含了特定生物的全部遗传信息。随着生命科学的发展,对基因结构与功能的研究也在不断发展,从单个基因到整体基因组,从简单的病毒基因组到复杂的高等动、植物基因组。“人类基因组计划”的顺利完成标志着人类对基因组的研究已经进入了一个新的时代。

一、病毒基因组的结构与功能特点

病毒是最简单的生命形式,遗传信息的延续构成了其生命活动的主要内容。病毒基因组的主要功能就是保证基因组的复制及其向子代传递,整套基因组所编码的蛋白质都是与基因复制、病毒颗粒包装以及病毒向宿主细胞传递密切相关的。

1.病毒基因组的分子特征

与原核生物基因组或真核生物基因组相比,病毒的基因组很小。尽管如此,在不同的病毒之间,其基因组大小相差甚大。大的如痘病毒基因组,其 DNA 长达 300 kb,可编码几百种蛋白质;小的如乙肝病毒(HBV)基因组,其 DNA 长度只有 3.2 kb,所包含的信息量较少,只能编码几种蛋白质。

在分子种类与结构上,病毒基因组之间差别也很大。不同病毒的基因组可以是不同种类的核酸,即可以是 DNA 分子或是 RNA 分子;病毒基因组的 DNA 或 RNA 有的是单链,有的是双链;有的是闭合环状结构,有的是线性结构。如乳头瘤病毒基因组为闭环双链 DNA,腺病毒基因组为线性双链 DNA,噬菌体 M13 基因组为单链环状 DNA(其复制型为双链环状 DNA),脊髓灰质炎病毒基因组为单链 RNA,呼肠孤病毒基因组为双链 RNA。

此外,病毒基因组的 DNA 或 RNA 有的是连续的结构,有的是不连续的结构。一般而言,DNA 病毒基因组均由连续的 DNA 分子组成;多数 RNA 病毒基因组也由连续的 RNA 分子组成,但有些则以不连续的 RNA 分子组成。如流感病毒由 8 条分开的单链 RNA 分子构成,而呼肠孤病毒则由 10 条双链 RNA 片段组成。

2.病毒基因组的遗传与表达特征

病毒基因组主要为单倍体基因组,每个基因在病毒颗粒中只出现一次。迄今只发现反转录病毒基因组是个例外,它具有两份基因组拷贝。病毒基因组的大部分序列是用来编码蛋白质的,约占基因组的90%以上,只有很小的一部分不编码蛋白质。病毒基因组中的基因结构有连续的和不连续的两种类型,这种差别与病毒的感染宿主类型有关,即感染细菌的病毒(噬菌体)基因组与细菌基因组结构特征相似,基因是连续的;而感染真核生物细胞的病毒,其基因组与真核生物基因组结构特征相似,基因是间断的,有内含子的结构特征。

3.病毒基因组的功能与特征

在病毒基因组核酸序列中,功能相关的蛋白质基因往往聚集在基因组的一个或几个特定部位,形成一个功能单位或转录单元(也称“基因丛集”),即以多顺反子 mRNA 的形式一起被同时转录,随后被加工合成各自蛋白质的 mRNA 模板。如腺病毒晚期基因编码表达的

12种外壳蛋白,在晚期基因转录时,在1个启动子作用下转录成一条多顺反子 mRNA,然后加工成编码病毒的各种外壳蛋白的成熟 mRNA。

由于病毒核酸分子普遍很小,又需要装入尽可能多的基因,因此在进化过程中形成了重叠基因,即同一段核酸序列能够编码2种或2种以上蛋白质。重叠基因虽然共用一段核酸序列,但在合成蛋白质的过程中,或因选用不同的读码框架,或因选择不同的翻译起始密码、终止密码,合成的蛋白质分子往往大不相同。基因重叠的程度有大有小,最小的两个重叠基因间只有1个碱基重叠。

此外,病毒基因组还含有不规则的结构基因,其转录出的 mRNA 分子亦不规则,主要类型有:①几个结构基因的编码区是连续的、不间断的排列,之间无终止密码间隔,即这些基因的编码信息被翻译在一条多肽链中,只是翻译后才被切割成相应的蛋白质,如脊髓灰质炎病毒基因组、反转录病毒的 gag 和 pol 基因等。②mRNA 的5′端没有 m7 GpppN 的帽子结构,而是由其5′UTR 的 RNA 形成特殊的空间结构,称为翻译增强子,核糖体通过结合翻译增强子而开始翻译。③结构基因本身没有翻译起始序列,某些处于病毒基因组中部的结构基因,转录后其编码区也在一条多顺反子 mRNA 的中部,因为没有5′端帽子结构(被其他顺反子所隔断),也没有翻译增强子结构,有的甚至没有起始密码子,无法作为模板进行翻译,必须在转录后进行加工、剪接,与病毒 RNA 5′端的帽子结构连接,或与其他基因的起始密码子连接,成为有翻译功能的完整 mRNA。

二、原核生物基因组的结构与功能特点

原核生物基因组仅由一条环状双链 DNA 分子组成,含有1个复制起点,其 DNA 虽与蛋白质结合,但并不形成染色体结构,只是在细胞内形成一个致密区域,即类核(nucleoid)。类核中央部分由 RNA 和支架蛋白组成,外围是双链闭环的超螺旋 DNA。由于原核生物细胞无核膜结构,因此基因的转录和翻译过程几乎在同一区域内同步进行。

1.原核生物基因组的编码序列特征

原核生物基因的编码序列在基因组中约占50%,远大于真核生物基因组,但又少于病毒基因组;其基因的编码顺序不重叠,不存在病毒基因组特有的基因重叠现象。同时,原核生物基因组中很少有重复序列,其结构基因多为单拷贝,只有编码 rRNA 的基因是多拷贝的(这有利于核糖体的快速组装)。此外,原核生物基因组内,执行同一代谢功能的相关结构基因通常串联排列,并以多顺反子的操纵子结构进行表达,基因内无内含子,因此转录后也不会发生选择性剪接事件。基因组中存在插入序列、转座子等可移动的 DNA 序列。

2.原核生物基因组的操纵子表达结构

原核生物基因组具有操纵子的表达结构,这是原核生物基因组一个突出的结构特点,也

是原核生物基因组基因表达的基本结构单位。操纵子由调控区和信息区组成。调控区包括启动子、操纵基因，以及下游的转录终止信号，是各种调控蛋白结合与作用的部位，决定了基因的转录效率。信息区包括若干编码蛋白质的序列。

三、真核生物基因组结构与功能的特点

真核生物基因组的结构和功能远比原核生物复杂。真核生物细胞具有细胞核，而且前体 mRNA 转录后需要经过一系列加工过程，才能成为具有翻译模板功能的成熟 mRNA。因此基因的转录和翻译过程是在细胞的不同空间位置、不同时序先后进行的：转录在细胞核内完成，翻译在胞浆内完成。除了染色体基因组外，真核生物还具有线粒体基因组，植物细胞中的叶绿体内也具有叶绿体基因组，这些都是真核生物基因组的组成部分。

1.真核生物基因组庞大、复杂

真核生物基因组具有庞大、复杂的结构，基因组的倍性随染色体的倍性变化而变化，一倍体生物就含有两份同源的基因组。

相较于原核生物基因组，真核生物基因组的结构更为复杂，基因数更为庞大。每一种真核生物都有特定的染色体数目，除了配子（精子和卵子）为单倍体外，体细胞一般为偶数的整倍体，例如，人类为二倍体生物，即含两份同源的基因组，小麦为异源六倍体生物，含有 AABBDD 六份部分同源的 ABD 三套基因组，而原核生物基因组则是单拷贝的。

2.真核生物基因组含有大量的重复序列

真核生物基因组内非编码序列占绝大部分，其中含有大量重复序列。一般而言，非编码序列约占基因组的 90%以上。例如在拥有 30 亿个核苷酸的人类基因组中，反转录转座子等就占 45%的序列，内含子占 24%的序列。在基因组中，非编码序列所占比例也是真核生物与细菌、病毒的重要区别，且在一定程度上也是生物进化的标志。非编码序列还具有广泛的重复性，这些重复的功能相关的基因可串联在一起，亦可相距很远，从而构成各种不同类型的基因家族。但在基因家族内，即使串联在一起的成簇基因也是各自分别转录。

3.真核生物基因组的结构基因为单顺反子结构，存在选择性剪接

真核生物的结构基因多为单顺反子结构，由编码序列与相关的调控序列组成，转录生成的 mRNA，通常只能翻译成一种蛋白质。大多数真核生物的结构基因是具有内含子结构的断裂基因，有些基因转录后的前体 RNA 还存在着选择性剪接过程，从而产生多种不同的 mRNA 序列，合成同源异型蛋白。而原核生物基因因不含内含子序列，也就无选择性剪接过程。

四、线粒体基因组

线粒体是真核生物细胞的一种细胞器，其中含有线粒体 DNA(mtDNA)分子，构成自己的基因组，编码线粒体的一些蛋白质。除了少数低等真核生物的线粒体基因组是线状 DNA 分子外，一般都是环状 DNA 分子。由于一个细胞里有许多个线粒体，而且一个线粒体里也有几份基因组拷贝，所以一个细胞里就有许多拷贝的线粒体基因组。不同物种的线粒体基因组大小悬殊。哺乳动物的线粒体基因组最小，果蝇和蛙的稍大，酵母的更大，而植物的线粒体基因组最大。人、小鼠和牛的线粒体基因组全序列已经测定，每个细胞里有成千上万份线粒体基因组 DNA 拷贝。植物细胞的线粒体基因组大小悬殊，大部分由非编码的 DNA 序列组成，且有许多短的同源序列，同源序列之间的 DNA 重组会产生较小的亚基因组环状 DNA，与完整的“主”基因组共存于细胞内，因此植物线粒体基因组的研究更为困难。

哺乳动物的 mtDNA 内没有内含子，而且几乎每一对核苷酸都参与一个基因的组成，有许多基因的序列是重叠的。例如，Anderson 等于 1981 年测定了人线粒体基因组全序列，共 16 569 bp，除了启动 DNA 相关的 D 环区外，只有 87 个碱基对(bp)不参与基因的组成。现已确定有 13 个为蛋白质编码区域，即细胞色素 b、细胞色素氧化酶的 3 个亚基、ATP 酶的 2 个亚基以及 NADH 脱氢酶的 7 个亚基的编码序列。另外还有分别编码 16SrRNA、12SrRNA 以及 22 个 tRNA 的 DNA 序列。除个别基因外，其余基因都按同一个方向进行转录，而且 tRNA 基因位于 rRNA 基因和编码蛋白质的基因之间。线粒体密码系统中，UGA 是色氨酸的密码子；多肽内部的甲硫氨酸由 AUG 和 AUA 两个密码子编码，翻译起始甲硫氨酸由 AUG、AUA、AUU 和 AUC 4 个密码子编码；UAA、UAG、AGA、AGG 为终止密码子。其他均与通用密码子相同。

线粒体基因组能够单独进行复制、转录及合成蛋白质，但这并不意味着线粒体的生物学功能完全不受核基因的调节控制。研究表明，在线粒体内合成的蛋白质约 98%是由核基因组编码的。这说明线粒体自身结构和生命活动都需要核基因的参与并受其控制。例如杂交水稻生产体系中的细胞质雄性不育性就是由核基因组中的育性恢复基因与线粒体基因组中的不育基因共同控制的。目前已发现的人类某些遗传病，如 Leber 遗传性视神经病、肌阵挛性癫痫、糖尿病—耳聋综合征、MELAS 综合征等都与线粒体基因突变有关。

五、人类基因组

人类基因组 DNA 总量约 3×10^9 bp，编码序列占基因组 DNA 总量的 5%以下，非编码序列占 95%以上。非编码序列包含启动子、增强子、内含子等序列，另外还有大量的重复序列。基因组中 DNA 重复序列承受的选择压力较小，因此在个体间较易积累变异，这是形成 DNA

多态性的重要遗传基础。

1.人类基因组 DNA 的多态性

正常群体(如正常人群)的 DNA 分子或基因的某些位点或区段,由于遗传或环境的原因可以发生序列改变,使不同个体在这些位点的 DNA 一级结构各不相同,这种现象称为 DNA 多态性。将易于鉴别的 DNA 多态性开发成 DNA 指纹图谱,可作为在分子水平上区别个体差异的遗传标志。

人类基因组中 DNA 序列的多态性可分为两类,即 DNA 位点多态性和长度多态性。位点多态性是指等位基因之间在特定位点上 DNA 序列的差异,这些位点上某一碱基存在与否或序列异同,将决定这段 DNA 能否被某一限制性核酸内切酶水解,从而获得大小不等的片段,这种多态性常用来分析个体间 DNA 的位点差异;长度多态性是指由不同个体等位基因之间存在的 DNA 序列长度差异构成的多态性。这种长度多态性形成的原因有两种:一种是等位重复序列的重复次数不同,常称为可变数目串联重复序列(VNTRs),又称小卫星 DNA,是一种数十到数百个核苷酸的重复短序列,重复拷贝数可以是 10~1 000 不等,VNTRs 在人群中出现的频率极高;另一种是某一等位片段的插入或缺失,常简称为 Indel。

2.人类基因组的重复序列

(1)反向重复序列　反向重复序列是指两个顺序相同的拷贝在 DNA 链上呈反向排列。这种反向排列的拷贝之间或有一段间隔序列(可形成茎环结构),或两个拷贝反向串联在一起,中间没有间隔序列,这种结构亦称为回文结构,如图 2-7 所示。人类基因组约含 5%的反向重复序列,散布于整个基因组中,常见于 DNA 复制起点、基因转录的终止子及调控区,与 DNA 复制和基因表达调控有关。

(2)串联重复序列　串联重复序列的特点是,具有一个固定的重复单位,该重复单位头尾相连形成重复顺序片段,串联重复序列约占人类基因组的 10%。

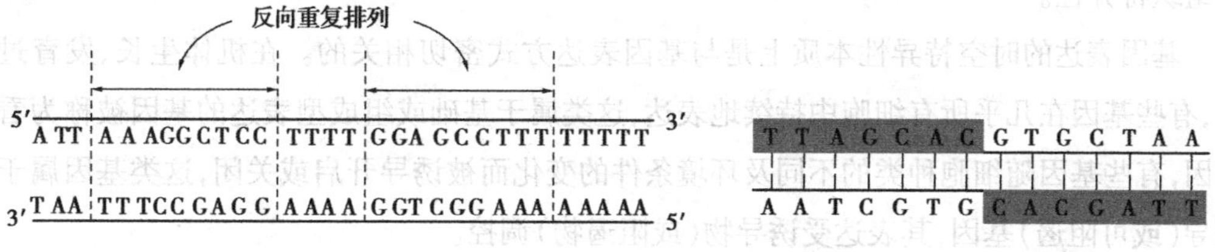

图 2-7　反向重复序列和回文结构示意图

串联重复序列按其存在的位置分为编码区串联重复序列、非编码区串联重复序列和散在重复序列。而非编码区串联重复序列通常存在于间隔 DNA 和内含子内。串联重复单位的长短不等,重复次数从几次到数百次,甚至几十万次,这类重复序列是组成卫星 DNA 的基础。

(3)散在重复序列　人类基因组 DNA 中除串联重复、反向重复之外的重复序列,不论重复次数多少,都可归为散在重复序列。

第三节 基因的表达与调控

基因是一个具有特定功能的最小的遗传单位,生物化学上是指一段可表达的 DNA 序列。基因组是一个单倍体细胞或病毒颗粒的全部核苷酸序列,包含了全套基因。不同生物的基因组所含基因数目不同,细菌基因组约含 4 000 个基因,人类基因组约含 3 万个基因。在个体发育的不同时期及不同细胞内,有些基因表达,有些基因关闭。一般而言,基因表达的产物是 RNA 和蛋白质。因此通常意义的基因表达是指结构基因所包含的遗传信息,遵照"中心法则"通过转录生成 RNA,以及转录后再经过翻译生成蛋白质的过程。广义的基因表达也包含了以 RNA 为终产物的表达,如生成 tRNA、rRNA、microRNA 的过程。

真核生物与原核生物的各种基因均以其特定的规律,在来自机体内外各种因素、因子的精准调节和控制下进行表达,即通过这种基因表达调控机制,控制着数以千万计的基因以最为经济有效的时空模式进行转录和翻译,从而实现适应环境、分化细胞、特化组织和个体发育等,维持机体正常生命活动。

从低等的原核细胞到高等的动、植物及人类,虽然不同基因表达的特性不同,但它们都具有共同的时空表达规律,呈现出基因表达的时间特异性和空间特异性。时间特异性是指某一基因的表达遵循特定的时间顺序,按功能需要进行表达。如多细胞生物从受精卵开始,至个体的生长及发育过程中,相应基因按一定时间顺序开启或关闭,与其发育阶段相适应。低等的病毒、噬菌体在其感染细胞的过程中,功能基因的表达与其生活周期相适应。空间特异性是指特定基因表达产物在同一个体的不同组织细胞中的分布特点,也称为细胞特异性或组织特异性。

基因表达的时空特异性本质上是与基因表达方式密切相关的。在机体生长、发育过程中,有些基因在几乎所有细胞中持续地表达,这类属于基础或组成型表达的基因被称为看家基因,有些基因随细胞种类的不同及环境条件的变化而被诱导开启或关闭,这类基因属于可诱导(或可阻遏)基因,其表达受诱导物(或阻遏物)调控。

一、基因表达调控的基本原理

原核生物和真核生物的基因表达调控尽管在细节上差异很大,但两者的调控模式及调控原理却极为相似。调节作用主要包括核酸分子之间的相互作用、核酸与蛋白质之间的相互作用以及蛋白质之间的相互作用。调控作用可能是正向的也可能是负向的;调控层次可以是转录水平的调控,包括基因的转录激活、转录起始、转录阻止等,也可以是转录后水平的调控,包括前体 mRNA 的加工、mRNA 降解等,还可以是翻译水平的调控,包括蛋白质翻译的起始、肽链的延长、翻译的终止及翻译速率的改变等,还可以是翻译后水平的调控,包括多肽链的加工、修饰、分泌和蛋白质降解等。其中基因表达在转录水平上的调控是最为经济有效和灵活的方式。

1.特异 DNA 序列对基因表达的影响

无论是原核生物还是真核生物,都是由其 DNA 分子上的特定序列构成基因表达的基本信号。从起始密码到终止密码,从编码序列到调控序列,从单拷贝序列到重复序列,无一不在基因表达中发挥重要作用。在原核生物中,基因表达的调控主要以操纵子模式来实现。转录起始环节的调控始终是调控中最重要、最基础的调控点之一。如前所述,操纵子通常包括启动序列(启动子)、操纵序列、编码序列和调节序列。启动序列是 RNA 聚合酶识别、结合并启动转录的特异 DNA 序列。原核基因的启动序列在转录起始点上游-10—-35 bp 通常存在一些保守序列,称为共有序列或一致性序列。该序列中碱基的突变或改变将影响其对 RNA 聚合酶的亲和力,从而直接影响转录起始的频率。因此,共有序列决定启动子的转录活性,如大肠杆菌中有些基因每秒转录一次,而有些基因一个世代也不转录一次。这种显著的差异是由启动子序列的差异决定的。当无其他因素影响时,启动子本身的差别可以使转录起始的效率相差 1 000 倍或更多。操纵序列与启动序列毗邻,并可能与启动序列交错、重叠,它是阻遏蛋白的结合位点。当操纵序列与阻遏蛋白结合后,可以阻止转录的起始。操纵子中的调节序列可与特异性的调节蛋白结合,激活或抑制转录。

真核生物的基因组很庞大,其中非编码序列远比编码序列多。真核基因的转录调控机制中广泛存在各种特定的 DNA 序列——顺式作用元件。根据顺式作用元件在基因中的位置和作用,可分为启动子、增强子和沉默子等。通常将一些高度保守的调控基序称为"盒",如 TATA 盒、CCAAT 盒等,它们是调节蛋白结合与作用的位点。

2.DNA 与蛋白质之间的相互作用

DNA 上的特定调控序列可以与相应的调控蛋白结合。这些蛋白质在真核生物中统称为转录因子,在原核生物中,这些蛋白质依其作用性质分为阻遏蛋白、激活蛋白和特异因子。阻遏蛋白与操纵序列结合,阻止基因的转录起始。激活蛋白与启动子前的正控制调控序列结合,促进转录的起始。真核生物中的转录因子以反式作用方式与顺式作用元件结合,调节转录活性,所以这些因子也被称为反式作用因子。上述 DNA—蛋白质之间的结合通常以非共价键的形式实现,通过蛋白质分子中具有特殊结构的功能域与 DNA 分子双螺旋结构中的大沟结合来调节基因的转录。这些功能域常见的结构特征有如下两种。

(1)螺旋—转角—螺旋 这种结构模式具有两个较短的 α-螺旋片段,每个片段有 7~9 个氨基酸残基,两个螺旋片段之间由 β-转角结构联系。其中一个 α-螺旋是顺式元件的识别螺旋,含有较多能与 DNA 相互作用的氨基酸残基,此螺旋进入 DNA 双螺旋结构的大沟。λ

噬菌体的 λ 抑制子利用螺旋—转角—螺旋结构与 DNA 结合的示意图如图 2-8 所示。

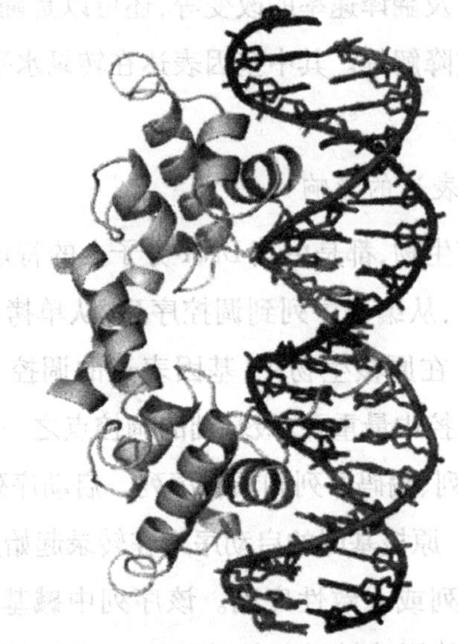

图 2-8 λ 噬菌体的 λ 抑制子利用螺旋—转角—螺旋结构与 DNA 结合示意图

(2)锌指　锌指结构由一个含有大约 30 个氨基酸的环和一个与环上的 4 个半胱氨酸(4 Cys)或 2 个半胱氨酸和 2 个组氨酸(2 Cys-2 His)配位的 Zn^{2+} 构成,结构像手指状,如图 2-9所示。锌指结构在多种真核生物的转录因子与 DNA 结合的功能域中存在,而且一般具有多个相同的锌指,如转录因子 Spl 具有 3 个锌指,能与 DNA 双螺旋的大沟结合。锌指结构域与 DNA 相互作用的示意图如图 2-10 所示。

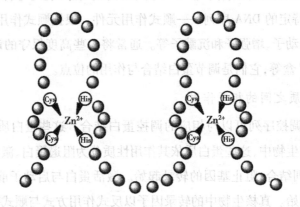

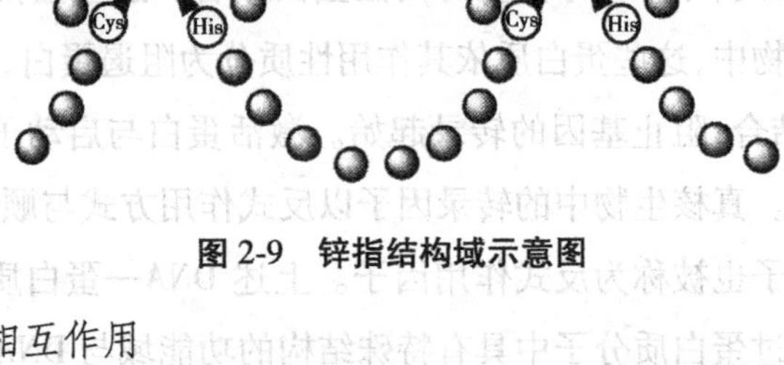

图 2-9 锌指结构域示意图

3.蛋白质之间的相互作用

调节蛋白通常以同源二聚体或同源多聚体的形式与 DNA 结合。不同的调节蛋白也可以异源多聚体形式相互结合后,再与 DNA 的顺式作用因子结合,调节基因转录,这在真核生物中较为常见。蛋白质相互作用功能域的典型结构特征是亮氨酸拉链结构和螺旋—环—螺旋结构。

图 2-10 锌指结构域与 DNA 的相互作用

(1)亮氨酸拉链结构 亮氨酸拉链结构是指在调控蛋白的肽链中,每隔 7 个氨基酸残基就有一个亮氨酸残基,这段肽链所形成的 α-螺旋会出现一个由亮氨酸残基组成的疏水面,而另一面则是由亲水性氨基酸残基构成的亲水面。由亮氨酸残基组成的疏水面即为亮氨酸拉链条,两个具有亮氨酸拉链条的反式作用因子,就能借疏水作用形成二聚体,如图 2-11 所示。在具有亮氨酸拉链结构的调节蛋白中,行使与 DNA 结合这一功能的是“拉链”区以外的结构,亮氨酸拉链结构对二聚体的形成是必需的。

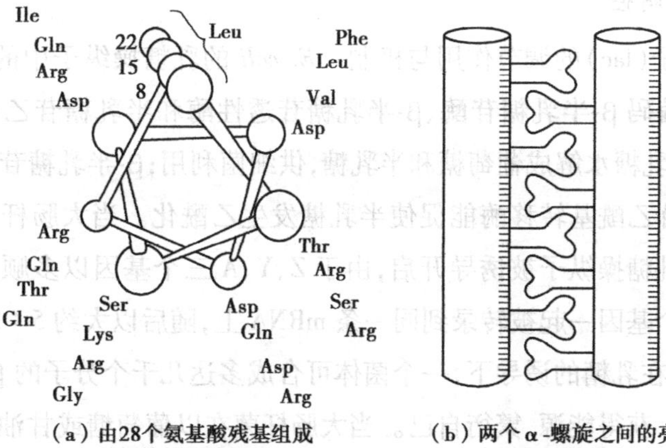

(a)由28个氨基酸残基组成的螺旋轮状结构　(b)两个 α-螺旋之间的亮氨酸拉链结构

图 2-11 亮氨酸拉链结构

(2)螺旋—环—螺旋结构 螺旋—环—螺旋结构与亮氨酸拉链结构一样,与形成反式因子二聚体有关,许多反式作用因子往往具有这种结构。在这种结构中含有保守性较高的 50 个氨基酸残基组成的肽段,其中既含有与 DNA 结合的结构,又含有形成二聚体的结构,这部分肽段能形成两个较短的 α-螺旋,两个 α-螺旋之间有一段能形成环状的肽链,α-螺旋具兼性,即具有疏水面和亲水面(上述亮氨酸拉链也是兼性 α-螺旋)。两个具有螺旋—环—螺旋的反式因子能形成二聚体,有利于反式因子的 DNA 结合域与 DNA 结合,如图 2-12 所示。

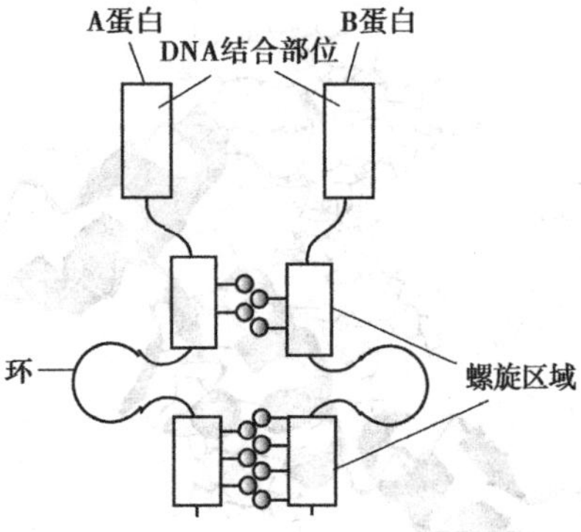

图 2-12 螺旋—环—螺旋结构形成二聚体

二、原核生物的基因表达调控

原核生物结构简单,无细胞核结构,转录和翻译过程几乎同步进行,对环境条件的变化反应敏感,能迅速调整相应的基因表达,以适应变化的环境和维系自身的生长和繁殖。原核生物基因表达调控普遍采用具有较高“保险度”的负控制模式,在操纵子的框架结构中,通过阻遏蛋白或激活蛋白在转录水平上调节基因的表达。

1.转录水平的调控

(1)乳糖操纵子(lac)的调节作用与机制 *E. coli* 的乳糖操纵子中的 lacZ、lacY、lacA 三个结构基因,分别编码 β-半乳糖苷酶、β-半乳糖苷透性酶和半乳糖苷乙酰基转移酶。其中 β-半乳糖苷酶可将乳糖水解成葡萄糖和半乳糖,供细菌利用;β-半乳糖苷透性酶可帮助乳糖进入细胞;半乳糖苷乙酰基转移酶能促使半乳糖发生乙酰化。当大肠杆菌在只含有乳糖的培养基中生长时,乳糖操纵子被诱导开启,由于 Z、Y、A 三个基因以多顺反子的形式顺序排列在操纵子中,三个基因一起被转录到同一条 mRNA 上,随后以大约 5 : 2 : 1 的比例协调翻译合成三种酶类。在乳糖的诱导下,一个菌体可合成多达几千个分子的 β-半乳糖苷酶,完成对乳糖的分解代谢,获得能源,繁衍自己。当大肠杆菌在以葡萄糖或甘油作为碳源的培养基中生长时,阻遏蛋白结合在操纵基因上,阻止转录过程的启动,乳糖操纵子处于关闭状态。从原核生物对环境的适应角度出发,培养的环境中没有乳糖,大肠杆菌也没有必要合成分解乳糖的酶类,这也是选择的结果、进化的必然。

实际上,在大肠杆菌细胞内,真正生理性的并行使诱导效应的诱导物并非乳糖,而是乳糖的异构体——别位乳糖,它也是由乳糖经 β-半乳糖苷酶(未经诱导时少量存在于细菌内)催化形成,并再经 β-半乳糖苷酶水解为半乳糖和葡萄糖,如图 2-13 所示。

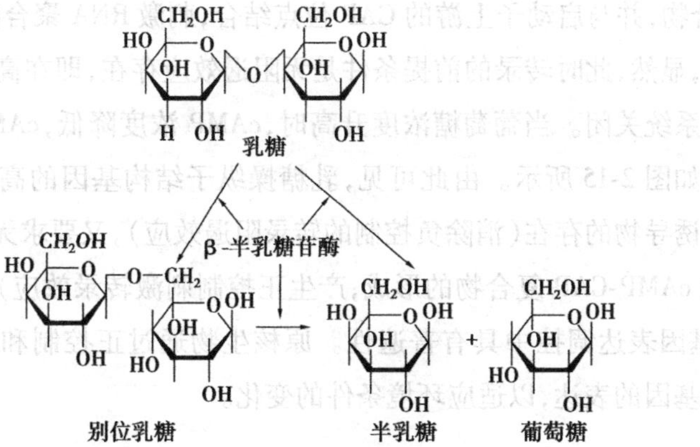

图 2-13　β-半乳糖苷酶对乳糖的作用

①阻遏蛋白的调控。lac 阻遏蛋白是由 4 个相同亚基组成的四聚体,每个亚基都有一个与诱导物——别位乳糖结合的位点。在没有诱导物的条件下,lac 阻遏蛋白能与操纵基因 O 结合,从而阻止 RNA 聚合酶对结构基因的转录。当有诱导物存在时,诱导物与 lac 阻遏蛋白结合后,引起阻遏蛋白构象改变,对 DNA 的特异结合能力下降,导致阻遏物从操纵基因 O 上解离下来,RNA 聚合酶不再受到阻碍,顺利转录结构基因 Z、Y、A。在实验条件下常用异丙基硫代半乳糖(IPTG)作为诱导物代替别位乳糖,IPTG 诱导作用很强,且由于它不是 β-半乳糖苷酶的底物,因而不被代谢(图 2-14)。

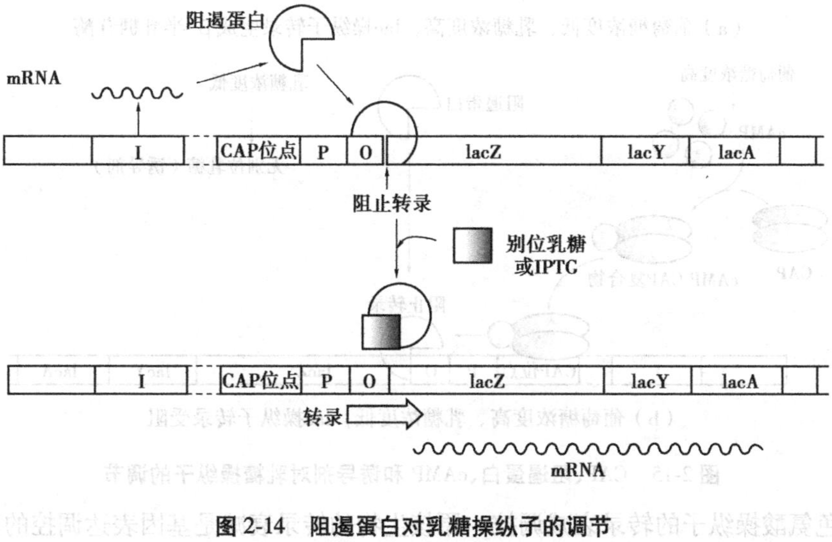

图 2-14　阻遏蛋白对乳糖操纵子的调节

②CAP 的正控制调控。大肠杆菌具有优先利用葡萄糖作为能源的特点。当大肠杆菌在含有葡萄糖的培养基中生长时,一些分解代谢酶,如 β-半乳糖苷酶、半乳糖激酶、阿拉伯糖异构酶、色氨酸酶等的表达水平都很低,这种葡萄糖代谢过程对其他酶的抑制效应称为降解物阻遏作用。这种阻遏现象与 cAMP 有关。cAMP 受体蛋白是一种同源二聚体,其分子内有 DNA 结合区和 cAMP 结合位点。CAP 与 cAMP 结合形成复合物才能刺激操纵子结构基因的转录。当培养环境中葡萄糖浓度较低时,菌体内 cAMP 浓度会升高,CAP 与 cAMP 结合形成

cAMP-CAP 复合物,并与启动子上游的 CAP 位点结合,刺激 RNA 聚合酶的转录作用,使转录效率提高 50 倍,显然,此时转录的前提条件是无阻遏效应存在,即在高浓度乳糖或别位乳糖条件下,负控制系统关闭。当葡萄糖浓度升高时,cAMP 浓度降低,cAMP 与 CAP 结合受阻,转录效率下降,如图 2-15 所示。由此可见,乳糖操纵子结构基因的高效表达必须满足两个条件,既需要有诱导物的存在(消除负控制的转录阻遏效应),又要求无葡萄糖或低浓度葡萄糖的条件(促进 cAMP-CAP 复合物的形成,产生正控制刺激转录效应)。乳糖操纵子调控模式在原核生物基因表达调控中具有普遍性。原核生物通过正控制和负控制机制的协调配合,来调节相关基因的表达,以适应环境条件的变化。

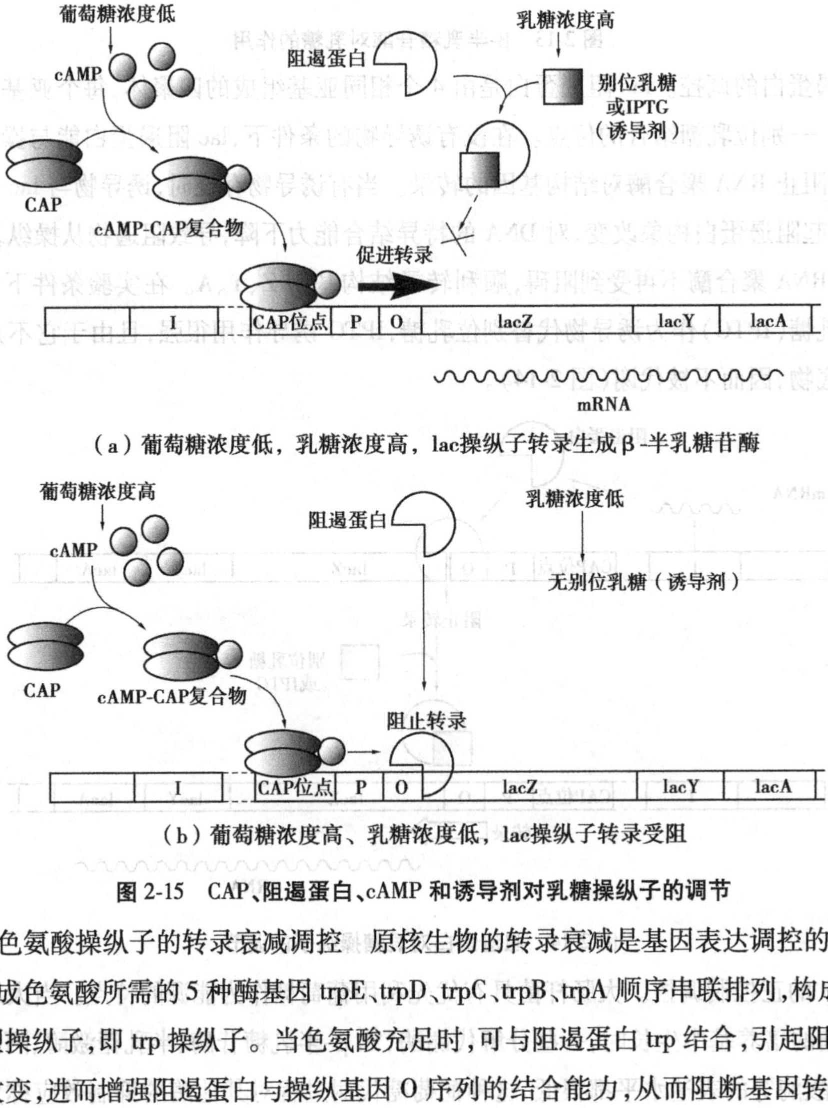

图 2-15　CAP、阻遏蛋白、cAMP 和诱导剂对乳糖操纵子的调节

(2)色氨酸操纵子的转录衰减调控　原核生物的转录衰减是基因表达调控的重要方式。E.coli 合成色氨酸所需的 5 种酶基因 trpE、trpD、trpC、trpB、trpA 顺序串联排列,构成一个负控制阻遏型操纵子,即 trp 操纵子。当色氨酸充足时,可与阻遏蛋白 trp 结合,引起阻遏蛋白 trp 的构象改变,进而增强阻遏蛋白与操纵基因 O 序列的结合能力,从而阻断基因转录;当培养环境中缺乏色氨酸时,菌体内没有色氨酸与阻遏蛋白 trp 结合,阻遏蛋白不能结合 O 序列,基因开始转录,合成 6 720 个核苷酸的完整的多顺反子 mRNA。当菌体内仍有少量色氨酸,但又不足以形成色氨酸—阻遏蛋白复合物与操纵基因结合时,操纵基因处于开放状态,转录过程可以启动，但转录过程行进至前导序列L处便被终止，转录出一条140个核苷酸的转录产物，称为衰减转录物。这一精细、严谨的转录终止现象是通过140个核苷酸的RNA形成特殊的衰减子结构实现的，它使转录过程中断，避免色氨酸的合成过剩，如图2-16所示。

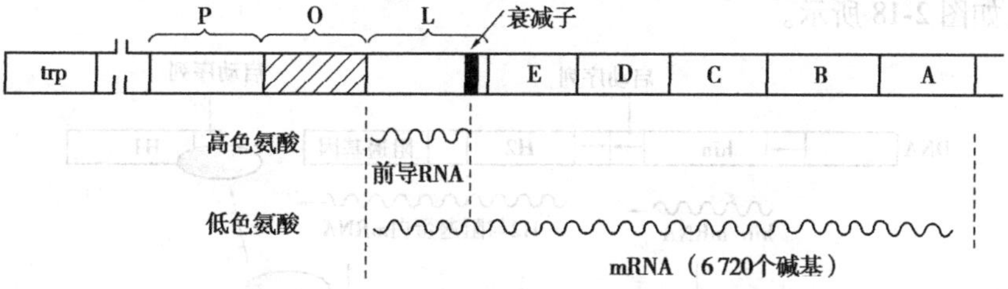

图2-16 trp操纵子及其相应的转录产物

衰减子的作用机制是：在衰减子区域内有4段序列，邻近序列能相互配对形成二级结构，其中序列3和序列4配对，可形成类似基因末端的"不依赖Rho因子的转录终止子"结构，具有终止转录的作用；当序列2和序列3配对形成发夹结构时，序列3和序列4就无法配对，转录终止子结构不能形成，导致转录继续进行。在140个核苷酸的RNA链中编码有14个氨基酸的短肽，由于原核生物基因的转录和翻译过程同步进行，当色氨酸缺乏时，短肽翻译进行到序列1的色氨酸密码子处，因缺乏色氨酰-tRNA，核糖体在序列1处"停工待料"；序列2与序列3便可配对形成发夹结构；序列3和序列4之间的终止子结构不能形成，RNA聚合酶可以顺利完成全长多顺反子RNA的转录。而在菌体内只要有色氨酸存在，就会有色氨酰-tRNA的装载，短肽翻译过程中，核糖体能迅速通过序列1，并覆盖序列2，导致序列3与序列4配对形成终止子结构，转录终止。可见，转录衰减的调控机制实质上是在多顺反子mRNA5′端的前导序列中，通过是否翻译短肽来调控转录中断行为，如图2-17所示。

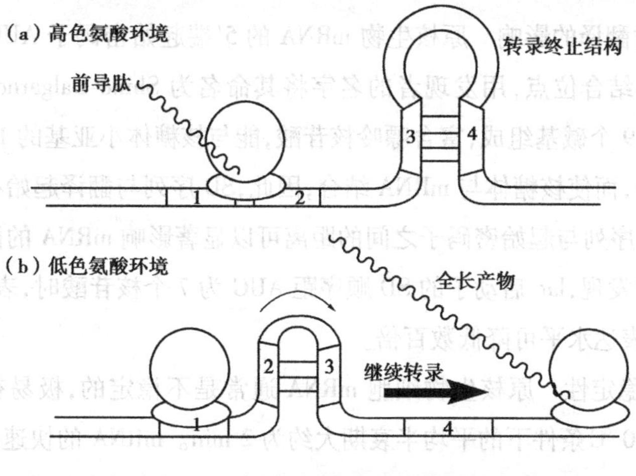

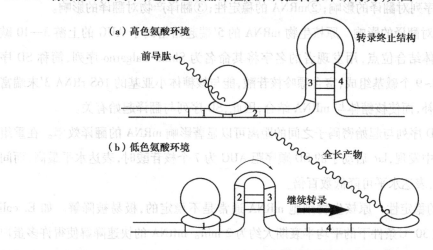

图2-17 trp操纵子的衰减作用示意图

（3）沙门菌基因重组调控　沙门菌为了逃避宿主的免疫监视，其鞭毛素蛋白的表达每经历1万次细胞分裂就发生一次变异。两种不同的鞭毛素（抗原）H1和H2分别由鞭毛素基因H1和H2编码。H2基因的启动子可以同时启动H2和一种阻遏蛋白的表达，这种阻遏蛋白可阻遏 H1 的表达。因此,在沙门菌中,当 H2 鞭毛素表达时,H1 鞭毛素基因就不表达。H2 基因的上游有一个编码倒位酶的基因 hin,该酶可催化 H2 启动序列与 hin 基因倒位,其结果是使 H2 基因启动序列方向改变,而使 H2 及阻遏蛋白基因的表达被关闭,结果导致 H1 基因表达,如图 2-18 所示。

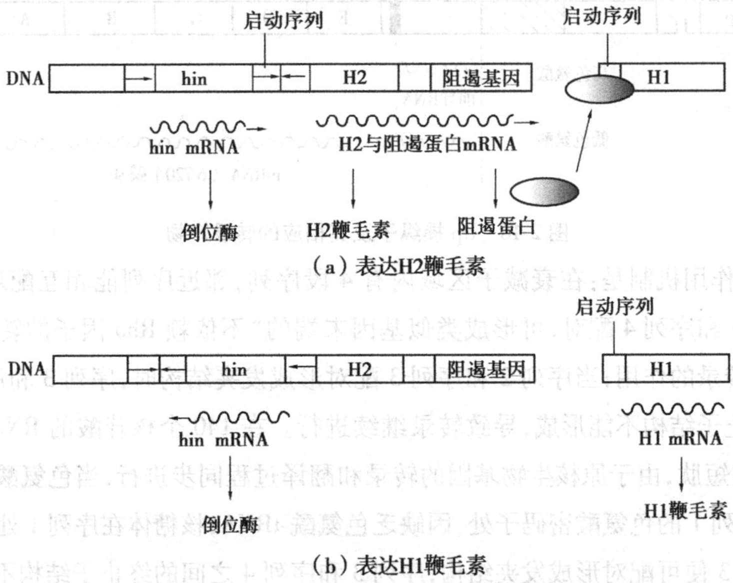

图 2-18　沙门菌鞭毛素基因的调节

2. 翻译水平的调控

翻译水平的调控是原核生物基因表达调控中除转录调控外的另一个重要层次,其调节作用包括:①SD 序列对翻译的影响;②mRNA 的稳定性;③翻译产物对翻译的影响。

(1) SD 序列对翻译的影响　原核生物 mRNA 的 5′端起始密码子 AUG 的上游 3—10 碱基处有一个核糖体结合位点,用发现者的名字将其命名为 Shine-Dalgarno 序列,简称 SD 序列。SD 序列由 3~9 个碱基组成,富含嘌呤核苷酸,能与核糖体小亚基的 16S rRNA 3′末端富含嘧啶的序列互补,而使核糖体与 mRNA 结合,因此,SD 序列与翻译起始有关。

研究表明,SD 序列与起始密码子之间的距离可以显著影响 mRNA 的翻译效率。在重组蛋白表达的研究中发现,lac 启动子的 SD 顺序距 AUG 为 7 个核苷酸时,表达水平最高,而间隔 8 个核苷酸时,表达水平可降低数百倍。

(2) mRNA 的稳定性　原核生物细胞 mRNA 通常是不稳定的,极易被降解。如 E. coli 的许多 mRNA 在 30 ℃条件下的平均半衰期大约为 2 min。mRNA 的快速降解使得许多蛋白质翻译的模板在几分钟内就被全部替换,这意味着诱导基因表达的因素一旦消失,蛋白质的合成就会迅速停止。由此可见,原核生物基因表达调控的主要环节在转录水平通过 mRNA 迅速合成、迅速降解来对环境变化做出快速反应进而做出快速应答。

(3) 翻译产物对翻译的影响　有些 mRNA 编码的蛋白质,本身就是在蛋白质翻译过程中发挥作用的因子。这些因子可对自身的翻译产生调控作用。如原核生物中的起始因子3(IF-3),当它合成过多时,能有效地校正和抑制其自身的起始密码子与起始tRNA的配对,从而抑制翻译的起始。另外还有核糖体蛋白、翻译终止因子等均可影响翻译过程。

三、真核生物的基因表达调控

与原核生物基因表达调控类似,真核生物基因表达调控也可在多个水平上进行。但由于真核生物基因组庞大、细胞结构复杂,因此,其基因表达调控机制远比原核生物复杂,研究也就困难得多。就目前所知,真核生物基因表达调控至少在以下四个方面与原核生物显著不同:①转录激活与转录区染色质特定结构相关联;②以更加灵活、经济、便捷的正控制调节方式为主;③转录与翻译在时间与空间上是分离的;④有更多、更复杂的调控蛋白参与调控过程。

1.DNA水平的调控

真核生物基因表达在DNA水平的调控主要通过以下四种方式实现。

(1)染色质结构对基因表达的调控作用　染色质结构影响基因表达是真核生物基因的特有现象。真核生物基因通常与组蛋白结合成核小体结构。形成的核小体再经高度螺旋压缩成的染色质储存于细胞核内,维持基因组稳定性,保护DNA免受损伤,关闭基因的转录。去除组蛋白后,染色质松弛,核小体解体,基因转录开启。研究发现,在转录较为活跃的区域,组蛋白相对缺乏,对脱氧核糖核酸酶(DNase Ⅰ)高度敏感,出现DNase Ⅰ超敏位点。超敏位点常位于基因的5′端或3′端侧翼区,甚至在转录区内。由此可见组蛋白在维持染色质结构、调节基因表达中的重要作用。另外,组蛋白的结构变化也可导致基因表达的变化。如组蛋白N端丝氨酸磷酸化,或组蛋白中丝氨酸和精氨酸的乙酰化,使组蛋白带的正电荷减少,与DNA结合力减弱,有利于转录。有些调节蛋白可以取代组蛋白H1和H5而竞争性地与DNA结合,从而解除组蛋白对基因表达的抑制作用。

(2)基因修饰　在真核生物基因表达调控中,甲基化起着重要作用。DNA中的胞嘧啶经甲基化成为5′甲基胞嘧啶(m5C),常出现在基因5′端侧翼序列的CG富含区。一般认为,基因的甲基化与基因的表达负相关。因此,转录活性高的基因CG富含区中甲基化程度一般较低。

通常认为甲基化影响基因表达的机制是:通过影响DNA中的顺式因子与转录因子的结合,使基因不能转录或阻止转录复合物的形成。

(3)基因重排　基因重排是指某些基因片段改变原有序列,并通过调整有关基因片段衔接序列,重新组成一个完整的转录单位。比如免疫球蛋白分子就是许多基因片段进行重排和拼接加工的产物。有限的基因片段通过不同的组合方式可以形成约108种不同的免疫球蛋白分子,这也是免疫球蛋白分子多样性的分子生物学基础。基因重排是DNA水平调控的重要方式之一。

(4)基因扩增　细胞在发育分化或环境改变时,由于对某种基因产物的需要量剧增,单纯靠调节其表达活性不足以满足需要时,常通过基因扩增的方式来增加这种基因的拷贝数,以满足需要。这是调控基因表达的一种有效方式。基因扩增的机制目前仍不清楚,多数人倾向于认为是基因的反复复制;也有人认为是姊妹染色单体间发生了不对称交换,使一些细胞中某种基因拷贝数增多。

2.转录水平的调控

转录水平的调控是真核生物基因表达调控中最重要的环节,主要调控环节是转录起始。调控主要通过反式作用因子、顺式作用元件和RNA聚合酶相互作用来完成。调控机制涉及反式作用因子的激活以及反式作用因子与顺式元件的作用等。

(1)反式作用因子调节转录起始　首先是反式作用因子的功能调节,特定的反式作用因子被激活后,可以启动特定基因的转录。反式作用因子的激活通过以下几种方式实现。

①表达式调节。反式作用因子一旦合成便具有活性,随后被迅速降解。这一类反式作用因子只是在需要时才合成,并通过蛋白质水解迅速降解,不能积累。

②反式作用因子的共价修饰。有两种常见的方式,即磷酸化—去磷酸化和糖基化。

a.磷酸化—去磷酸化。许多反式作用因子在合成后可在细胞内持续存在较长时间,其功能是通过磷酸化和去磷酸化实现的。

b.糖基化。糖基化也是反式作用因子活性调节的一种方式。细胞内的许多转录因子都是糖蛋白,其合成后的初级产物是无活性的,须经糖基化修饰后才能转变成具有活性的糖蛋白。由于糖基化与磷酸化的位点都是在丝氨酸和苏氨酸残基的羟基上,故两种修饰可能是竞争性的。

③配体结合。许多激素受体也是反式作用因子,它们本身对基因转录无调节作用。只有当激素进入细胞,并与受体结合后,才能结合到DNA上调节基因的表达。

④蛋白质复合物的形成与解离。这是许多细胞内活性调节的一种重要形式。有些反式作用因子与另一蛋白质形成复合物后,才具有调节活性。如c-myc蛋白,主要位于细胞核中,可与DNA结合。c-myc蛋白具有螺旋—环—螺旋和碱性亮氨酸拉链结构域。这两种结构都以异源二聚体形式发挥作用,单一的c-myc蛋白结合靶DNA的效率很低,需要与其配对蛋白max构成异源二聚体,才能调节基因表达。

(2)反式作用因子与顺式元件的结合　反式作用因子结合的顺式元件包括上游启动子元件和远距离的增强子元件。上游启动子元件位于转录起始位点上游-10~-200 bp。在这个区域有多个顺式调控元件(包括TATA盒),每个元件为8~15个核苷酸,结合一种特定的反式作用因子。

反式作用因子被激活后,即可识别上游启动子元件和增强子中的特定序列,对基因转录发挥调节作用。大部分反式作用因子在被激活以后与顺式元件结合,但也可能有一些反式作用因子是先期结合到 DNA 后,才被激活发挥调节功能的。

(3)反式作用因子的组合式调控作用 每一种反式作用因子结合顺式元件后虽可发挥促进或抑制作用,但反式作用因子对基因表达的调控不是由单一因子完成的,通常是几种不同的反式作用因子控制一个基因的表达(称为组合式基因调控),一种反式作用因子也可以参与调控不同的基因表达。反式作用因子的数量是有限的,反式作用因子的组合式作用方式使有限的反式作用因子可以调控不同基因的表达。每一调节蛋白单独作用于转录所产生的影响可以是正调控,也可以是负调控,不同因子的组合,决定一个基因的转录。实际上,净效应不是简单加和的结果,在某些情况下,两个调控蛋白结合到 DNA 上后,可以相互作用改变各自的活性。

在这种正控制组合式的复合体中,只要有一个反式作用因子的基因没有转录、翻译,复合体就不能形成,受它们调控的靶基因就处于关闭状态。与原核生物基因表达的负控制系统相比(必须合成特异的阻遏蛋白才能关闭靶基因的表达),这种正控制组合式复合体具有更为灵活、经济的调控效益。

3.转录后水平调控

尽管转录水平的调控是基因表达调控最重要的调控方式,然而,大量的研究表明,在 RNA 转录后同样存在着多样化的调控机制。转录后水平的调控一般是指对转录的前体 mRNA 产物进行一系列修饰、加工,主要包括 mRNA“加帽”、“加尾”、“剪接”、胞内定位以及 mRNA 稳定性调节等。

(1)“加帽”和“加尾”的调控 真核生物 mRNA 的初级转录产物经过加帽(capping)过程,在 5′端形成一个特殊结构——7-甲基鸟苷三磷酸(m7GpppN)。帽子结构对维持 mRNA 稳定和防止 mRNA 被核酸酶降解具有重要作用。此外,帽子结构也为蛋白质合成提供识别标志,从而促进蛋白质合成起始复合物的生成,提高翻译效率。研究发现,没有甲基化的帽子(如 GpppN-)以及用化学或酶学方法脱去帽子的 mRNA,其翻译活性显著下降;帽子结构的类似物,如 m7GMP 等能抑制有帽子的 mRNA 的翻译,但对没有帽子的 mRNA 的翻译没有影响。

真核生物中除组蛋白基因的 mRNA 外,其他结构基因的成熟 mRNA 的 3′端都有由 50~150 个腺苷酸组成的多聚腺苷酸尾,即 poly(A)尾。它是在转录后加上去的,这一过程称为加尾。绝大多数结构基因的最后一个外显子中都有一个保守的 AATAAA 序列。这个序列对于 mRNA 转录终止和加 poly(A)尾是必不可少的。此位点下游有一段 GT 丰富区或 T 丰富区,它与 AATAAA 序列共同构成 poly(A)加尾信号。mRNA 转录至此部位后,产生 AAUAAA 和随后的 GU(或 U)丰富区。RNA 聚合酶结合的延长因子可以识别这种结构并与之结合,然后在 AAUAAA 下游 10~30 个碱基部位切断 RNA,并加上 poly(A)尾。poly(A)具有保持 mRNA 稳定、延长 mRNA 寿命的功能。一般规律是,poly(A)尾越长,其 mRNA 越稳定,寿命越长;反之,则不稳定,易被降解。

(2)mRNA 选择性剪接对表达的调控　真核生物基因的特点之一是含有内含子序列。在 mRNA 成熟过程中,切除内含子并将其与外显子拼接在一起的过程称为 mRNA 剪接。关于 RNA 剪接的研究是 20 世纪 80 年代以来生物化学和分子生物学领域中最有生机的研究课题之一。内含子与外显子的概念是相对的,外显子(一个或几个)可以在成熟的 mRNA 中保留,也可通过剪接过程除去;同样,内含子也可能被保留在成熟的 mRNA 中。这就是所谓的选择性剪接。例如,极低密度脂蛋白受体(VLDLR)的由该受体基因的第 16 个外显子编码的,但在某些组织中或某些疾病条件下却发现同时存在该外显子被剪切的Ⅱ型受体,两种类型的受体在结合能力和稳定性上都有所不同,提示了选择性剪接可能具有调控意义。

通过选择性剪接,一个基因在转录后可以产生两个或两个以上的 mRNA,由此翻译成两个或更多的同源异型蛋白质。因此,有限的基因可以产生更多的蛋白质表型,使调控更加精细,也再次修正了"一个基因,一条肽链"的基因概念。

(3)RNA 编辑的调控　RNA 编辑是一种较为独特的遗传信息加工方式,即转录后的 mRNA 在编码区发生核苷酸修饰改变的现象。这种编辑多将 C 编辑为 U,或插入若干串联 U 等。核苷酸的改变导致 mRNA 模板信息改变,从而产生氨基酸序列不同的蛋白质。这有利于扩大遗传信息,适应个体生存环境。由向导 RNA(gRNA)介导的 RNA 编辑机制假说,是现代 DNA 定点修饰技术的重要理论基础。

①核苷酸替换。最典型的例子是载脂蛋白 B 的 RNA 编辑。体内存在两种载脂蛋白 B (Apo-B):Apo-B100 和 Apo-B48。由于 Apo-B100 的 mRNA 中某一 CAA 突变为 UAA,C→U 替换(C→U 替换可能是通过胞嘧啶脱氨酶的作用来实现的),使编码谷氨酰胺的密码子变为终止子,从而使翻译过程提前终止,产生 Apo-B48。Apo-B48 只保留了 Apo-B100 分子 N 端的部分结构域,缺少 Apo-B100 C 端的 LDI。

②核苷酸的插入或缺失。锥虫线粒体的细胞色素氧化酶亚基Ⅱ的基因与人类基因相比,在相当于编码第 170 位氨基酸处有一个移码突变,这一编辑的实现通过 gRNA 介导插入 4 个 U,而使其转录产物恢复到正常的阅读框架,产生相应功能蛋白质。

(4)mRNA 转运调节　同位素标记实验观察到,大约只有 20%的 mRNA 进入胞浆,留在核内的 mRNA 约 50%会在 1 h 内降解。虽然目前尚不清楚将 mRNA 运出核的控制机制,但有证据表明,mRNA 出核受到细胞调控,因为 mRNA 通过核膜孔是主动运输过程;同时,大多数 mRNA 需经过加帽、加尾,并在剪接完成后才能被运输。

mRNA 通过核膜孔转运至胞质中的位置也具有特异性,有的被直接运到内质网,在内质网膜上完成肽链的合成;有的则可能被运到细胞质中,由游离的核糖体进行翻译。

4.翻译水平的调控

翻译水平的调控主要是控制 mRNA 的稳定性和 mRNA 翻译的起始频率。

(1)翻译起始调控　蛋白质生物合成过程中,起始阶段最为重要。许多蛋白质因子可以影响蛋白质合成的起始,如真核生物起始因子-2(eukaryotic initiation factor,eIF-2)受磷酸化影响。当 eIF-2 的 3 个亚基之一被磷酸化后,活性降低。eIF-2 的磷酸化是由一种 cAMP 依赖蛋白激酶所催化。血红素因能抑制 cAIVIP 依赖的蛋白激酶的活化,防止或减少 eIF-2 磷酸化后失活,从而促进蛋白质的合成。

(2)mRNA 稳定性对翻译的影响　mRNA 是蛋白质合成的模板。一般来说,一种特定蛋白质合成的速率同细胞质内编码它的 mRNA 水平成正比。mRNA 的稳定性与其种类和结构有关。

细菌细胞内,大部分 mRNA 不稳定,半衰期约为 3 min 。由于细菌的 mRNA 迅速合成、迅速降解,所以细菌可以通过调整基因表达,对环境变化做出快速反应。而在真核细胞中,mRNA 的稳定性差别很大。有些 mRNA 的半衰期长达 10 h 以上,而有些则只有 30 min 或更短。不稳定 mRNA 多是编码调节蛋白的,这些蛋白质的水平在细胞内变化迅速,利于调控。

目前发现,许多不稳定 mRNA 的 3′端含有一段富含 AU 的序列,这可能是引起 mRNA 不稳定的原因。mRNA3′端约 50 bp 的富含 AU 的序列称为 ARE(AU-rich element),该元件含多次重复的 AUUUA 序列,如图 2-19 所示。ARE 的存在导致 poly(A)尾的脱腺苷酸化,进而 mRNA 被降解。

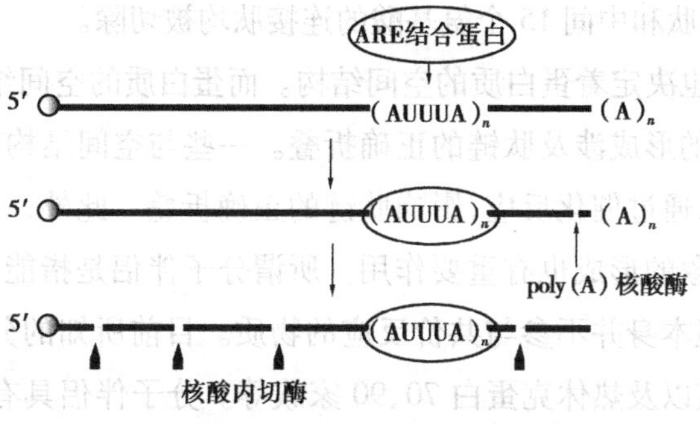

图 2-19 ARE 引发 mRNA 的降解

5.翻译后水平的调控

mRNA 翻译的产物——新生多肽链大多数是没有生物活性的,必须经过加工、修饰才能成为有活性的蛋白质。加工、修饰过程包括信号肽的切除、多肽的修饰和剪接,这些均属翻译后水平的调控。

(1)信号肽的切除　信号肽由 15~30 个疏水氨基酸残基组成,具有疏水性。它的作用是使蛋白质从内质网膜进入高尔基体。一旦蛋白质进入高尔基体,信号肽就被信号肽酶水解。切去信号肽后,前蛋白质就变成有生物活性的蛋白质了。例如,胰岛素在含信号肽时由 110 个氨基酸残基组成,这种胰岛素称为前胰岛素原。在信号肽作用下,前胰岛素原由内质网进入高尔基体。在高尔基体内腔壁上信号肽被水解,转变为由 86 个氨基酸残基组成的胰岛素原,然后切去 C 端部分肽段成为成熟的胰岛素,最终被排出胞外。目前发现,几乎各种分泌性蛋白质均含有信号肽。

(2)新生肽链的修饰　新生肽链的修饰是调节蛋白质活性的重要方式,其主要的修饰方式有磷酸化、羟基化、糖基化、乙酰化等。

蛋白质的磷酸化修饰是一种广泛存在的修饰方式。通过蛋白激酶催化将 ATP 的末位磷酸基转移到多肽链的丝氨酸、苏氨酸和酪氨酸残基上,从而改变多肽链的结构与活性。通常情况下,磷酸化的蛋白质活性增强;但有时也会出现磷酸化后蛋白质活性降低的情况。磷酸化的蛋白质也可以在磷酸酯酶催化下脱磷酸,因此,可通过磷酸化—脱磷酸化这一平衡调控蛋白质活性。

许多膜蛋白、识别蛋白和分泌蛋白均带有一个或数个糖基,被称为糖蛋白或糖基化蛋白。这些糖基具有重要的生理功能,如抵御蛋白酶的攻击、增加蛋白质的水溶性、辅助蛋白质在细胞中的定位等。糖基化位点通常是在蛋白质的特定序列,通过糖基与蛋白质中天冬氨酸、丝氨酸或苏氨酸的 N 或 O 连接形成。

(3)肽链的剪接与正确折叠 新生肽链的一级结构是由遗传信息决定的,是蛋白质最基本的结构,一级结构的改变将导致其功能的改变,它决定着蛋白质的空间结构。然而,近年来不少研究发现,新合成的肽链可以通过多肽的剪辑被切成数个片段,然后再按一定顺序连接起来,形成有活性的蛋白质。如发现伴刀豆蛋白前体由 5 个部分组成,在成熟过程中,N 端信号肽、C 端残余 9 肽和中间 15 个氨基酸的连接肽均被切除。

肽链的一级结构也决定着蛋白质的空间结构。而蛋白质的空间结构则与其生物学功能直接相关。空间结构的形成涉及肽链的正确折叠。一些与空间结构有关的特异性酶,如蛋白质二硫键异构酶等,通过催化反应,影响肽链的正确折叠。此外,一类被称为分子伴侣的物质对蛋白质正确构象的形成也有重要作用。所谓分子伴侣是指能帮助新生肽链折叠,使之成为成熟蛋白质,但本身并不参与共价反应的物质。目前所知的分子伴侣大部分为蛋白质。如伴侣素 60 家族以及热休克蛋白 70、90 家族等。分子伴侣具有酶的特征但又与酶不同,其作用机制现在还没有一致认识,但已受到人们的广泛重视。

第三章 基因组测序及分析

人类基因组和其他一些生物基因组的大规模测序将成为科学发展史上的一个里程碑。基因组测序带动了一大批相关学科和技术的发展,一批新兴学科脱颖而出,生物信息学、基因组学、蛋白质组学等便是一批前沿的新兴学科。可以说,基因组测序及其序列分析使整个生命科学界真正认识了生物信息学,生物信息学也真正成为一门受到广泛重视的独立学科。

基因组测序及其分析实际上是人类的又一次"淘金"和"探险"运动。哥伦布等探险家在几百年前发现了一大批新大陆,使人类认识了地球上的多块"处女地"。于是有人把人类目前的基因组研究形象地比喻为"地球探险",并把基因组研究称为"基因组地理"。我们不妨想象一下,人类基因组的各条染色体就如同人类基因"地球"上的七大洲,寻找新基因和搞清楚基因组结构与功能的过程恰如开垦地球上的处女地,而这些处女地里可能隐藏着无穷的宝藏。目前,人类全基因组序列测定已基本完成,另外一大批生物的基因组测序也已完成或正在进行。世界上无数大型测序仪(最好的测序仪一次可以阅读1 000多个碱基)日夜不停地运转,每日获得的基因组序列数据以百万甚至千万计。同时,来自政府和企业的大量投资,使得测序能力与日俱增。面对基因组的天文数据,分析方法显得尤为重要。大量新的分析方法被提出和改进,大量重要基因被发现,大量来自基因组水平上的比较分析结果被公布,这些结果正在改变人类已有的一些观念。

第一节 DNA 测序及序列片段的拼接

一、DNA 测序的一般方法

1.DNA 测序的基本原理

DNA 序列测定的基础是在变性聚丙烯酰胺凝胶(测序胶)上进行的高分离度的电泳过程。测序胶能在长达 500 bp 的单链寡核苷酸中分辨出脱氧核苷酸的差异。操作时,在相应的待测 DNA 区段产生一套标记的寡核苷酸单链,它们有固定的起点,但另一端按模板序列连续终止于各不相同的核苷酸。确定每个脱氧核糖核苷酸序列的关键,是在 4 个独立的酶学或化学反应中产生终止于所有不同的 A、T、G、C 位点的实核苷酸链,而这 4 个反应的寡核苷酸产物在测序胶的相邻泳道中都能被一一分辨出来。由于在 4 个泳道中再现了所有的可能寡核苷酸链,故 DNA 的序列能从图 3-1 所示的 4 个寡核苷酸“阶梯”中依次直接读出。

实际上,从一套测序反应中所能获得的信息量受限于测序胶的分离度。虽然最新的测序技术经常从一套测序反应中测出高达 500 核苷酸的信息,但获得的可靠序列信息大约为 300 个核苷酸。因此,如果待测 DNA 的区段在 300 核苷酸以内,那么所需的工作就是简单地将此片段克隆于合适的载体,以产生一个能方便地进行测序的重组 DNA 分子。

对于大片段 DNA 的序列测定,往往还需将其切割成能单独进行测定的小片段,这可通过随机的或有序的方式进行。下一节将讨论测定大片段 DNA 的策略。

目前广泛应用于 DNA 序列测定的方法有酶学的双脱氧法和化学裂解法,在产生寡核苷酸“阶梯”的技术上,两者截然不同。酶学双脱氧法是利用 DNA 聚合酶合成与模板互补的标记拷贝,化学裂解法是一套碱基专一的化学试剂作用于标记好的 DNA 链。下面将进一步描述 DNA 序列测定。

进行 DNA 序列测定时,4 个独立的反应各产生一套放射性标记的单链寡核苷酸,它们有固定的起点,另一端终止于不同的 A、T、G 或 C 位点。每个反应的产物在高分离度的聚丙烯酰胺凝胶上电泳分级。经放射自显影,DNA 序列可从凝胶上直接读出。

2.双脱氧测定法(Sanger 法)

双脱氧法或酶法利用 DNA 聚合酶合成单链 DNA 模板的互补拷贝,这一方法最先由 F. Sanger及其合作者于 1977 年提出。DNA 聚合酶不能起始 DNA 链的合成,只能在退火于“模板”DVA 的引物 3′端上进行链的延伸(图 3-2)。通过与模板碱基的特异性配对,脱氧核

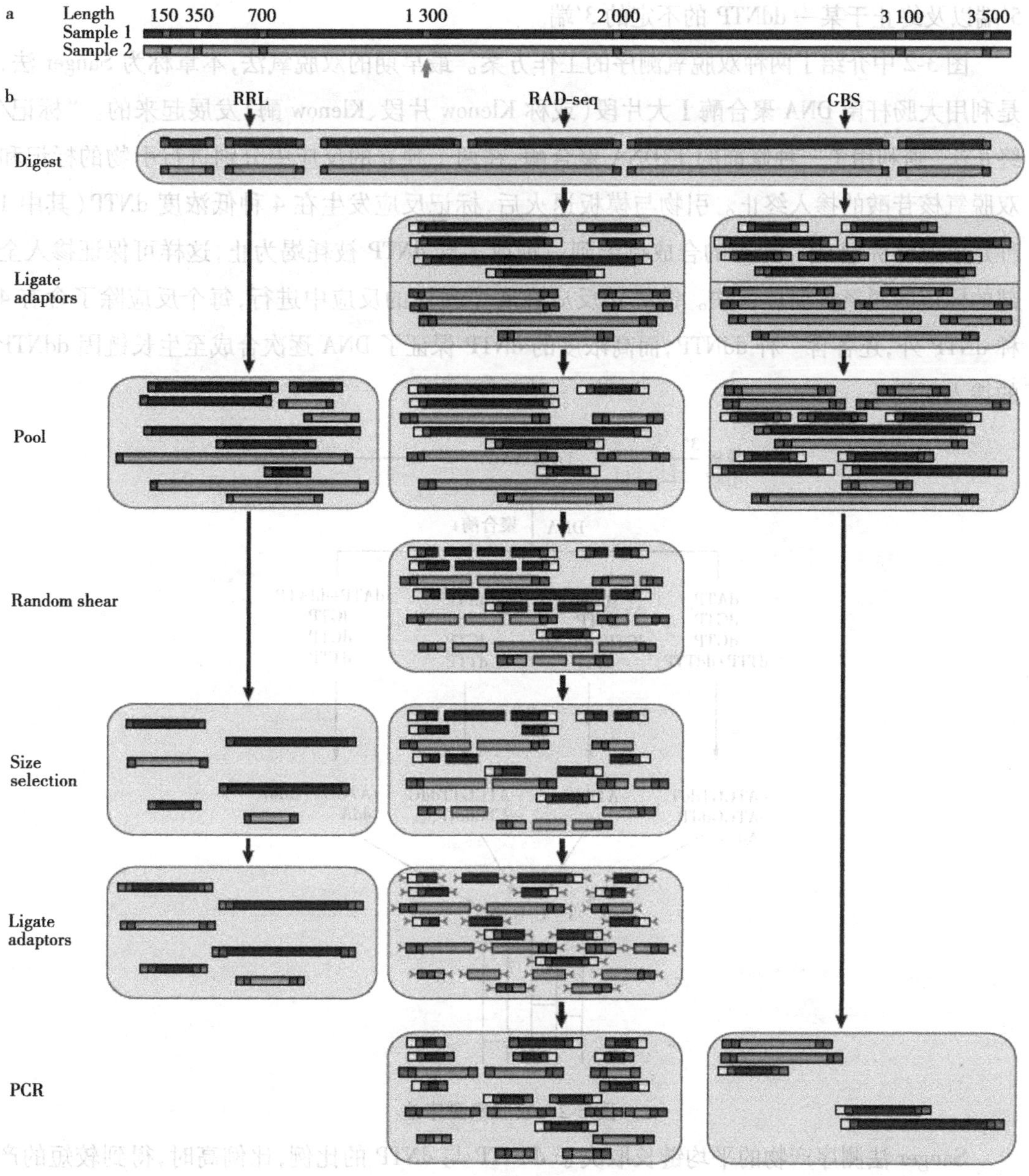

图 3-1　DNA 测序的一般策略

糖核苷酸(dNTP)被掺入引物的生长链。链的延伸是通过引物生长端的 3 羟基与被掺入脱氧核糖核苷酸的 5′磷酸基的反应形成磷酸二酯键,从总体上看,链是从 5′→3′方向延伸的。

双脱氧测序法利用了 DNA 聚合酶能以双脱氧核糖核苷酸(ddNTP)为底物的特性。当 ddNTP 被掺入到延伸着的引物的 3′端时,由于链上 3 羟基的缺如,链的延伸就终止于 G、A、T 或 C。在 4 个测序反应中,每个反应只需各加入 4 种可能的 ddNTP 中的一种,就可产生如图 3-2 所示的 4 个序列阶梯。调整每个测序反应中的 ddNTP 与 dNTP 的比例,使引物的延伸在对应模板 DNA 上的每个可能掺入 ddNTP 的位置都有可能发生终止。以这种测序方式,每个延伸反应的产物都是一系列长短不一的引物延伸链,它们都具有由退火引物决定的固定的

5′端以及终止于某一 ddNTP 的不定的 3′端。

图 3-2 中介绍了两种双脱氧测序的工作方案。最早期的双脱氧法,本章称为 Sanger 法,是利用大肠杆菌 DNA 聚合酶Ⅰ大片段(或称 Klenow 片段、Klenow 酶)发展起来的。“标记/终止法”则利用了一种修饰的 T7DNA 聚合酶,在两个独立的反应中分别进行引物的标记和双脱氧核苷酸的掺入终止。引物与模板退火后,标记反应发生在 4 种低浓度 dNTP(其中 1 种是放射性标记)中,DNA 的合成持续到一种或多种 dNTP 被耗竭为止,这样可保证掺入全部的标记的脱氧核糖核苷酸。链终止反应在 4 个独立的反应中进行,每个反应除了含有 4 种 dNTP 外,还各含一种 ddNTP,而高浓度的 dNTP 保证了 DNA 逐次合成至生长链因 ddNTP 的掺入而终止。

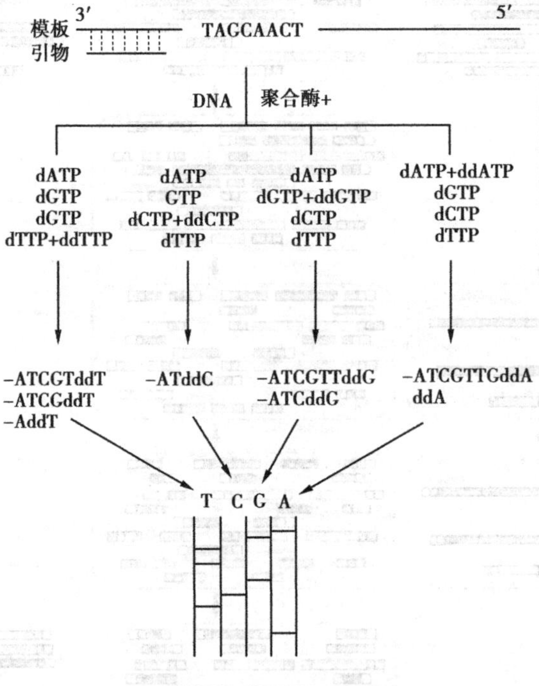

图 3-2 双脱氧测序法

Sanger 法测序产物的平均链长取决于 ddNTP 与 dNTP 的比例,比例高时,得到较短的产物;“标记/终止法”测序产物的平均链长可通过标记反应中 dNTP 浓度(高浓度能得到长的产物)或终止反应的 ddNTP∶dNTP 来调整。有多种商品化的用于序列测定的 DNA 聚合酶。热稳定的 DNA 聚合酶是一类最新用于测序的酶,可在高温下进行测序反应。此时 DNA 模板的二级结构不稳定,因而排除了它们对延伸反应的干扰。

3.化学测序法(Maxam-Gilbert 法)

在 A. Maxam 和 W. Gilbert(1977)发展的 DNA 化学测序法中,与碱基发生专一性反应的化学试剂在一种或两种特定核苷酸位置上随机断裂已纯化的 3′端或 5′端标记 DNA 链,产生 4 套寡聚脱氧核糖核苷酸。在随后的测序胶放射自显影中,仅末端标记的片段显迹,故可得到如图 3-3 所示的 4 种 DNA 阶梯。

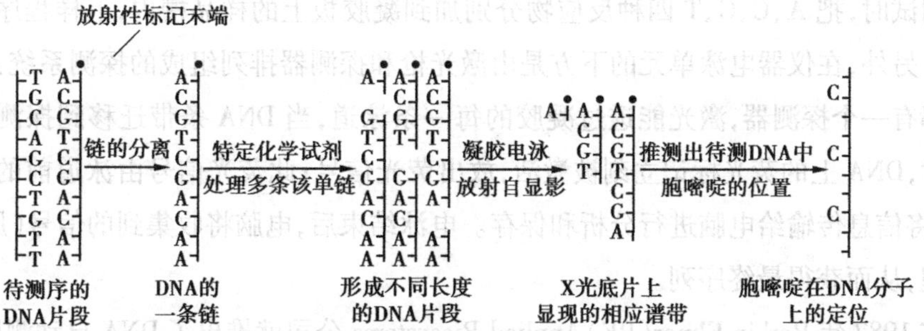

图 3-3 化学测序的策略

肼、硫酸二甲酯(DMS)或甲酸可以专一性地修饰 DNA 分子中的碱基,这构成了化学测序法的基础,加入吡啶可催化 DNA 链在这些被修饰核苷酸处断裂。化学法的特异性基于第 1 步反应中肼、硫酸二甲酯或甲酸仅与 DNA 链上小部分特定碱基作用,而第 2 步的哌啶断裂必须定量反应。第 1 步反应的化学机制如下:

G 反应:DMS 使鸟嘌呤的 7 位氮原子甲基化,其后断开第 8 位碳原子和第 9 位氮原子间的化学键,哌啶置换了被修饰的鸟嘌呤与核糖的结合。

G+A 反应:甲酸使嘌呤环上的氮原子质子化,削弱了腺嘌呤脱氧核糖核苷酸和鸟嘌呤脱氧核糖核苷酸中的糖苷键,然后哌啶置换了嘌呤。

T+C 反应:肼断开了嘧啶环,产生的碱基片段能被哌啶置换。

C 反应:在 NaCl 存在时,只有 C 才能与肼发生反应,随后被修饰的胞嘧啶被哌啶置换。

4.荧光自动测序仪

自动化测序仪使凝胶电泳、DNA 条带检测和分析过程全部自动化。目前,所有的商品化 DNA 自动化测序仪的设计都是以 Sanger 法测序反应产生荧光标记或放射性标记的测序产物为基础,它们都具有数据收集的能力,并含有进一步分析处理的程序。荧光标记物通过引物或 ddNTP 掺入测序产物中。4 种碱基产生 4 种颜色的荧光反应,所以用单泳道或毛细管电泳就可以分辨出相应的寡核苷酸产物。

下面结合两种型号的 DNA 自动测序仪介绍自动测序原理。

全自动激光荧光 DNA 测序系统(automated laser fluorescent DNA sequencer,ALF)是由德国海德堡(Heidelberg)欧洲分子生物学实验室(EMBL)W. Ansorge 和 B. Sproat 提出和设计的。与同位素测序系统相比,ALF 不仅在仪器硬件设计上,而且在驱控仪器的软件功能上也作了很大改进。操作中能直接分析原始数据,也可以及时处理收集过程中获取的数据。最近推出的全自动激光荧光核酸测序仪(ALF express™),则是利用电泳原理把荧光标记的 DNA 片段通过测序胶电泳分离。该仪器设计独特,能提供快速可靠的核酸测序、片段分析、HLA 序列定型及突变检测等。在人类基因组大规模序列测定中,该设备起到了重要的初筛作用。ALF express™系统采用非放射性的单一 Gy5 荧光素标记引物或 dNTPs 进行核酸测序和片段分析,沿用 Sanger 双脱氧核酸末端终止测序法,使用 Cy5 荧光标记的引物与模板进行退火。测试时,把 A、C、G、T 四种反应物分别加到凝胶板上的样品槽内,上样程序与手工测序相同。另外,在仪器电泳单元的下方是由激光枪和探测器排列组成的探测系统:每个样品道后面都有一个探测器,激光能透过凝胶的每一条泳道,当 DNA 条带迁移到探测区域并遇上激光时,DNA 上的荧光标记立刻被激活,放出荧光信号;此荧光信号由泳道前的光探测器接收,并将信息传输给电脑进行分析和保存。电泳结束后,电脑将收集到的信号(原始数据)进行处理,从而获得最终序列。

早在 1987 年 Perkin Elmer(PE) Applied Biosystems 公司就推出了 DNA 自动测序仪,其专利是分别采用 4 种荧光染料进行标记且在同一条泳道测序,具有极大的优越性。3′7 型全自动 DNA 测序仪是 PE 公司近年推出的新型测序仪,它采用专利的 4 种荧光染料标记,并采用激光检测,具有测序精度高、每个样品判读序列长(700 bp)、一次电泳可测定样品数量多(64 个)、不需要同位素测序、方法灵活多样等特点,在人类基因组测序和 cDNA 文库测序研究中应用极其广泛。此外,该仪器在各种应用软件的辅助下还可以进行 DNA 片段大小分析和定量分析,应用于基因突变分析 SSCP、DNA 指纹图谱分析、基因连锁图谱表达水平的研究,有着极其广泛的应用前景。其原理是采用 4 种荧光染料标记终止物 ddNTP 或引物,经 Sanger 测序反应后,产物 3′端(标记终止物 ddNTP 法)或 5′端(标记引物法)带有不同荧光标记,一个样品的 4 个测序可以在一个泳道内电泳,从而降低测序泳道间迁移率差异对精确性的影响。由于增加了一个电泳样品的数目,可一次测定 64 个或更多样品。经电泳后各个荧光谱带分开,同时激光检测器同步扫描,激发出的荧光经光栅分光后打到 CCD 摄像机上同步成像。也就是代表不同碱基信息的不同颜色荧光经光栅分光,经 CCD 成像,因而一次扫描可检测出多种荧光,传入电脑。与 3′3 型 DNA 测序仪相比,其测序速度大大提高,可高达 200 bp/h。最终经软件分析后输出结果。

自动化测序仪的发明促进了人类基因组的大规模测序行动。自动化测序效率高,而且测序的质量也比手工操作好。由于 DNA 多聚酶和荧光底物不断更新,在很长一段时间内,荧光自动化测序都会处于主导地位。

二、DNA 片段测序策略

对于 DNA 大片段的测序需将其细分为能单独进行序列分析的小片段,目前有 3 种常用方法:鸟枪法、引物步查法和限制性酶切—亚克隆法。

1.鸟枪法

大分子 DNA 被随机地“敲碎”成许多小片段,收集这些随机小片段并将它们全部连接到合适的测序载体上;小片段测序完成后,根据重叠区计算机将小片段整合出大分子 DNA 序列,这就是鸟枪法(图 3-4)。鸟枪法测序可以迅速获得 90%左右的片段序列结果,但随后测序效率明显下降,这是因为随后测定的随机片段越来越多的是重复已测序完成的片段。因此，一般通过合成特定的寡核苷酸引物来测定剩余少量未知片段。

有 3 种方法可将 DNA 大片段切割成小片段：限制性内切酶、超声波处理和 DNA 酶Ⅰ降解（加 Mn^{2+}）。在使用这 3 种方法前，DNA 的纯化非常重要，要去除载体 DNA 或仅由载体 DNA 产生的片段。

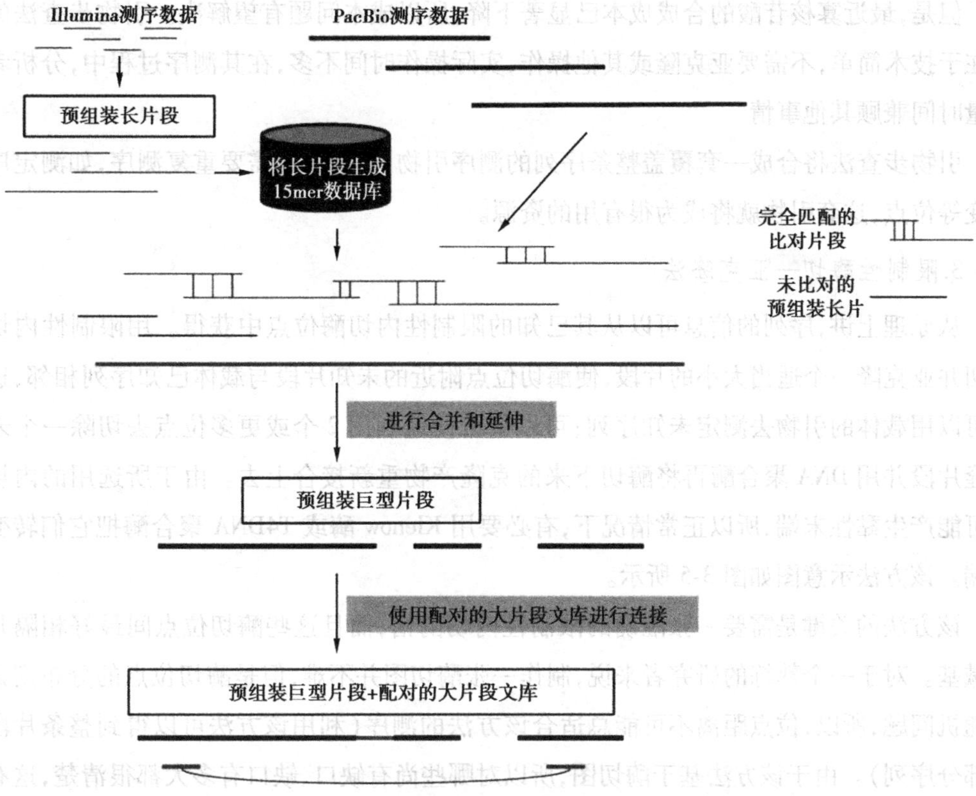

图 3-4 鸟枪法测序过程

鸟枪法的优点是成本低、快速、易于自动化操作；缺点是在测序后期，大量重复测序使测序效率变低。

1995 年，第一个细胞有机体——流感嗜血杆菌全基因组序列测定完成。研究者直接将全基因组 DNA“敲”成 1.6～2.0 kb 大小的片段分别克隆，共使用了 19 687 个模板，进行了 28 443个测序反应，组建了 140 个片段重叠群，测序用时 3～4 个月，耗费 100 万美元左右。这完全是用鸟枪法策略直接完成的，说明鸟枪法用于微生物基因组测序是有效的。

2.引物步查法

引物步查法是一种渐进式测序策略，也是一种最简单的测序策略。该方法适合双脱氧测序，并绕开了亚克隆小片段 DNA 的要求。最初的序列数据是利用载体上的引物获得的，一旦新的序列被确认，与新获得序列的 3′端杂交的寡核苷酸就能合成，并能以之为引物进行下一轮的双脱氧测序。这样，从两头向中间，序列被一步步测定。

引物步查法相对较慢，因为序列仅从两头测得，每一步均需要一个测序反应（凝胶电泳)、数据分析、新引物设计和合成。这些过程至少需要几天时间,如果引物供应不畅,所需时间可能更长。该方法适合短 cDNA 片段测序,不适合长 cDNA 片段测序,同时不宜自动化处理,因为每一反应需要一个不同的引物,选用何种引物需依据上一次反应结果而定。引物步查法成本相对较高,每一步都需要合成一个新引物,这是制约该技术广泛应用的一大短板。但是,最近寡核苷酸的合成成本已显著下降,所以成本问题有望解决。引物步查法的优点在于技术简单,不需要亚克隆或其他操作,实际操作时间不多,在其测序过程中,分析者有大量时间兼顾其他事情。

引物步查法将合成一套覆盖整条序列的测序引物,如果序列需要重复测序,如测定序列突变等位点,这套引物就将成为很有用的资源。

3.限制性酶切—亚克隆法

从原理上讲,序列的信息可以从其已知的限制性内切酶位点中获得。用限制性内切酶酶切并亚克隆一个适当大小的片段,使酶切位点附近的未知片段与载体已知序列相邻,这样就可以用载体的引物去测定未知序列;可以很方便地利用 2 个或更多位点去切除一个未知克隆片段并用 DNA 聚合酶再将酶切下来的克隆产物重新接合上去。由于所选用的内切酶不可能产生黏性末端,所以正常情况下,有必要用 Klenow 酶或 T4DNA 聚合酶把它们转变为平端。该方法示意图如图 3-5 所示。

该方法的关键是需要一张准确的限制性内切酶谱,而且这些酶切位点间最好相隔几百个碱基。对于一个熟练的研究者来说,制作一张酶切图并不难,但是酶切位点的分布则是一个随机问题,所以,位点距离不可能总适合该方法的测序(利用该方法可以得到整条片段的大部分序列)。由于该方法基于酶切图,所以对哪些尚有缺口、缺口有多大都很清楚,这有助于进一步的分析。

该方法难以自动化,因为它依赖于一套特定的亚克隆过程,而这些过程每次的测序计划均是不同的。最常用的方法可能是利用未知片段中的少量酶切位点,作为未知片段的一个新起点,然后用引物步查法在每个方向进行测序。较单用引物步查法,这种混合法可以显著减少整个片段的测序时间。

三、基因组测序策略

1.逐步克隆:从遗传图谱、物理图谱到基因组图谱

基因组测序涉及 DNA 的大规模测序,它是一项如同“阿波罗登月计划”一样的庞大工程,是人类科学技术的又一次巨大进步。根据现有的技术水平,人类还无法对基因组这种复杂 DNA 大分子直接进行测序,而只能采取“分而治之”的测序策略,即将基因组 DNA 分割成一定大小的片段,然后分别对这些片段进行测序。如此便产生了这样一个问题:如何将这些

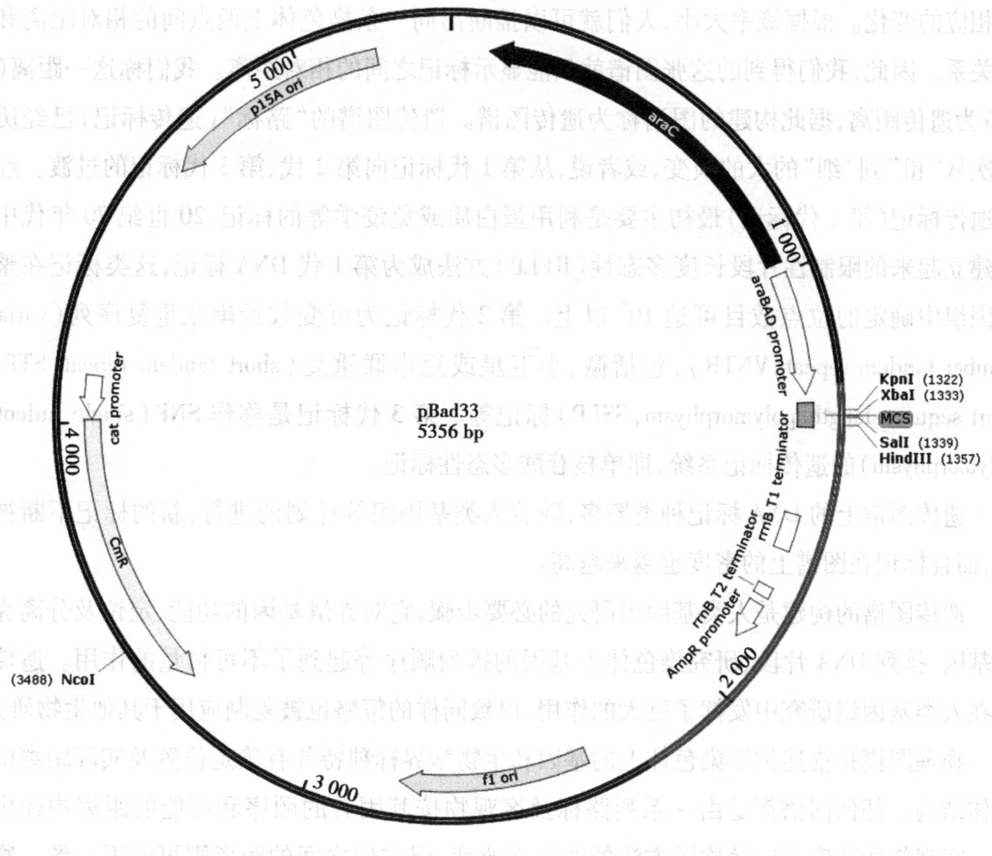

图 3-5　限制性酶切—亚克隆法测序过程

片段准确地拼接起来？目前的测序方法(上节)每次反应只能测定约 500 bp 的 DNA 片段，而一般一条染色体的长度对于 400~500 bp 如同天文数字。所以，要对诸如人类基因组这样的基因组进行测序，则必须在两个方面取得突破：一是将基因组 DNA 大分子进行分割并构建适合测序的 DNA 片段库，而且库中的片段要覆盖整条序列；二是在整条线性序列上建立一定数量的“路标”，使切割下来的 DNA 片段能准确拼装回去。遗传图谱和物理图谱便是这样的“路标”图。人类遗传和物理图谱于 1998 年建成，并使人类基因组测序成为可能。

基因组上的 DNA 相当稳定，因此可以构建含有这些 DNA 片段的新生物体。克隆技术是把基因组上的片段插入不同生物载体，并转染到一些生物体中使其生存和稳定复制，由此可以分析由小片段 DNA 组成的基因组拷贝(克隆群)。目前选用插入的载体包括酵母、细菌、黏粒、噬菌体等。

遗传图谱又称连锁图谱或遗传连锁图谱，是指基因组内基因和专一的多态性 DNA 标记相对位置的图谱，其研究经历了从经典的基因连锁图谱到现代的 DNA 标记连锁图谱的过程。

构建遗传图谱的基本原理是真核生物遗传过程中会发生减数分裂，此过程中染色体要进行重组和交换,这种重组和交换的概率会随着染色体上任意两点间相对距离的远近而发生相应的变化。根据概率大小,人们就可以推断出同一条染色体上两点间的相对距离和位置关系。因此,我们得到的这张图谱就只能显示标记之间的相对距离。我们称这一距离(概率)为遗传距离,据此构建的图谱称为遗传图谱。遗传图谱的"路标"(遗传标记)已经历了几次从"粗"到"细"的大的演变,或者说,从第1代标记向第2代、第3代标记的过渡。经典的遗传标记(第1代标记)最初主要是利用蛋白质或免疫学等的标记,20世纪70年代中后期建立起来的限制性片段长度多态性(RFLP)方法成为第1代DNA标记,这类标记在整个基因组中确定的位点数目可达10^5以上。第2代标记为可变数量串联重复序列(variable number tandem repeat,VNTR),包括微、小卫星或短串联重复(short tandem repeat,STR或short sequent length polymorphysm,SSLP)标记等。第3代标记是称作SNP(single nuleotide polymorphysm)的遗传标记系统,即单核苷酸多态性标记。

遗传图谱上的DNA标记种类繁多,随着人类基因组等计划的进行,新的标记不断被发现,而且标记在图谱上的密度也越来越高。

遗传图谱的构建是人类基因组研究的必要步骤,它对弄清基因的功能、定位及分离克隆新基因、排列DNA片段、研究染色体上基因的排列顺序等起到了不可估量的作用。遗传图谱在人类基因组研究中发挥了巨大的作用,以致同样的策略也被复制应用于其他生物研究。

物理图谱是描述位于染色体上的基因和生物学界标独特并有确定位置及实际距离的染色体结构。任何图谱都是由一系列路标及客观物按其固有的顺序和可能的距离构建出来的。客观物的顺序不应随构图方法的改变而改变,但它们之间的距离则可能不一致。物理图谱可以理解为用物理学方法而不是遗传学方法定位的由客观物组成的任何图谱,而通常物理图谱是指高分辨率的物理图谱,即基因组长片段限制性酶切图谱和重叠克隆图谱等,但整合物理图谱还应包括只能粗略分辨路标位置但不能准确排位的染色体图谱和遗传连锁图谱。

人类基因组测序的开展还得益于以下这一系列过程的建立:脉冲场电泳(pulsed field gel electrophoresis,PFGE)技术、YAC克隆、BAC克隆和PAC克隆的出现,使切割基因组后产生的大片段DNA能准确地分离和纯化,并插入能转入DNA大片段的载体,转染酵母细胞形成YAC克隆库或转染大肠杆菌形成BAC克隆库。这些载体可载入10 Mb长度(相当于人类全基因组碱基长度的1/300)的DNA片段。全基因组的YAC克隆库及BAC克隆库保证了基因组分析的完整性和准确性。可以用杂交技术等来发现重叠克隆,以此进行克隆片段的排序。对于大片段DNA克隆进行再切割,并载入黏粒、细菌或噬菌体,即可构建相应于特定YAC或BAC克隆的亚克隆,供测序使用。

构建物理图谱最终是要统一到基于序列标签位点(sequence-tagged site,STS)的物理图谱。STS的概念最先由Olson于1989年提出,目的是建立一套统一的人类基因组生物学界标。STS本身是从人类基因组上随机选择出来的长度在200~300 bp的特异性短序列。STS

路标的建立一般是从噬菌体 M13 上构建特定染色体克隆开始，STS 概念的提出是物理构图的一次革命，由于特定 STS 在一套基因组结构中只出现一次，统一地把相应的克隆库中的克隆进行排序变得更准确和更科学。如果两个或两个以上的克隆包含相同的 STS，则它们之间存在重叠。基于 STS 的物理图谱的重要性在于：①它们可用来特异地定义 YAC、黏粒或噬菌体克隆；②STS 可鉴定出与特定克隆存在重叠的克隆；③在计算机数据库中的各种物理图谱可以用 STS 通用语言统一起来。基于 STS 的物理图谱不但可对染色体图谱、以限制性酶切位点为路标的限制性酶切图、重叠探针杂交的 YAC 克隆片段重叠群图谱及其亚克隆重叠排序，以及新近发展起来的其他新方法构建的物理图谱进行整合，也可对遗传图谱、基因图谱等各类图谱进行整合，最终完成系统的、统一的基因组终极图谱。最终完成的人类基因组核苷酸序列相当于 STS 密度最高的基因组物理图谱。

人类基因组的各种图谱如图 3.6 所示。

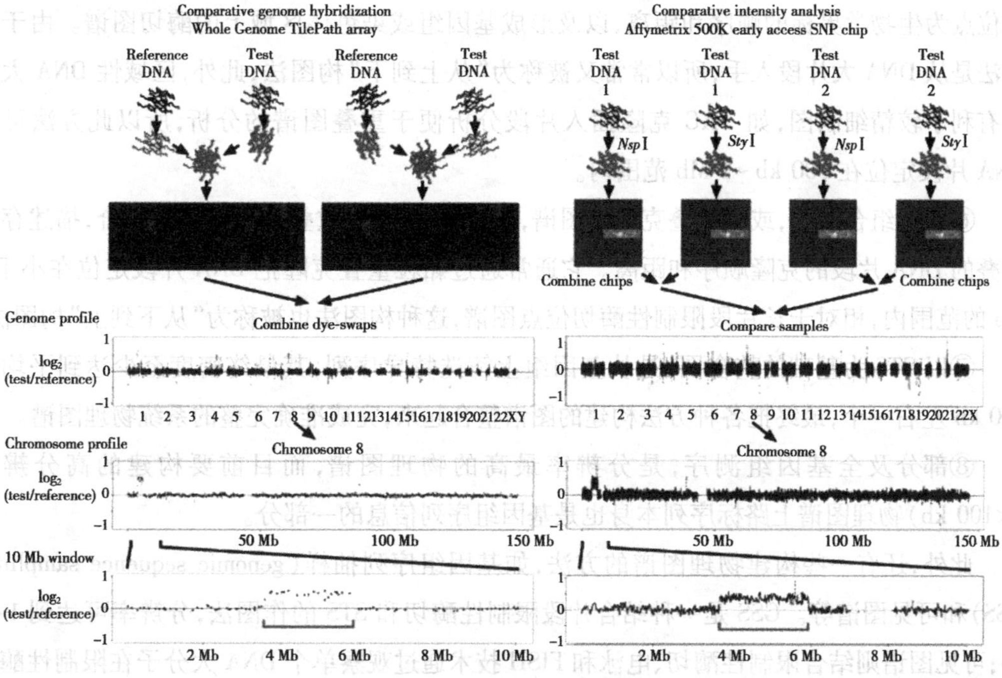

图 3-6　人类基因组的各种图谱

在上述各图谱中，最粗糙的图谱是遗传图谱，它根据相邻标记（如基因和多态片段）间的重组率来测量相互间的距离，这会造成很大的偏差；具有 1~2 Mb 长度的限制性酶切片段可被分离并构建物理图谱；YAC 等长度在 40~400 kb 的插入片段排列可构建高分辨率物理图谱；碱基序列可构建最高分辨率物理图谱。

综上所述，广义上各种基于路标位点构建的物理图谱方法从低分辨率到高分辨率主要分为以下几种：

①对路标进行粗略定位的染色体图谱即细胞遗传图谱，通常使用原位杂交（ISH）或荧光原位杂交（FISH）技术确定含有路标的 DNA 片段在染色体上的区带位置和分布。DNA 片

段可定位在 2~10 Mb 范围内。

②cDNA 图谱是在细胞遗传图谱上显示 cDNA 或 ESTs,即表达 DNA(外因子)的区带位置。部分 cDNA 序列可作为路标。

③利用家系分离分析法可确定具有多态性的遗传标记位点在遗传连锁图谱上的位置,最新的人类基因组遗传连锁图谱已把标记间的平均距离缩小到 1 cm 以下,即粗略地对应于物理图谱中的 1 Mb 范围内。

④辐射杂种图谱是利用体细胞遗传技术构建高分辨率、长范围连续的人类基因组图谱。其基本原理为:人为地用放射线打断染色体,制备出含有特定人类染色体或片段的杂交细胞系,并利用类似于传统的减数分裂构图原理确定路标间的距离和位置。该图谱的最高分辨率可达到 50 kp。

⑤脉冲场电泳的长片段限制性位点图谱,即限制性酶切位点指纹图谱,是描述以稀有酶切位点为生物学界标的顺序和距离,以及形成基因组或染色体区域上的酶切图谱。由于此方法是从 DNA 大片段入手,所以常常又被称为"从上到下"构图法;此外,区域性 DNA 大片段有利于较精细制图,如 YAC 克隆插入片段分析便于重叠图谱的分析,所以此方法可把 DNA 片段定位在 100 kb~1 Mb 范围内。

⑥相连组合图谱,或称重叠克隆群图谱,是由 DNA 片段重叠群形成的小组合,描述存在重叠的 DNA 片段的克隆顺序和距离。它通常通过黏粒重叠克隆把 DNA 片段定位在小于 2 Mb 的范围内,相对于长片段限制性酶切位点图谱,这种构图法也被称为"从下到上"构图法。

⑦以 STS 为基础的整合图,是从基因组上筛选特异序列,其最终密度至少达到平均每 100 kb 左右一个,最终把各种方法构建的图谱整合起来,完成准确完整的系统物理图谱。

⑧部分及全基因组测序,是分辨率最高的物理图谱,而目前要构建的高分辨率(<100 kb)物理图谱上路标序列本身也是基因组序列信息的一部分。

此外,还有一些构建物理图谱的方法,如基因组序列抽样(genomic sequence sampling, GSS)和可见图谱等。GSS 是一种结合片段限制性酶切和 STS 的作图法,分辨率可达到 1~5 kb;可见图谱则结合限制性酶切、电泳和 FISH 技术通过观察单个 DNA 大分子在限制性酶切作用下的图像来作图。

低分辨率物理图谱在人类基因组计划中本身是独立的部分,但从染色体区带—表达基因区域—遗传学距离—物理学实际距离—碱基序列这一过程来看,低分辨率染色体分带可看作粗略的物理图谱,碱基序列则是最精密的物理图谱。低分辨率图谱上的一些路标常常被用在高分辨率图谱的构建中,结合其他路标形成高密度路标分布的图谱,同时这些高密度路标可以重新在低分辨率图谱进行验证,形成高分辨率与低分辨率相结合的整合物理图谱。每种图谱都有各自的优缺点,所以即使对同一基因组进行研究,不同的实验室可能会采用不同的作图方法,但最终各种图谱的结果应能统一起来,相互补充和完善。表 3-1 列出了部分物种基因大小和遗传/物理距离的关系。

表 3-1　部分物种基因大小和遗传/物理距离关系

物种	基因组大小(kb)	物理距离(kb/cm)	物种	基因组大小(kb)	物理距离(kb/cm)
水稻	4.30×10^5	300	玉米	2.5×10^5	2 140
小麦	1.6×10^7	—	大麦	5.0×10^6	—
燕麦	1.1×10^7	—	大豆	1.2×10^5	—
高粱	7.50×10^5	—	马铃薯	8.4×10^5	—
油菜	1.1×10^5	—	陆地棉	2.1×10^5	—
黑麦	9.1×10^5	—	甜菜	7.58×10^5	1 100
西红柿	9.5×10^5	510	拟南芥	1.20×10^5	139
洋葱	1.5×10^7	—	向日葵	3.0×10^5	—
菜豆	6.3×10^5	—	人	3.3×10^5	1 000
小鼠	2.5×10^5	1 800	大鼠	2.75×10^5	—
线虫	9.7×10^4	250	果蝇	$1.3'\times10^5$	500
大肠杆菌	4.6×10^5	—	酵母	1.21×10^4	4.8
流感嗜血杆菌	1.8×10^3	—			

可复制 DNA 片段作为构成物理图谱的 4 个基本要素之一(另 3 个要素是路标、单位、顺序)主要包括辐射杂种细胞(RH)、YAC、BAC、PAC 等。

2.全基因组鸟枪法测序

在基因组水平上,全基因组鸟枪法和逐步克隆测定法是目前广泛应用的两个测序策略。小的单分子基因组,如细菌和小基因组(<10 Mb)可直接用鸟枪法测序。

虽然有人提出用鸟枪法直接测序人类基因组(Weber 和 Mayers,1997),但由于人类基因组中存在高比例的重复序列(尤其是 LINE,2~7 kb)、克隆文库不可避免的间隙和基因的多态性等原因,鸟枪法的片段组装几乎是不可能的。受读序长度的限制,一个反应无法跨过 LINE。鸟枪法在小基因组(1~5 Mb)测序方面已取得了非常好的效果,例如流感嗜血杆菌(H. influenzae,1.9 Mb)、支原体(M. genitalium,0.58 Mb)和甲烷球菌(M. jannaschii)基因组均用此法完成测序。逐步克隆测定法则通过建立克隆文库(YAC、BAC、PAC、Cosmid、Fosmicl、噬菌体、质粒),然后用鸟枪法进行克隆片段的测序。所以,大规模测序的两个前沿基础都是采用鸟枪法。

基因组的逐步克隆测序步骤为:DNA 单链—构建 BAC 文库—鸟枪法克隆测序—组装;全基因组鸟枪法测序则省去中间的构建 BAC 文库步骤。

四、序列片段的拼接方法

无论是逐步克隆测序还是全基因组鸟枪法测序，都存在 DNA 片段拼接组装的难题。目前 DNA 自动测序仪每个反应只能测序 500 bp 左右，如何将这些片段拼接成完整的 DNA 序列呢？Lander 和 Waterman(1988)提出利用“指纹”随机克隆进行基因组作图，它为用计算机对鸟枪法大量随机测序 DNA 片段进行自动拼接提供了可能。这种技术不仅避免了传统的亚克隆策略的大量烦琐工作，还使测序具有一定的冗余性(即一定数量的重复)，保证了测序中每个碱基的准确性。

目前 DNA 序列拼接应用的主要软件是由美国华盛顿大学 Phil Green 实验室开发的 Phred-Phrap-Consed 系统。Green 也因研制该系统而在人类基因组研究史上占有一席之地。Phred(测序器)是一种碱基识别系统，它根据自动测序仪信号按顺序识别碱基，估计测序错误率等。Phrap(组装器)是根据 Phred 的结果从头组装由鸟枪法产生的不同短序列。Consed(校对器)与 Phrep 组成一个有机整体，利用 Phrap 组装的序列由 Consed 编辑、整合人工校对结果等。目前有 36 个国家 900 多个实验室在使用上述系统。非营利研究机构或个人可申请免费利用该系统。

Phrap 拼接鸟枪法序列的方法也是通过列线查找匹配序列。其列线算法采用的是 Smith-Waterman 算法和 Needleman-Wunsch 算法(可选择)，替换矩阵(缺省为 BLOSUM 50)、空位设置罚值和空位扩展罚值(缺省值分别为-12 和-2)、E 值(缺省值 1.0)等都在列线比对中被应用。Phrap 的算法中使用了一个新参数值(Z-score)。当数据库序列长度变化很大时(实际情况往往如此)，理论分析和经验研究都表明列线值敏感性下降，即判别由随机性产生匹配的能力下降。Z 值的引入便是为了解决这一问题。Z 值定义如下：

$$Z=[s-f(n)]/\sqrt{g(n)}$$

其中 s 和 n 为原始列线值和数据库序列长度，$f(n)$ 和 $g(n)$ 分别是序列长度为 n 的序列列线值平均数和变异度。由此，Z 值的平均数为零，标准差为 1，与序列长度 n 无关。相对而言，Z 值与数据库大小无关，这一特性与原始列线值 s 相似，但与 E 值不同，所以，Z 值是一个比 s 值更合理的指标尺度。

第二节 基因组注释：基因区域的预测

一、从序列中寻找基因

1.基因及基因区域预测

在完成序列的拼接后，我们得到的是很长的 DNA 序列，甚至可能是整个基因组的序列。这些序列中包含着许多未知的基因，将未知的基因从这些序列中找出来是生物信息学的一个研究热点。

基因一词最早由丹麦生物学家 W.Johannsen 于 1909 年提出，而在这之前，遗传学创始人孟德尔用"遗传因子"表达了对基因的朦胧认识。随着遗传学、分子生物学等学科的发展，基因的概念不断得到完善。从分子生物学角度看，基因是负载特定生物遗传信息的 DNA 分子片段，在一定条件下能够表达特定的生物遗传信息，产生特定的生理功能。基因按其功能可分为结构基因和调控基因：结构基因可被转录形成 mRNA，进而转译成多肽链；调控基因是指某些可调节控制结构基因表达的基因。在 DNA 链上，由蛋白质合成的起始密码开始，到终止密码子为止的连续编码序列称为开放阅读框（Open Reading Frame，ORF）。结构基因多含有插入序列，除细菌和病毒的 DNA 中 ORF 是连续的之外，包括人类在内的真核生物的大部分结构基因为断裂基因，即其编码序列在 DNA 分子上是不连续的，或是被插入序列隔开了（图3-7）。断裂基因被转录成前体 mRNA，经过剪切过程，切除其中非编码序列（内含子），再将编码序列（外显子）连接形成成熟 mRNA，并翻译成蛋白质。假基因是与功能性基因密切相关的 DNA 序列，但由于缺失、插入和无义突变失去阅读框而不能编码蛋白质产物。

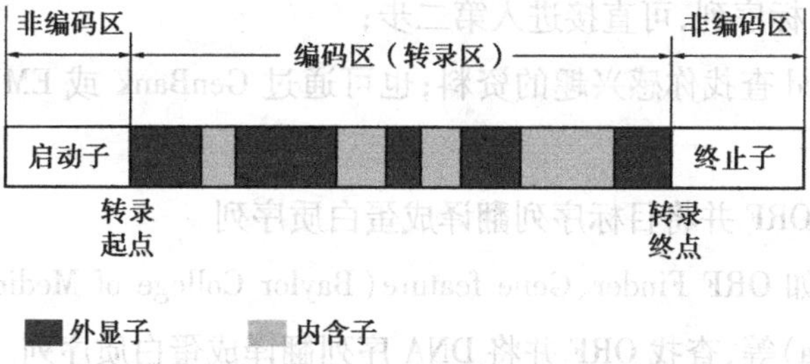

图 3-7 一种典型真核蛋白质编码基因的结构示意图

基因区域预测，一般是指预测 DNA 序列中编码蛋白质的部分，即外显子部分。不过目前基因区域的预测已从单纯外显子预测发展到整个基因结构的预测。这些预测综合各种外显子预测的算法和人们对基因结构信号（如 TATA 盒等）的认识，预测出可能的完整基因。

某一算法的优劣可以通过敏感性和特异性衡量。假设待测序列中有 M 条序列是基因序列，而剩余的为非基因序列。我们用某一程序（算法）对待测序列进行预测，共预测出 N 条基因序列，而这 N 条序列中有 N_1 条确实为基因。则敏感性定义为 N_1/M，它表示程序预测的功能；特异性定义为 N_1/N，它表示程序预测结果的可靠程度。敏感性和特异性往往是一对矛盾的定义。

基因区域的预测是一个活跃的研究领域，先后有一大批预测算法和相应程序被提出和应用，其中有的方法对编码序列的预测准确率高达 90%以上，而且在敏感性和特异性之间取得了很好的平衡。最早的预测方法（如最长 ORF 法等）是通过序列核苷酸频率、密码子等特性进行预测的，随着各类数据库的建立和完善，通过相似性列线比对也可以预测可能的基因。同时，一批新方法也被提了出来，如隐马尔可夫模型（Hidden Markov Model，HMM）、动态规划法、法则系统、语言学方法、线性判别分析（Linear Discriminant Analysis，LDA）、决策树、拼接列线、傅里叶分析等。

目前基因区域预测的各种算法均基于已知基因序列。如相似性列线比较算法就是完全依赖于已知的序列，而像 HMM 之类的算法都需要对已知的基因结构信号进行学习或训练，由于训练所用的序列毕竟是有限的，所以对那些与学习过的基因结构不太相似的基因，这些算法的预测效果就大打折扣了。要解决以上问题，需要对基因结构进行更深入的研究，寻找隐藏在基因结构中的内在统计规律。

2.发现基因的一般过程

从序列中发现基因可以理解为基因区域预测和基因功能预测两个层次。生物信息学在这两个层次上均已形成具有自身学科特色的算法和手段，以下便简单描述通过生物信息学手段发现基因的一般过程（有关基因功能的预测将在以后的章节中进一步论述，同时本小节描述的发现过程只是生物信息学手段的一种可选策略）。

以下主要根据 Gene Discovey：

- 第一步：获取 DNA 目标序列

①如果你已有目标序列，可直接进入第二步；

②可通过 PubMed 查找你感兴趣的资料；也可通过 GenBank 或 EMBL 等数据库查找目标序列。

- 第二步：查找 ORF 并将目标序列翻译成蛋白质序列

利用相应工具，如 ORF Finder、Gene feature（Baylor College of Medicine）、GenLang（University of Pennsylvania）等，查找 ORF 并将 DNA 序列翻译成蛋白质序列。

- 第三步：在数据库中进行序列搜索

可以利用 BLAST 进行 ORF 核苷酸序列和 ORF 翻译的蛋白质序列搜索。

- 第四步：进行目标序列与搜索得到的相似序列的整体列线（global alignment）

虽然第三步已进行局部列线分析，但整体列线有助于进一步加深对目标序列的认识。

• 第五步:查找基因家族

进行多序列列线和获得列线区段的可视信息。可分别在 AMAS(Oxford University)和 BOXSHADE(ISREC,Switzerland)等服务器上进行。

• 第六步:查找目标序列中的特定模序

①分别在 Procite、BLOCK、Motif 数据库进行 profile、模块、模序检索;

②对蛋白质序列进行统计分析和有关预测。

• 第七步:预测目标序列结构

利用 PredictProtein(EMBL)、NNPREDICT(University of California)等预测目标序列的蛋白质二级结构。

• 第八步:获取相关蛋白质的功能信息

为了了解目标序列的功能,收集(可利用 PubMed 进行)与目标序列和结构相似蛋白质的功能信息非常必要。

• 第九步:把目标序列输入"提醒"服务器

如果有与目标序列相似的新序列数据输入数据库,提醒服务会向你发出通知。可选用 Sequence Alerting(EMBL)、Swiss-Shop(Switzerland)等服务器。

3.解读序列

在 2001 年 2 月第二个星期里(12—18 日),*Science* 和 *Nature* 同时刊发了具有划时代意义的人类基因组研究专刊。在 *Science* 的专刊中,一篇题为"解读序列"(making sense of the sequence)的综述文章对序列,特别是人类基因组序列如何解读进行了深入分析,比较全面地展示了人类目前对序列的理解能力和技术现状。

利用基因组序列解决生物学问题已经具备了自身(学科)特色,它被冠以"功能基因组学"。自 1996 年酵母基因组序列被公布以来,我们已逐渐熟悉用全基因组序列来研究基因表达模式等生物学问题。尽管我们还不知道约 1/3 酵母基因的功能,但是我们知道所有与细胞功能有关的可能的蛋白质和 RNA 均由我们已知的序列编码。

根据目前基因分析的结果,哺乳动物一个基因的转录产物平均有 2~3 种或者更多。从现有序列数据估计,人类的基因数约为 3 万,这意味着人类基因组编码了约 9 万种或更多种蛋白质。但是,以上由现有序列数据推测的结论有很多不确定因素。重叠序列群是由单个测序反应测得的序列(通常 400~800 bp)拼装而成的一条连续片段,重叠序列群的数量和长度分布是基因分析的两个重要参数。正如美国国家生物信息中心(NCBI)2000 年 12 月 12 日报告所称,目前公共数据库中最大的重叠序列群为 28.5 Mb,其中 43 个超过 1 Mb,566 个在 250 kb 和 1 Mb 之间,而 1 628 个为 100~250 kb。这意味着长度大于 100 kb 的重叠序列群总长度约 600 Mb——不足人类基因组全部序列的 20%;而基因组的一半序列由 22 kb 或更小的重叠序列群所涵盖。由于基因的长度(一般估计为 30 000 碱基对)大于或等于重叠序列群,这说明一定比例的人类基因不可能只在一个重叠群中;在一个重叠群中发现一个长的基因,如肌联蛋白(Titin)基因(约 250 kb,内含 200 多个外显子)的概率,比发现一个短的简单基因,如嗅感受蛋白基因(平均小于 2 kb)的概率小得多。但要将序列缺口和重叠群扩大还要假以时日。因此,在不久的将来,基因的合成将通过组配重叠群"镶嵌物"(或称为"支架")来完成,这意味着重叠群间的拼接又将增加序列数据的不确定性。

要想将所有的基因都落入拼装而成的无缺口的支架片段中似乎还不可能,但是组装基因的大致轮廓将变得很清楚。这就像一个被复原的古希腊花瓶,虽然花瓶的残缺部分不可能用陶土完全填补,但整个花瓶的轮廓已很清晰。在 J.C.Venter 等人进行基因拼装和分析的方法中,一人重要的参数是支架的大小和分布。据报道,支架的平均长度超过 1 Mb,而 10 Mb 以上的支架占整个基因组的 25%,支架间的缺口平均只有 2 kb。这些为基因分析者提供了高档次的序列数据。从一给定序列片段中,通过相似性比较发现,基因的效果决定于简单的统计量和重叠群在基因组中的覆盖率。当该覆盖率达到 90%以上时,那就意味着几乎所有的基因(或至少是基因片段)均可在序列数据中找到。因此,利用本周公布的数据(指 *Science* 和 *Nature* 的人类基因组研究专刊公布的数据),通过相似性搜索来发现任何一个基因几乎都是可能的。

但是必须注意的是,这样确定的基因可能还具有随意性。这是因为某一生物,例如果蝇的一条具有高度相似的受体基因序列可能来自几个不同的同源基因,而这些基因可能具有相同或完全不同的功能,甚至可能是一些没有功能的假基因。也就是说,共同的功能域或模序可能在几个基因中同时存在。使用贝尔实验室分层空时(Bell Labs Layered Space Time, BLAST)搜索工具可能是目前发现相似序列的最佳途径。NCBI 网站的简明介绍有助于理解不断增多的 BLAST 系列工具的特性,有些小册子还介绍了 BLAST 近似算法的统计特色和局限。BLAST 算法并不适合所有目的的近似估计,但使用者应有这样的认识:任何一种算法都有可能错过一些特殊相似性。例如,对一些相隔相似性的忽略,使间隔越大,获得相似性统计的可能性越小。新的一些方法试图利用编码区的结构因素来进行相似性比对,这突破了相似显著性方法的局限。

虽然在基因组序列基因的自动化识别方面已取得巨大进步,但根据序列构建准确的基因模型还需要大量的人力,即"手工操作"。基因的最佳模型是其全长 mRNA 序列。RNA 序列(以 cDNA 形式)可以将基因组序列基因的外显子结构串联起来,而不必考虑这些片段身处何方——片段的连续性、顺序和方向并不影响串联过程。但是,假基因和高度相同的重复序列可能使这一策略失灵,这引起了对收集更多全长 cDNA 序列数据的争论。

大致有两条途径可以发现基因:①基于同源性的方法,包括已知 mRNA 序列的应用;②基因家族和特殊序列间的比较。最初的方法包括利用各种计算机手段分析外显子和其他序列信号,如酶切位点等。

在每一个基因模型中,与调控相关的序列位置和结构往往是最难完成的注释之一。在一些情况下,可以通过诸如模序(检索)来寻找和鉴定这些重要序列区段,但是我们目前对调控区段的鉴定和预测还很有限且不可靠。特定基因组间的比较是获得这些区段的一条有效途径,它建立在可以通过比较找出保守区的假设基础上。新的一些实验方法,例如列阵技术可以定位基因组水平的转录位点,同样可以有效地检测出基因组顺式调节,目前已有很多工具可以用于自动注释工作,对于这些工具的特点本文不做进一步论述。将统计学和启发式机器学习方法结合起来分析基因和基因特征是目前流行的趋势(例如隐马尔可夫模型、神经网络和贝叶斯网络)。它们发现基因最有效的方法并不是准确建模,而是常与同源性方法配合使用。影响这些算法有效性的因素包括测序误差和统计偏差,例如碱基组成。数据的噪声会极大地降低这些方法的效果,所以以上基于误差率较高的序列草图的预测结果将明显劣于基于完成序列的预测。

GENSCAN 是被广泛用于基因查询和预测的软件之一,但是一些新软件,如 Genie 也不逊色。Genie 是一种隐马尔可夫模型(HMM)系统,它可以整合不同来源的信息,如信号传感器(酶切位点、起始密码等)、内含子和外显子、mRNAEST 的列线和肽序列等。其他软件工具,如 GENEBUILDER、GLTMMERM、FGENES、GRAIL 等,最近也都被评价过。有一个简单的办法可以比较这些软件的优劣:利用果蝇基因组数据,基因组注释评估项目(Genome Annotation Assessment Project,GASP)对真核生物基因组注释的进展和存在的问题进行很好的比较分析。另外利用拟南芥基因组也可进行相同的比较分析。

Nature 和 *Sciece* 上的两篇人类基因组分析论文分别使用了各目的基因分析系统。由公共资金资助的人类基因组计划(IHGSC)使用的是一个称为“Ensembl”的系统,它使用 GENSCAN 进行初步预测,GENSCAN 利用 mRNA、EST 和蛋白质模序信息进行比对;然后使用 Gene Wise 进行蛋白质匹配分析,Gene Wise 曾被用于果蝇基因组分析。以 J.C.Venter 为代表的私人公司使用的是一种称为“otto”的专家注释系统,该系统力图将人的一些智能纳入程序中。

二、最长 ORF 法等:基于编码区特性

基因区域或蛋白质编码区的识别,特别是对高等真核生物基因组 DNA 序列中编码区的识别仍未能实现完全自动化。将每条链按 6 个阅读框全部翻译出来,然后找出所有可能的不间断开放阅读框(ORF)往往有助于基因的发现。预测基因组的全部编码区(或称开放阅读框)的方法概括起来也可以分为三类:①基于编码区所具有的独特信号,如起始密码子、终止密码子等;②基于编码区的碱基组成不同于非编码区的碱基组成,这是蛋白质中 20 种氨基酸出现的概率、每种氨基酸的密码子兼并度和同一种氨基酸的兼并密码子使用频率不同等原因造成的;③通过同源性比较搜寻蛋白质库或 dbEST 库寻找编码区。前两类方法主要是利用编码区的特性来寻找,本小节对这两类方法做简单描述。

最长 ORF 法：

在细菌基因组中，蛋白质编码基因从起始密码 ATG 到终止密码平均有 100 bp，而 300 bp 长度以上的 ORF 平均每 36 kb 才出现一次，所以只要找出序列中最长的 ORF(>300 bp)就能相当准确地预测出基因。

在真核生物中，全长 cDNA 的编码区一般也可以用最长 ORF 法，如水稻的 3 万多条全长 cDNA 的编码区预测(见 KOME DATABASE)。但是，要十分小心的是，这一预测有时也会出错。例如，以下全长 cDNA 的编码蛋白序列应为 4-029B，而非最长的 4-029A。

>4029

ATCGGCCATTACGGCCGGGGACACAACAAACCAACAAACATCATAATTAACCTCTTCCTCCCAAGTAGTCATCTGCCAACATGAAAGCCCTCGCACTCTTCTTCGTACTTTCCCTCTATCTCCTCGCCAACCCAGCTCA TTCCAAGTTCAATCCCATCCGCCTCCGCCCCGCCCACGAAACGGC GTCGTCCGAAACTCCGGTGCTCGACATCAACGGCGACGAAGTCCGGGCCGGCGAAAATTACTACATTGTCTCCGCCATATGGGGCGCCGGCGGAGGAGGCCTGAGACTCGTCCGATTGGATTCCTCCTCGAACGAATGCGCCAGCGACGTGATCGTATCCCGGAGCGACTTCGACAACGGCGACCCGATTACCATCACGCCGGCGGACCCGGAATCCACCGTCGTCATGCCGTCGACGTTCCAGACCTTCAGATTCAACATTGCGACCAACAAACTCTGCGTAAACAACGTAAACTGGGGATCAAGCACGACAGTGAATCCGGGCAATATTTCGTGAAAGCCGGCGAGTTCGTCTCCGACAATAGCAACCAGTTCAAGATTGAGGTGGTCAACGACAACCTTAACGCTTACAAAATCAGTTATTGTCAGTTCGGCACCGAGAAATGCTTCAACGTTGGCAGATACTACGACCCGTTGACCAGGGCTACGCGTTTGGCTCTCAGTAATACTCCCTTCGTGTTTGTGATCAAACCTACTGATATGTAATGAGCACCGGTGTTGAGGTTGCATGCATGTTATGGAGCTATGCTAAATAAGTAACGTTGCAACTTTGACAACGTTGTACGTGTAATAATAAGAATAAACATGCAATAAATCCGAGCTTGTTGTGTTGTGTAAATTTAACTATCTTAAATGAATAAGCATAATATTATCTATGCGAAAAAGAAAAAATAATAAAAAAAATTCATGTTCCGCCGCCTCGGCCCAGTCAACTCTGAATCCAAGCAAGCTTATGCATGCGGCCCAAATTCAAGCTCAATTGGCCAATTCGCCTATAGGGAGTCGTATTACATTCATGGCCGTCGTTTTACACGTCGGGACTGGAAAACCCTGGGGTTACCCAACTTATCCC CTTGGGCCCATTCCTCC

>4029A ORF:69..755 Frame-2 Most length 687

MQPQHRCSLHISRFDHKHEGSITESQTRSPGQRVVVSANVEAFLGAELTITDFVSVKVVVDHLNLELVAIVGDELAGFHEILPGFTVVLDPPVYVVVYAEFVGRNVESEGLERRRHDDGGFRVRRRDGNRVAVVEVAPGYDHVAGAFVRGGIQSDESQASSAGAPYGGDNWVIFAGPDFVAVDVEHRSFGRRR FVGGAEADGIELGMSWVGEEIEGKYEEECEGFHVGR

>4029B ORF:81..731 Frame +3 second length 651

MKALALFFVLSLYLLANPAHSKFNPIRLRPAHETASSETPVLDINGDEVRAGENYYIVSAIWGAGGGGLRLVRLDSSSNECASDVIVSRSDFDNGDPITITPADPESTVVWPSTFQTFRFNIATNKLCVN

NVNWGIKHDSESGQYFVKAGEFVSDNSNQFKIEVVNDNLNAYKISYCQFGTEKCFNVGRYYDPLT RATRLALSNTPPVFVIKPTDM

利用编码区与非编码区密码子选用频率的差异进行编码区统计学鉴别的方法：由于内含子的进化不受约束，而外显子则受到选择压力，因此内含子的序列要比外显子更随机。这是目前各种预测程序中被广泛应用的一种方法，如 GCG（Genetic Computer Group 研制的一种通用核酸、蛋白质分析软件包）的 TestCode、美国波士顿大学的 GeneID 和 Baylor Medcine College 的 BCM Gene Finder 等程序均利用了这一方法。具体方法描述可参阅相关程序说明。

CpG 岛一词是用来描述哺乳动物基因组 DNA 中的一部分序列，其特点是胞嘧啶（C）与鸟嘌呤（G）的总和超过 4 种碱基总和的 50%，即每 10 个核苷酸约出现一次双核苷酸序列 CG。具有这种特点的序列仅占基因组 DNA 总量的 10%左右。从已知的 DNA 序列统计中发现，几乎所有的管家基因及约占 40%的组织特异性基因的 5′末端都含有 CpG 岛，其序列可能包括基因转录的启动子及第一个外显子。因此，在大规模 DNA 测序计划中，每发现一个 CpG 岛，则预示此处可能存在基因。另外，AT 含量也可作为编码区的批示指标之一。

三、序列相似性比较法

近年来相似性比较算法也被用于预测可能存在的基因。这一方法之所以可以预测新基因，主要有以下几个原因：

①大约已有 50%的基因有了对应的 EST，已知的蛋白质序列也越来越多。

②不少原核生物和酵母的全序列已经测定。研究表明：有将近一半的脊椎动物基因可通过 BLAST 在酵母、细菌和线虫的序列数据库中找到相似性相当高的序列。

③大多数 EST 都采用每个克隆分别从 5′和 3′测序的方法，克服了早期 EST 只代表 3′外显子的缺点。

许多基因预测程序都已经整合了同源比较算法。下面举例说明如何通过人类 EST 数据库搜索和拼接与已知基因高度同源的人类新基因：

①以已知基因 cDNA 序列对 EST 数据库进行 BLAST 分析，找出与已知基因 cDNA 序列高度相似的 EST。

②用 Seqlab 的 Fragment Assembly 软件构建重叠群，并找出重叠群的一致序列。

③比较各重叠群的一致序列与已知基因的关系（图 3-8）。通常有两种情况，一种是 EST 足够多，可形成一个覆盖全长的重叠群，并以此拼接基因全长序列；另一种则是 EST 形成几个重叠群，可以拼接基因的几段序列。

④对编码区蛋白质序列进行比较，并与已知基因蛋白质的功能域进行分析比较，推测新基因的功能。

⑤用新基因序列或 EST 序列对 STS 数据库进行 BLAST 分析，如果某一 EST(非重复序列)与另一 STS 有重叠，那么，STS 的位置即明确了新基因的定位。

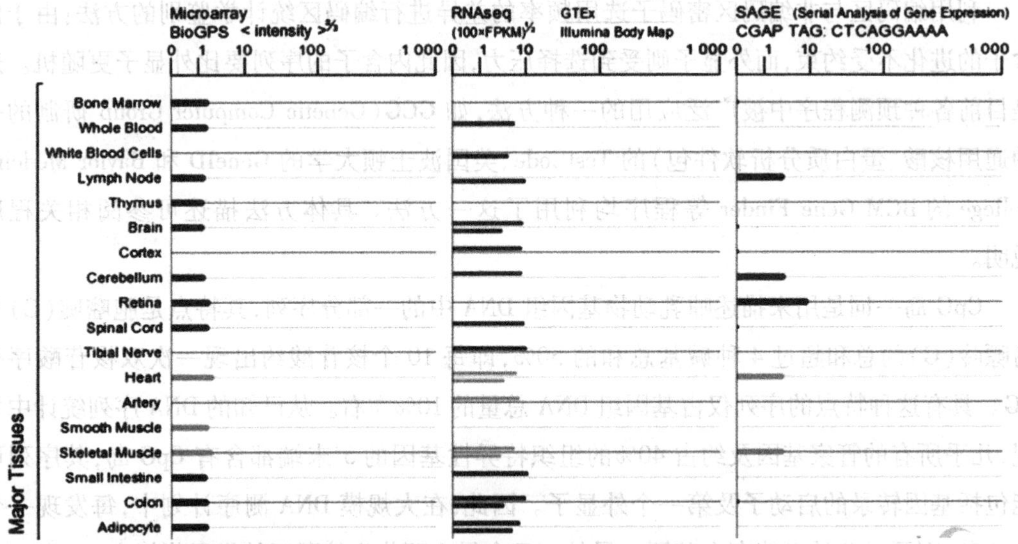

图 3-8 应用已知基因对 EST 数据库进行同源性比较构建的两种 EST 重叠群情况

四、隐马尔可夫模型(HMM)

一种可行的改进目前数据库搜索技术灵敏性和速度的办法，是通过蛋白质家族的多序列列线建立一致序列。与两条序列的列线比对不同，一致序列可揭示更多的信息，如家族内保守程度不一的残基位置、残基插入和缺失的可能性等。一致序列的所有表述形式，如 profile、模块等都可视为隐马尔可夫链的特例。

HMM 是最近几十年发展起来的时间序列模型，已在语音识别、离子通道记录、最佳特征识别等方面被应用。HMM 也被较早地用来解决生物信息学上的一些问题，如 DNA 编码区、蛋白质超级家族的构模等。但是，直至 20 世纪 90 年代中叶，HMM 才与机器学习技术相结合，进而系统地应用于整个蛋白质家族和 DNA 区段的建模、列线和分析。HMM 与神经网络、随机模型和贝叶斯网络关系极其密切，或可将其视为它们的一个特例。HMM 将 DNA 序列的形成看作一个随机过程，编码和非编码的 DNA 序列在核苷酸选用频率上有所不同而对应于不同的马尔可夫模型。由于这些马尔可夫模型的统计规律是未知的，而 HMM 能够自动寻找出其隐藏的统计规律，因而被称为隐马尔可夫模型。对于处理复杂的 DNA 序列，HMM 需要学习不同 DNA 序列结构的信息。

初阶离散 HMM(或称 0 阶离散 HMM)是一种时间序列随机通用模型，由有限的状态集 S、离散字符表 A、转换概率矩阵 $T=(t_{ji})$ 和散发概率矩阵 $E=(e_{ix})$ 定义。字符散发，即系统由一种状态随机地向另一种状态进化。假设系统处于状态 i，它存在概率转变为状态 j，而字符

x 散发的概率为 e_{ix}。因此,对于 HMM 来说,系统的每一个状态只与 2 个不同的骰子节点有关:散发节点和转换节点。0 阶马尔可夫链假设散发和转换仅由现状态决定,而与过去的状态无关。而字符的散发只有模型系统本身可以识别,即所谓“隐藏”。

对于生物序列而言,HMM 的字符当然是 20 个字母的氨基酸或 4 个字母的核苷酸。但依据不同的问题,其他的一些字符也可使用,如 64 个字母的三联体字母,3 个字母(α,β,coil)的二级结构等。当然,HMN 模型并非如上所举仅有 2 个节点那么简单。

一旦一个蛋白质家族成功地构建了 HMM 模型,则该模型就可以用于多个领域:①多序列列线;②数据库序列数据的挖掘和分类;③结构分析和模式查找。

五、RNA 二级结构预测

尽管现有一些 RNA 折叠程序可以预测 RNA 二级结构,但这类分析仍然是一门艺术。RNA 折叠有助于找出 RNA 分子中可能的稳定区,但对给定的 RNA 分子来说,这一结果的生物学意义究竟有多大,还是一个未知数。即便有此局限性,二级结构的预测还是有助于找出 mRNA 控制区以及 RNA 分子中可能形成稳定折叠结构的区段。

预测二级结构的最大难题是对三级结构中既有的相互作用进行模型化处理,然后将此处理结果回归成一级结构要素,用于折叠结构的预测。诚然,现有的 RNA 折叠程序并未考虑核酸分子中可能的三级结构。这些程序只能定出有限数目的二维结构的能学参数,由此推测得出的二维最稳定结构可能与三维最稳定结构相去甚远,因为三维最稳定结构里的环区可与环区相互作用,螺旋区可以堆积,还可能出现各种非 Watson-Crick 碱基对结构。

目前已有一些比较有名的预测程序,例如 MFOLD[M 代表多,从早期的 RNAFold 程序或 GCG 软件包的 FOLD 程序扩充而成],由加拿大国家研究基金会的 Michael Zuker 设计。除对碱基配对的标准能学进行分析外,MFOLD 还考虑到了碱基堆积的能量及单碱基统计的熵。这一程序的 VMS、VWIX、DOS 和 Macintosh 版本可以从许多软件组合中找到。尽管 MFOLD 的输出结果是文本形式,但有几个程序可以将预测结构转化为图示形成。

第三节 基因组分析

一、基因组分析:生物信息学发展“史记”

自 1995 年第一例可以独立存活的生物基因组被测序以来,*Nature* 和 *Science* 每年都会发

表一些重要生物基因组测序完成后的分析文章。这些文章对基因组的分析往往包括了当时想得到的和可以做得到的序列分析手段,它们代表着当时生物信息学发展的最新高度。

二、比较基因组学

比较基因组学是基因组学的重要分支,它是随着生物基因组的大规模测序发展起来的新科学,现已成为研究生物基因组最重要的策略与手段。与比较解剖学、比较组织学等一样,比较基因组学使用的是遗传学的重要方法——异同的比较,但该学科的特点是在整个基因组的层次上比较,如基因组的大小、基因数量的多少、特定基因的存在或缺失、基因(或标记序列片段)的位置及排列顺序、特定基因或片段的组织等。而最重要、最能体现比较基因组学学科特点的是全基因组的核苷酸序列的整体比较。随着世界各国基因组计划的实施,除了人类基因组,许多模式生物基因组也已完成测序或正在进行测序,如大肠杆菌、酵母、果蝇、线虫、小鼠、鱼、拟南芥等。同时,美国的“食物基因组计划”几乎涵盖了所有重要农作物:小麦、玉米、大豆、马铃薯、南瓜、棉花。这些基因组全序列数据将成为比较基因组最基本的研究对象。

认同所有生物的基因组都有共同的进化史,即进化上的共性是比较基因组学的理论依据,可以说,没有进化上的关系,就没有比较基因组学。进化是基因组比较最重要的主题,所以目前基因组比较的生物信息学方法主要是来自系统进化分析的一些方法,例如系统进化树的构建方法等(相关内容请参见第五章)。故基因组比较急需发展针对整个基因组的专用算法。基因组是一种具有大尺度、巨量特点的研究对象,它具有自身特性,必须用特定的算法才能充分挖掘和利用基因组信息。

下面对基因组学分析中经常涉及的四个最基本概念进行介绍。

1.相似性

相似性就是简单比较得出的两者之间的相同程度。相似性本身并不要求与进化起源是否同一,与亲缘关系的远近,甚至于结构与功能有什么联系。核苷酸与氨基酸序列的测定,使原先“模糊”的描述有了定量的指标——百分比。不同基因组之间、不同基因或不同物种的“同一”基因之间,都可以用百分比来表示异同程度。

2.同源性

同源性是具有严格定义的进化学词语:在进化上起源同一。同源性可以用来描述染色体——“同源染色体”、基因——“同源基因”和基因组的一个片段——“同源片段”。

在进化上起源同一的两段核苷酸序列,特别是功能较重要的保守区段或基因,一般表现为相似。迄今有证据表明,同源基因的的确确在核苷酸(或氨基酸)序列上具有较高程度的相似,这就带来了词语之间的混用,如我们有时把“相似搜索”说成“同源搜索”。在比较两段序列时,正常的描述应该是:这两个片段可能同源(或这两个基因有可能为同源基因),因为它们的核苷酸(或氨基酸)的相似程度为80%。“80%的同源”的说法是不正确的(还有20%的不同源?),也是不符合事实与定义的。

相似性与同源性是两个不同的概念,相互之间并没有直接的等同关系。相似的不一定同源,因为在进化的过程中,来源不同的基因或序列由于不同的独立突变而“趋同”并不罕见;同源一般表现为相似,但同源并不一定比非同源的相似程度高。我们只是在进化过程的一个时间点上加以观察而已。功能相似或相同也不一定必然同源。非同源基因的代谢功能替换已有不少证据,其他表型相似也不一定反映了同源,不同基因的不同突变就有可能产生“表型模拟”。而同源又有两种不同的情况即垂直方向的与水平方向的。

3.直系同源

直系同源是比较基因组学中最重要的定义。直系同源的定义是:

①在进化上起源于一个始祖基因并垂直传递的同源基因;

②分布于两种或两种以上物种的基因组;

③功能高度保守乃至于近乎相同,甚至于近缘物种可以相互替换;

④结构相似;

⑤组织特异性与亚细胞分布相似。

在这些条件中,垂直传递和功能相同是最重要的。如多种抗药性基因,在细菌、果蝇、河豚、小鼠、人类的基因组中都存在,其结构相似,功能都与多种药物的抗性有关。直系同源基因的鉴定是比较基因组的研究线索和内容,直系同源的存在是基因组进化的重要证据,因此对直系同源的定义与条件的把握甚为严格。鉴定直系同源的实际操作标准如下:

若基因组Ⅰ中的A基因与基因组Ⅱ中的A′基因被认为是直系同源,则要求:

①A′的产物比任何在基因组Ⅱ中所发现的其他基因产物都更相似于A产物;

②A′与A的相似程度比在任何一个亲缘关系较远的基因组中的任一基因都要高;

③A编码的蛋白与A′编码的蛋白要从头到尾都能并排比较,即含有相似以至于相同的模序。

4.旁系同源

旁系同源基因是指在同一基因组(或同系物种的基因组)中,由于始祖基因的加倍而横向产生的几个同源基因。

直系与旁系的共性是同源,都源于各自的始祖基因。其区别在于:在进化起源上,直系同源是强调在不同基因组中的垂直传递,旁系同源则是在同一基因组中的横向加倍;在功能上,直系同源要求功能高度相似,而旁系同源在定义上对功能没有严格要求,可能相似,也可能不相似(尽管结构上具一定程度的相似),甚至没有要求(如基因家族中的假基因)。旁系同源的功能变异可能是横向加倍后的重排变异或进化上获得了另一功能,其功能相似也许只是机械式的相关,或非直系同源基因取代新产生的非亲缘或远缘蛋白在不同物种中具有相似的功能。在真细菌与古细菌的基因组中,30%~50%的基因属旁系同源,而旁系同源在真核基因组中的比例更高。

相似与同源,直系与旁系需要在定义上加以明确区分,但实际应用中很难截然分开。与别的常用术语也很难明确界定。但基因家族或多基因家族原来的定义较侧重于结构,因而一个直系基因可以与几个旁系基因同属于一个基因家族。在这一定义上,旁系同源可以说是一个基因家族中的其他成员。

随着不同物种全基因组序列的阐明,上述概念愈加重要并更加明确。从已知的7个物种的全基因组序列比较,如所有的保守基因都据同源关系加以分类,可归纳出720个直系同源簇(clusters of orthologous groups,COG),每一COG由直系同源蛋白或存在于至少3个种系的直系的旁系同源组组成。而基因家族又因大批基因及产物序列而被赋予新的内容,这对扩大对生物过程的认识与提升基因操作的能力具有重要意义。

第四节　高通量测序与单通道分子测序

一、高通量测序

高通量测序技术又称“下一代”测序技术,以能一次并行对几十万到几百万条DNA分子进行序列测定和一般读长较短等为标志。

高通量测序技术是对传统测序的一次革命性改变,它使得对一个物种的转录组和基因组进行细致全貌的分析成为可能,所以又称深度测序。

根据发展历史、影响力、测序原理和技术不同等,高通量测序可主要分为以下几种:大规模平行签名测序(Massively Parallel Signature Sequencing, MPSS)、聚合酶克隆、454焦磷酸测序、Illumina (Solexa) sequencing、ABI SOLiD sequencing、离子半导体测序、DNA纳米球测序等。

高通量测序的实验步骤如下:

①样本准备;

②文库构建;

③测序反应;

④数据分析。

自2005年454 Life Sciences公司(2007年该公司被Roche正式收购)推出了454 FLX焦

磷酸测序平台以来,曾推出过 3′30xl DNA 测序仪的 Applied Biosystem(ABI)公司(一直占据着测序市场最大份额的公司)的领先地位就开始动摇了,因为他们的拳头产品——毛细管阵列电泳测序仪系列遇到了两个强有力的竞争对手,一个是罗氏公司的 454 测序仪,另一个是 2006 年美国 Illumina 公司推出的 Solexa 基因组分析平台。为此,2007 年 ABI 公司推出了自主研发的 SOLiD 测序仪。目前,这三个测序平台即为高通量测序平台的代表。目前的主流测序平台如表 3-2 所示。

表 3-2 主流测序平台一览

公司名称	技术原理	技术开发者	商业模式
Applied Biosystem (ABI)	基于磁珠的大规模并行克隆连接 DNA 测序法	美国 Agencourt 私人基因组学公司(APG)	上市公司:销售设备和试剂获取利润
Illumina	合成测序法	英国 Solexa 公司首席科学家 David Bentley	上市公司:销售设备和试剂获取利润
Roche	大规模并行焦磷酸合成测序法	美国 454 Life Sciences 公司的创始人 Jonathan Rothberg	上市公司:销售设备和试剂获取利润,该产品已于 2013 年停产
Helicos	大规模并行单分子合成测序法	美国斯坦福大学生物工程学家 Stephen Quake	上市公司:2007 年 5 月首次公开募股(IPO)(由于该平台准确率太低等原因,该公司已于 2012 年宣告破产)
Complete Genomics	DNA 纳米阵列与组合探针锚定连接测序法	美国 Complete Genomics 公司首席科学家 Radoje Drmanac	私人公司:投资额为 4 650 万美元,该公司于 2013 年被华大基因收购

Illumina 公司的新一代测序仪 Hiseq 2000 和 Hiseq 2500 具有高准确性、高通量、高灵敏度和低运行成本等突出优势,可以同时完成传统基因组学研究(测序和注释)以及功能基因组学(基因表达及调控,基因功能,蛋白/核酸相互作用)研究。Hiseq 是一种基于单分子簇的边合成边测序技术,基于专有的可逆终止化学反应原理。测序时将基因组 DNA 的随机片段附着于光学透明的玻璃表面上,这些 DNA 片段经过延伸和桥式扩增后,在 Flow cell 上形成数以亿计的 Cluster,每个 Cluster 都是具有数千份相同模板的单分子簇。然后利用带荧光基团的 4 种特殊脱氧核糖核苷酸,通过可逆性终止的 SBS(边合成边测序)技术对待测的模板 DNA 进行测序。

测序技术推进科学研究的发展。随着第二代测序技术的迅猛发展,科学界也开始越来越多地应用第二代测序技术来解决生物学问题。比如在基因组水平上对还没有参考序列的物种进行从头测序,获得该物种的参考序列,为后续研究和分子育种奠定基础;对有参考序列的物种,进行全基因组重测序,在全基因组水平上扫描并检测突变位点,发现个体差异的分子基础。在转录组水平上进行全转录组测序,从而开展可变剪接、编码序列单核苷酸多态性(cSNP)等研究;或者进行小分子 RNA 测序,通过分离特定大小的 RNA 分子进行测序,从而发现新的 microRNA 分子。在转录组水平上,与染色质免疫共沉淀(ChIP)和甲基化 DNA 免疫共沉淀(MeDIP)技术相结合,从而检测出与特定转录因子结合的 DNA 区域和基因组上的甲基化位点。

这里需要特别指出的是,第二代测序结合微阵列技术而衍生出来的应用——目标序列捕获测序技术。这项技术首先利用微阵列技术合成大量寡核苷酸探针,这些寡核苷酸探针能够与基因组上的特定区域互补结合,从而富集到特定区段,然后用第二代测序技术对这些区段进行测序。目前提供序列捕获的厂家有 Agilent 和 Nimblegen,应用最多的是人全外显子组捕获测序。科学家们目前认为外显子组测序比全基因组重测序更有优势,不仅费用较低,而且外显子组测序的数据分析计算量较小,与生物学表型结合更为直接。

目前,高通量测序开始广泛应用于寻找疾病的候选基因上。内梅亨大学的研究人员使用这种方法鉴定出 Schinzel-Giedion 综合征中的致病突变,Schinzel-Giedion 综合征是一种导致严重智力缺陷、肿瘤高发以及多种先天性畸形的罕见病。他们使用 Agilent SureSelect 序列捕获和 SOLiD 对四位患者的外显子组进行测序,平均覆盖度为 43 倍,读长为 50 nt,每个个体产生了 2.7~3 GB 可作图的序列数据。它们聚焦于全部 4 位患者都携带变异体的 12 个基因,最终将候选基因缩小至 1 个。而贝勒医学院基因组测序中心也计划对 15 种 *Science* 年度十大疾病突破进行研究,包括脑癌、肝癌、胰腺癌、结肠癌、卵巢癌、膀胱癌、心脏病、糖尿病、自闭症以及其他遗传疾病,以更好地理解致病突变以及突变对疾病的影响。前不久刚刚结束的评选中,外显子组测序名列其中。

以上我们盘点了 2010 年以来第二代测序技术的最新进展和相关应用。但是除了第二代测序之外,另外一种以单分子实时测序和纳米孔为标志的第三代测序技术也在如火如荼地发展,只是还没有正式发布。所以目前科学界所说的高通量测序指的还是第二代测序。

高通量测序技术的诞生可以说是基因组学研究领域具有里程碑意义的事件。该技术使得核酸测序的单碱基成本与第一代测序技术相比急剧下降,以人类基因组测序为例,20 世纪末进行的人类基因组测序计划花费 30 亿美元解码了人类生命密码,而第二代测序技术使得人类基因组测序成本进入万(美)元基因组时代。如此低廉的单碱基测序成本使得我们可以实施更多物种的基因组测序计划从而解密更多生物物种的基因组遗传密码。同时在已完成基因组序列测定的物种中,对该物种的其他品种进行大规模的全基因组重测序也成了可能。

二、单通道分子测序

随着对 DNA 结构和序列的研究不断深入,DNA 测序技术不断发展,已成为生命科学研究的核心领域,并对生物、化学、电学、生命科学、医学等领域的技术发展起到巨大的推动作用。利用纳米孔研究出新型、快速、准确、低成本、高精度及高通量的 DNA 测序技术是后人类基因组计划的热点之一。

纳米孔检测技术作为一个新型平台,具有低成本、高通量、非标记等优势,可将基因组测序成本降到1 000美元以下。国内外的一些科研团队积极参与这项研究,尤其是牛津纳米孔公司的Bayley小组成功研发了商用DNA测序设备。纳米孔检测技术有利于促进生命科学的发展,为个体化医疗带来革命,并将人类疾病临床诊断及治疗带入新时代。

1.技术起源

纳米孔分析技术起源于Coulter计数器的发明以及单通道电流的记录技术。诺贝尔生理学与医学奖获得者Neher和Sakamann在1976年利用膜片钳技术测量膜电势,研究膜蛋白及离子通道,推动了纳米孔测序技术的实际应用进程。1996年,Kasianowicz等提出了利用α-溶血素对DNA测序的新设想,这是生物纳米孔单分子测序的一座里程碑。随后,MspA孔蛋白、噬菌体Phi29连接器等生物纳米孔的研究成果,丰富了纳米孔分析技术的研究。Li等在2001年开启了固态纳米孔研究的新时代。经过十多年的发展,固态纳米孔技术日臻成熟。

2.工作原理

纳米孔的基本工作原理:在充满电解液的腔内,带有纳米级小孔的绝缘防渗膜将腔体分成2个小室,当电压作用于电解液室时,离子或其他小分子物质可穿过小孔,形成稳定的可检测的离子电流。掌握纳米孔的尺寸和表面特性、施加的电压及溶液条件,可检测出不同类型的生物分子。

由于组成DNA的四种碱基腺嘌呤(A)、鸟嘌呤(G)、胞嘧啶(C)和胸腺嘧啶(T)的分子结构及体积大小均不同,单链DNA(ssDNA)在核酸外切酶的作用下被迅速逐一切割成脱氧核糖核苷酸分子,当单个碱基在电场驱使下通过纳米级的小孔时,不同碱基的化学性质差异导致穿越纳米孔时引起的电流的变化幅度不同,从而得到所测DNA的序列信息。

3.技术分类

目前,用于DNA测序的纳米孔有两类:生物纳米孔(由某种蛋白质分子镶嵌在磷脂膜上组成)和固态纳米孔(包括各种硅基材料、SiNx、碳纳米管、石墨烯、玻璃纳米管等)。DNA链的直径非常小(双链DNA直径约为2 nm,单链DNA直径约为1 nm),对所采用的纳米孔的尺寸要求较苛刻。

(1)生物纳米孔

生物纳米孔是天然的生物纳米器件,具有特定的孔径结构、生物活性及能够插入脂双分子层膜的能力,由于可进行灵活的化学或生物修饰而受到科学家的青睐。

(2)α-溶血素(αHL)纳米孔

αHL是目前使用最广泛的生物纳米孔的分析物质,由293个氨基酸多肽构成,可插入纯净的双分子层脂膜中形成蘑菇状七聚体,组装成跨膜通道。αHL七聚体纳米孔主要由帽型区(Cap,入口cis端直径为2.6 nm)、边缘区(Rim,直径为1.4 nm)和主干区(Stem,入口trans

端直径为 2.2 nm)三部分构成。αHL 纳米孔永久开通不关闭,耐强酸和强碱,高温、高电压下较稳定。

1996 年,Branton 小组第一次演示当电流驱使单链 DNA 穿过镶嵌在磷脂双分子层上的 α-溶血素蛋白时电流会瞬时下降,证明纳米孔蛋白可用于 DNA 的检测。随后 Kasianowicz 等采用 α-溶血素蛋白纳米孔对单链 DNA、单链 RNA 易位行为进行研究,提出利用 α-溶血素纳米孔实现快速、低廉的 DNA 测序设想,这是生物纳米孔单分子检测研究过程中的一座里程碑。

英国牛津大学 Bayley 教授将 α-HL 与核酸酶结合后,利用氨基化环糊精配体固定,将待测核酸上的碱基按顺序剪切后在电场的作用下有序地通过蛋白质纳米孔,使其可以有选择地识别 4 种碱基。英国牛津纳米孔技术公司成功地将该研究成果应用于核酸测序。

近期,Schneider 小组结合电压控制技术、phi29 聚合酶和 αHL 纳米孔建立了一个新的测序平台,利用 phi29 聚合酶将双链 DNA 解旋,使其中一条单链穿过镶嵌在磷脂双分子层中的 αHL 纳米孔,通过电流的变化,获得 DNA 的序列信息。phi29 聚合酶的解旋速度可相应降低 DNA 在纳米孔中的迁移速度,有利于捕获更为准确的序列信息。

(3)MspA 纳米孔

耻垢分枝杆菌中的孔蛋白 A(Mycobacterium smegmatis porin A,MspA)是适用于研究 DNA 测序的另一个纳米孔蛋白。MspA 呈圆锥状,是八聚体孔蛋白,有一个宽约 1.2 nm、长约0.6 nm的短窄收缩区。与 5 nm 长的 α-溶血素蛋白孔相比,更有利于对单碱基的测定。Gundlach 教授利用 MspA 纳米孔识别 4 个单碱基的技术,首次成功地实现了核酸末端与核酸分子夹的连接可减缓 DNA 的穿越速度,提高 DNA 单碱基的检测灵敏度。

(4)固态纳米孔

固态纳米孔主要是在氮化硅、二氧化硅和石墨烯等绝缘材料上用离子刻蚀技术、电子刻蚀技术、聚焦电子束(FEB)或离子束(FIB)等制作出的微小孔洞。

目前固态纳米孔的制备,首先用常规微加工技术制作 30~500 nm 厚的悬空薄膜,再用离子束或电子束等在硅或其他材料薄膜表面钻出 2~100 nm 的孔洞。DNA 检测中所需的纳米孔直径都是 1~2 nm,可在前述研究的基础上,进一步采用沉淀物质收缩、离子束辐射、电子束辐射等收缩技术减小纳米孔的尺寸,从而制备更小目标尺寸的纳米孔。

哈佛大学 Li 等在 2001 年首次使用离子刻蚀技术在 Si_3N_4 薄膜上制作出了直径 61 nm 的孔,同时利用氩离子束辐射使纳米孔收缩到 1.8 nm,开启了固态纳米孔制备和研究的新时代,使固态纳米孔技术日益成熟,丰富了纳米孔单分子检测技术研究。近十几年来,固态纳米孔因具有稳定及耐用等特点,越来越受到科学家的青睐,而制作固态纳米孔的技术、设备和材料的不断更新,使其研究有了突飞猛进的发展。

4.未来展望

利用纳米孔技术对 DNA 进行测序,要真正实现商业化应用,还面临着严峻的挑战,需要科学家进一步探索，如提高通道的选择性和灵敏度、控制 DNA 穿越速度及提高信噪比等。除 DNA 测序外，纳米孔无须标记、无须放大的单分子检测技术还可以在 RNA 检测、蛋白质检测等各种重大疾病的生物标志物检测方面得到广泛应用。相信随着纳米孔技术的深入研究，以及各项科学技术的结合使用，它在化学、物理学、生物学、电子学和医药学中的应用将更加广泛，对生命奥秘的探索、疾病的治疗，以及整个生命科学的发展将起到巨大的推动作用。

第四章　基因编辑

第一节　基因编辑的技术原理

基因编辑技术指能够让人类对目标基因进行“编辑”，实现对特定 DNA 片段的敲除、加入等(图 4-1)。CRISPR/Cas9 技术自问世以来，就有着其他基因编辑技术无可比拟的优势，技术不断改进后，更被认为能够在活细胞中最有效、最便捷地“编辑”任何基因。

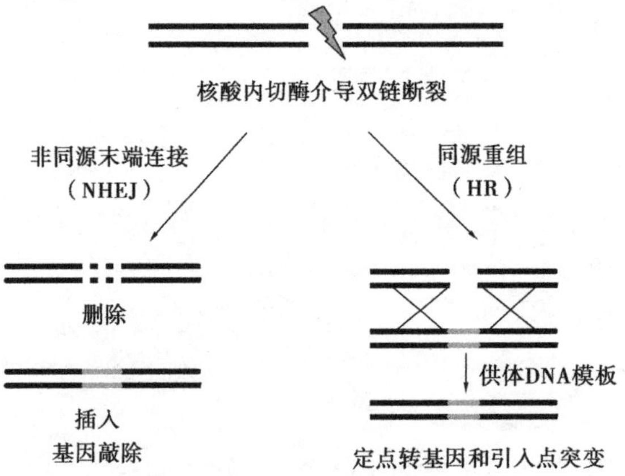

图 4-1　基因编辑技术原理

基因编辑技术主要分为 3 类，分别是锌指核酸酶(ZFN)技术、转录激活因子样效应物核酸酶(transcription activator-like effector nuclease, TALEN)技术以及近几年发展迅猛的 CRISPR(clustered regularly interspaced short palindromic repeats, 规律成簇间隔短回文重复)/Cas9 技术。三种基因编辑技术的比较见表 4-1。

表 4-1 三种基因编辑技术比较

比较的项目	ZFN 技术	TALEN 技术	CRISPR/Cas9 技术
DNA 识别结构域	锌指蛋白	TALE	sgRNA/Cas9
DNA 切割结构域	FokI	FokI	Cas9
靶位点长度	18~36 bp	30~40 bp	20 bp+NGG
靶位点限制	富含 G 的区域	倾向于 T 开头 A 结尾的序列	NGG 或者 NAG 结尾
操作难易程度	难	中等	容易
脱靶程度	取决于靶向位点	低	取决于靶向位点
细胞毒性	相对较高	低	低
同时靶向多位点	难	难	容易

1.ZFN 技术原理

最早出现的基因编辑技术是 ZFN 技术,ZFN 由锌指蛋白(zinc finger protein,ZFP)和 FokI 核酸内切酶两部分构成。锌指蛋白是真核生物中最丰富的一类 DNA 识别蛋白,Pavletich 等解析了 ZFP 中 DNA 结合结构域,为设计新的 DNA 序列特异性结合蛋白提供了重要的基础。Sugisaki 等在细菌中发现了 FokI 核酸内切酶,Li 等发现 FokI 核酸酶由 DNA 结合结构域和 DNA 切割结构域两部分组成。Chandrasegaran 等用 ZFP 代替 FokI 核酸酶的 DNA 结合结构域,新产生的核酸酶称为 ZFN,它可以切割特异性的靶位点。ZFN 的 DNA 识别结构域由 3~4 个 Cys2-His2 锌指蛋白串联组成,每个锌指蛋白识别一个特异的三联体碱基。多个锌指蛋白串联起来形成一个锌指蛋白组,识别一段在基因组中特异的碱基序列(9~12 bp),一个锌指蛋白组和一个 FokI 核酸酶相连构成一个 ZFN。FokI 核酸酶在二聚体状态下才有切割活性,因此需要在恰当的位置(识别位点相距 5~7 bp)设计两个单体的 ZFN 才能切割 DNA(图 4-2)。ZFN 技术的优点是:锌指蛋白小,编码一对 ZFN 只需要大约 2 000 bp,这样的蛋白容易通过 AAV 病毒载体导入体内进行基因治疗。但是 ZFN 技术存在很明显的缺点,它需要一个很大的锌指蛋白库才能靶向不同的基因序列,将锌指蛋白连接在一起时,它们之间会相互干扰,影响靶向结合 DNA 的特异性,导致 ZFN 容易脱靶。因此,要想制备出高效特异的 ZFN,需要大量的筛选工作,极大地阻碍了它的推广应用。设计 ZFN 的方法请参考 OPEN 和 CoDA 法。

2.TALEN 技术原理

2007 年,Moscou 等和 Boch 等发现了植物黄单胞菌通过转录激活样效应因子(transcription activator-like effector,TALE)促进自身增殖的机制。黄单胞菌通过分泌系统将 TALE 注入植物细胞中,TALE 能够靶向到启动子区域的特异 DNA 序列增强基因表达,这种表达反过来会促进细菌的增殖。该两团队破译了 TALE 识别特异 DNA 序列的机制,TALE

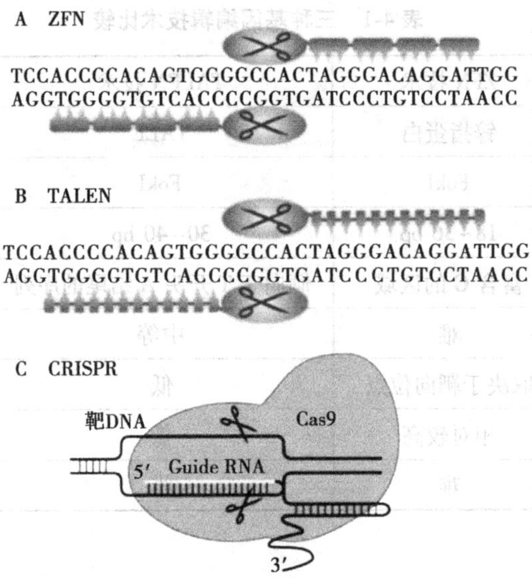

图 4-2 ZFN、TALEN 和 CRISPR/Cas9 结构的示意图

依靠 34 个氨基酸的重复序列识别 DNA 序列；其中第 12、13 位点氨基酸为可变序列，且与碱基 A、G、C 和 T 有恒定的对应关系，即 NG 识别 T、HD 识别 C、NI 识别 A、NN 识别 G，把这 4 种 TALE 模块组装起来就可以识别特异的基因组 DNA 序列。Cermak 等把 TALE 模块和 FokI 核酸酶的切割结构域连接起来，组装成新的核酸酶叫作 TALEN。TALEN 的组装相对简单，活性和特异性较好。设计 TALEN 推荐使用 Daniel Voytas 实验室发明的 Golden Gate 组装方法。这种方法比较简单，一般的分子生物学实验室均能组装，大约需要 1 周的时间，用到的组装质粒可以从 Addgene 上获得。

3.CRISPR/Cas9 技术原理

CRISPR 的全称是 clustered regularly interspaced short palindromic repeats（规律成簇间隔短回文重复）。CRISPR 系统可分为 3 类（Ⅰ~Ⅲ），Ⅰ类和Ⅲ类的 CRISPR 系统在细菌和古生菌中均有发现，含有多个 Cas 蛋白；Ⅱ类 CRISPR 系统仅在细菌中存在，只包括一个 Cas 蛋白。1987 年日本大阪大学的科学家在研究大肠杆菌中的碱性磷酸酶基因时，发现该基因下游存在 29 bp 的简单重复序列，这些重复序列被 32 nt 的间隔序列分开。在接下来的十多年里，类似的重复结构在越来越多的微生物和古生菌中被发现。2002 年 Jansen 等把这种间隔重复序列命名为 CRISPR，但 2007 年才证明 CRISPR 系统是细菌的一种适应性免疫系统。

Ⅱ类 CRISPR 系统组成最简单，除了一个 Cas 蛋白和 crRNA（重复序列+间隔序列）外，还包括一个非编码 RNA，被称为 tracrRNA，它协助细菌将串联的 crRNA 加工成单个的 crRNA，并和 crRNA 的重复序列互补配对后形成向导 RNA，引导 Cas 核酸酶靶向切割外源 DNA 。有研究显示，酿脓链球菌中 tracrRNA、crRNA 和 SpCas9 蛋白（酿脓链球菌中的 Cas 称为 SpCas9）3 个元件在体外可以靶向切割 DNA，为实现基因编辑迈出了关键的一步。之后相继有研究团队将酿脓链球菌的 CRISPR/Cas9 系统开发成一种可以在哺乳动物细胞中进行基因编辑的工具,成为目前应用最广泛的基因编辑技术。CRISPR/Cas9 已经实现了对多个物种以及细胞系的基因编辑,如细菌、酵母、人类的癌细胞系和胚胎干细胞系、果蝇、斑马鱼、青蛙、小鼠、大鼠、兔、烟草、水稻等。

CRISPR/Cas9 系统作为基因编辑工具时,crRNA 和 tracrRNA 被融合为一条向导 RNA (single-guide RNA,sgRNA)表达,所以该系统只包含 sgRNA 和 Cas9 核酸内切酶两个元件。sgRNA 5′端 20 bp 序列是与靶序列互补配对的序列,如果编辑某个靶位点,只需要改变这 20 bp的序列就可以实现。sgRNA 一般是通过人的 RNA 聚合酶Ⅲ启动子 U6 起始表达的,这个启动子起始转录的第一碱基必须是 G。如果 sgRNA 序列第一个碱基不是 G,就需要在序列前加上一个 G,或者把 sgRNA 的第一个碱基替换成 G,这样才能被 U6 启动子表达。这样表达的 sgRNA 与靶序列之间会有一个碱基不配对,但是不会影响编辑效率。CRISPR/Cas9 技术的一个优点是可以在一个细胞中表达多个 sgRNA,同时编辑多个靶位点,这是 ZFN 和 TALEN 无法企及的。有报道称 CRISPR/Cas9 系统在小鼠和斑马鱼中可以同时编辑 5 个基因,在大鼠细胞中可以同时编辑 3 个基因。

CRISPR/Cas9 系统识别的位点受 DNA 序列的限制,不是所有的位点都可以被识别。SpCas9 识别的靶序列后面必须是 NGG 序列,被称为 PAM (protospacer-adjacent motif)序列,因此,SpCas9 识别的序列可以写成 N20NGG,其中 N20 是与 sgRNA 互补配对的序列,NGG 是 PAM 序列。在人基因组中,平均每 8~12 bp 就有一个 GG 序列。Cas 蛋白不同,需要的 PAM 序列也不同。如果需要精确切割某个基因组位点,就可以根据基因组序列选用合适的 CRISPR/Cas 系统。目前被开发成基因编辑工具的 CRISPR/Cas 系统及其 PAM 序列见表 4-2。

表 4-2 识别不同 PAM 序列的 CRISPR 核酸酶

核酸酶	大小(bp)	PAM 序列以及切割位点
SpCas9	4 104	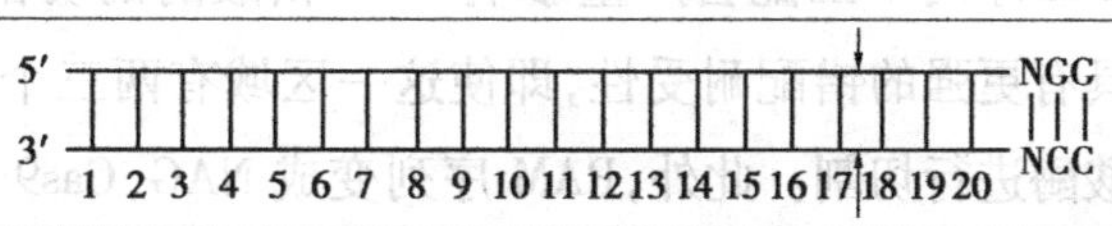 5′ NGG 3′ NCC 1 2 3 4 5 6 7 8 9 10 11 12 13 14 15 16 17 18 19 20
LbCpf1/AsCpf1	3 684/3 921	 5′-TTTN 3′-AAAN 1 2 3 4 5 6 7 8 9 10 11 12 13 14 15 16 17 18 19 20 21 22 23 24
SaCas9	3 159	 5′ NNGRRT 3′ NNCYYA 1 2 3 4 5 6 7 8 9 10 11 12 13 14 15 16 17 18 19 20 21
St1Cas9	3 363	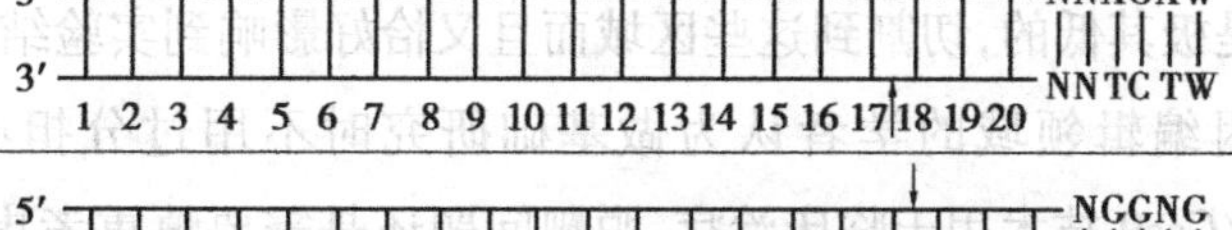 5′ NNAGAW 3′ NNTC TW 1 2 3 4 5 6 7 8 9 10 11 12 13 14 15 16 17 18 19 20
St3Cas9	4 227	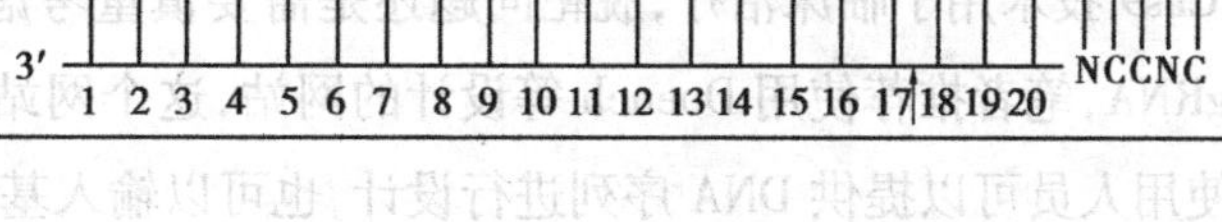 5′ NGGNG 3′ NCCNC 1 2 3 4 5 6 7 8 9 10 11 12 13 14 15 16 17 18 19 20

续表

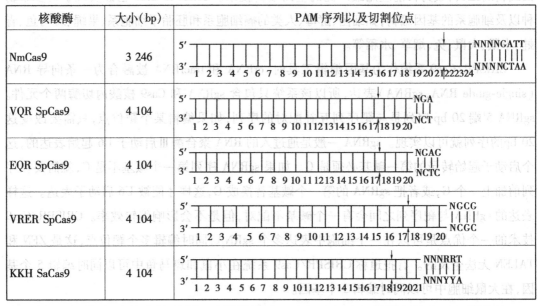

核酸酶	大小(bp)	PAM 序列以及切割位点
NmCas9	3 246	
VQR SpCas9	4 104	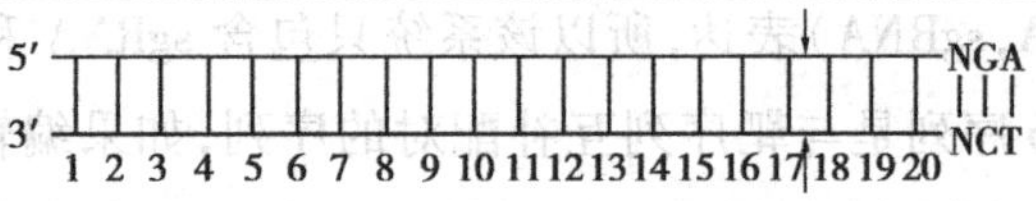
EQR SpCas9	4 104	
VRER SpCas9	4 104	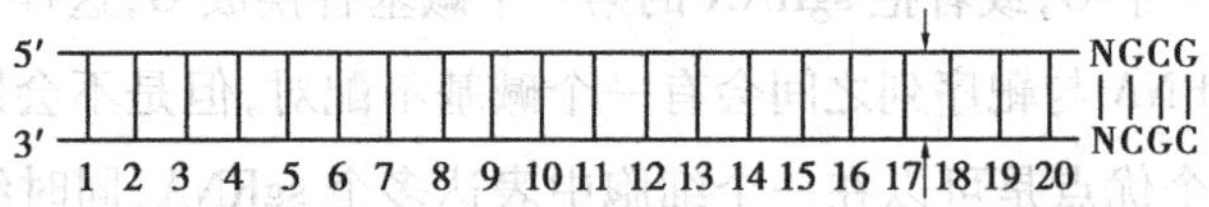
KKH SaCas9	4 104	

确定好编辑的区域后，在所选区域会有很多靶位点可以选择，这时就需要选择一个最优的位点设计 sgRNA。sgRNA 序列与编辑的效率和特异性紧密相关。科学家通过大量的数据分析，已经找到了 sgRNA 序列与编辑效率之间的关系，为设计高活性的 sgRNA 提供了依据。除了 sgRNA 的活性外，还需要考虑脱靶问题。脱靶切割是基因编辑领域共同关心的一个问题，它会在基因组中引入额外的突变，影响实验结果的可靠性。sgRNA 的序列与脱靶紧密相关，如果在基因组中存在与 sgRNA 序列相似的序列，这些位点可能也会被编辑。有研究显示，靠近 PAM 序列的 8~12 bp 对 Cas9 识别至关重要，这一区域的序列被称为种子序列。种子序列与 sgRNA 序列不匹配会严重影响 Cas9 核酸酶的切割；相比之下，5′端也就是远离 PAM 的序列具有更强的错配耐受性，即使这一区域有两三个碱基不匹配，sgRNA 也有可能引导 cas9 核酸酶进行切割。此外，PAM 序列变成 NAG，Cas9 也会对其进行切割，因此在检测脱靶的时候，PAM 序列为 NAG 的相似序列，也应被考虑成潜在的脱靶序列。

脱靶问题已经成为编辑基因时必须考虑的问题。CRISPR/Cas9 技术刚出现的时候，有课题组为了研究改进特异性的方法，选择了特异性差的 sgRNA 研究，这就造成了 CRISPR/Cas9 脱靶严重的印象。而后来的研究结果表明，如果 sgRNA 序列特异，脱靶的可能性是极其低的，甚至检测不到。基因组中只有 2%的序列是编码区，即使脱靶，切割到这些区域的可能性也是极其低的，切割到这些区域而且又恰好影响到实验结果的可能性就更低了，所以大多数基因编辑领域的学者认为做基础研究时不用过分担心脱靶的问题。将来如果把 CRISPR/Cas9 技术用于临床治疗，脱靶问题还是需要慎重考虑的。现在有很多软件可以在线设计 sgRNA，笔者推荐使用 Doench 等设计的网站，这个网站综合考虑了 sgRNA 的活性和特异性，使用人员可以提供 DNA 序列进行设计，也可以输入基因 ID 进行设计，非常方便。

第二节 基因编辑的应用技术

CRISPR/Cas9 技术是继 ZFN 技术、TALEN 技术之后出现的第三代基因组定点编辑技术。与前两代技术相比,其成本低、制作简便、快捷高效的优点让它迅速风靡世界各地的实验室,成为科研、医疗等领域的有效工具。

一、CRISPR/cas9 技术的其他几种应用

1.碱基转换

人类的大多数疾病都是基因的点突变引起的。改造后的 CRISPR/Cas9 系统可以实现碱基转换,虽然基因敲入的方法可以用来制作点突变的细胞模型或者动物模型,但是敲入效率不高,基因敲入的方法更难以纠正体内的基因突变。有研究者将 dCas9 和胞嘧啶脱氨酶(AID)偶联在一起,可以定点地将胞嘧啶和鸟嘌呤随机地向其他 3 个碱基转变。如果在细胞培养液中加入尿嘧啶 DNA 糖基化酶抑制剂,dCas9-AID 可以将胞嘧啶单一地向胸腺嘧啶转换。有研究者首次运用 dCas9-AID 对 ABL 基因进行了耐药突变筛选,伊马替尼能够抑制 ABL 的激酶活性,是治疗慢性粒细胞白血病(ABL)的常规药物,运用 dCas9-AID 和一组 sgRNA 对 ABL 基因的第 6 号外显子进行突变筛选,找到了抗伊马替尼的新突变。

2.表观遗传调控

改造后的 CRISPR/Cas9 系统可用于表观遗传调控研究。DNA 的甲基化和组蛋白的甲基化/乙酰化在表观遗传学中发挥着非常重要的作用,对基因组特定位点进行表观遗传修饰,有助于了解这些位点的表观遗传是否调控了相关基因的表达。在 CRISPR/Cas9 技术之前,科学家们运用 TALE 和羟化酶的催化结构域(TET1)结合,实现了定点去 DNA 甲基化修饰;运用 TALE 和赖氨酸特异性去甲基酶(LSD1)融合,实现了对组蛋白 H3 K4 和 H3 K9 的去甲基化修饰。Hilton 等将 dCas9 和乙酰化转移酶 P300 的催化结构域结合,在基因组中实现了对组蛋白 H3(Lys27)的定点乙酰化修饰;Kearns 等人将 dCas9 和赖氨酸特异性去甲基酶(LSD1)融合,实现了定点去除组蛋白 H3 K4 和 H3 K9 甲基化的修饰。

3.内源基因的转录调控

改造后的 CRISPR/Cas9 系统可用于调控基因的表达。有研究显示,在大肠杆菌和哺乳动物细胞中,dCas9 靶向结合基因的启动子区会阻碍转录因子/RNA 聚合酶结合到启动子上,从而抑制了基因的转录。单纯的 dCas9 抑制基因转录的效率较低,而将 dCas9 与具有转

录抑制功能的 KRAB 或者是 SID 效应蛋白连接在一起,会提高抑制效果;同理,把 dCas9 和 VP64 或者 P65 转录激活功能域相融合,能够激活内源基因的表达。一般情况下通过单个 sgRNA 上调基因表达的作用较小,通过多个 sgRNA 同时靶向一个启动子区域会显著增加基因表达。

4.全基因组范围内的遗传筛选

人类基因组计划完成后,接下来的工作是要研究所有注释基因的功能。对基因组内所有基因进行高通量的功能筛选可以快速找到想要的基因。运用 CRISPR/Cas9 技术能够实现全基因组范围内的筛选,筛选原理是对每个基因设计 3~10 条 sgRNA,利用芯片一次合成数万条覆盖整个基因组 sgRNA 库,把这些 sgRNA 连接到慢病毒载体上,然后包装病毒、感染细胞、控制滴度使一个细胞只得到一条 sgRNA,也就是只敲除一个基因,在适当的筛选条件下测试筛选前后 sgRNA 的丰度变化,进而找出感兴趣的基因(图 4-3)。在 CRISPR/Cas9 技术出现之前,科学家们运用 RNAi 或者 shRNA 技术进行全基因组范围内高通量的功能筛查,但是这两种方法只能敲低基因的表达,而不能敲除,没有 CRISPR/Cas9 技术筛选灵敏。除了对基因进行高通量的筛选,zhu 等运用 DNA 片段敲除技术成功地对癌细胞中的长非编码 RNA (lncRNA)进行了高通量的功能筛选。随后有研究者把 dCas9 与转录激活因子(VP64 和 p65)或抑制因子 KRAB 连接,开发出了覆盖全基因组的转录抑制(CRISPRi)和转录激活(CRISPRa)文库,实现了对人类所有基因表达的调控筛选。

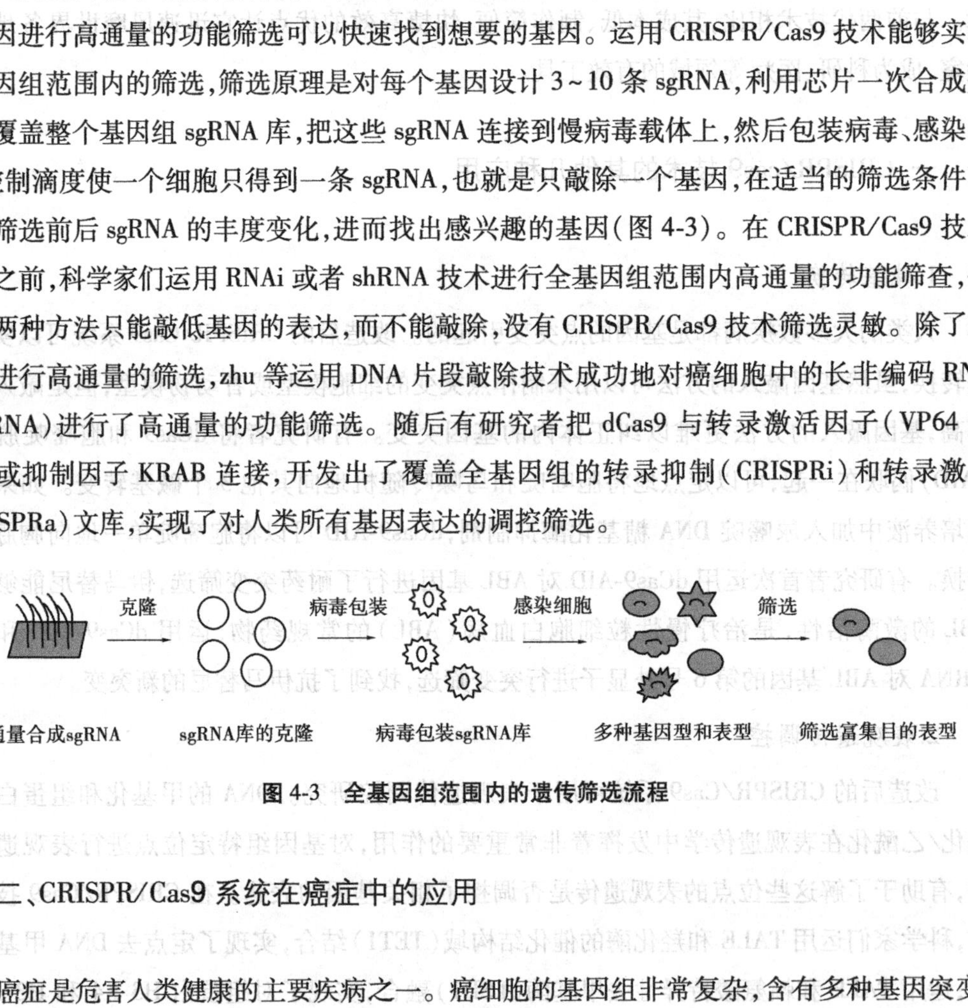

图 4-3　全基因组范围内的遗传筛选流程

二、CRISPR/Cas9 系统在癌症中的应用

癌症是危害人类健康的主要疾病之一。癌细胞的基因组非常复杂,含有多种基因突变,包括点突变、染色体重排、染色体增加或者减少等,这些突变最终导致了原癌基因激活或者抑癌基因失活,细胞生长失去控制。CRISPR/Cas9 技术出现后,科学家们获得了强大的改造基因组的能力,可以用它制作各种基因突变的癌症模型,研究癌症发生的机制,筛选治疗药物;也可以直接用它编辑致癌基因或者致癌病毒,治疗癌症;还可以用它编辑免疫细胞,通过免疫细胞治疗癌症。

1.建立癌症的小鼠模型

小鼠是癌症研究中最常用到的动物模型。制作小鼠模型的传统方法是在小鼠胚胎干细胞中引入突变，然后将干细胞注射到胚囊中形成嵌合体小鼠，再经过一代才能获得纯合突变的小鼠。CRISPR/Cas9 技术有效地提高了制作小鼠模型的效率。Jaenisch 课题组用 CRISPR/Cas9 在小鼠胚胎干细胞中同时敲除了 5 个基因，随后他们将 Cas9 mRNA 和靶向 Tet1 和 Tet2 的 sgRNA 注射到小鼠受精卵中，建立了同时敲除两个基因的小鼠。

除了在小鼠胚胎干细胞和生殖细胞中实现了同时编辑多个基因，CRISPR/Cas9 技术在小鼠体细胞中的编辑能力也毫不逊色。Ebert 课题组用病毒介导的 CRISPR/Cas9 系统对小鼠的原代造血干细胞的多个基因进行编辑，成功建立了急性髓性白血病(AML)模型。有研究者在表达 KrasG12D 基因的肺癌小鼠模型中，利用 CRISPR/Cas9 对一系列人类肺癌可能的抑癌基因进行了功能筛查，并研究这些基因与原癌基因 KrasG12D 在肺癌发生和发展中的协同作用。2014 年，Jacks 课题组通过尾静脉注射 CRISPR/Cas9 质粒，在小鼠肝脏中破坏肿瘤抑制基因 Pten 和 p53，制作出了产生肝脏肿瘤的小鼠模型，该技术产生的癌症小鼠和传统的 Cre-loxp 技术构建的小鼠具有相似的癌症表型。

在作体内编辑时，编码 Cas9 和 sgRNA 的 DNA 太大，用病毒包装效率很低。为了解决这个问题，张锋实验室将 Cas9 整合到 Rosa26 位点构建出了诱导型表达 Cas9 的小鼠(Cas9 和 CAG 启动子之间有一段 loxP-stop (33 polyA signal)-loxP 序列阻止了 Cas9 的表达)，再用组织特异性的启动子表达 Cre 重组酶，这样就可以去除干扰序列起始 Cas9 的表达。有研究者用 AAV 病毒将靶向 KRAS、p53 和 LKB1 基因的 sgRNA 的转导到 Cas9 小鼠的肺中，成功建立了小鼠肺癌模型。至此，科研工作者可以利用诱导表达 Cas9 的小鼠进行遗传操控，快速在体内建立癌症模型。

2.建立染色体重排的癌症模型

染色体重排指的是染色体片段位置的改变，包括染色体缺失、重复、倒位和异位。染色体重排有可能诱发细胞癌变，人类淋巴瘤和白血病就是染色体重排引起的。运用传统的方法制作染色体重排的癌症模型，需要在两个重排位点加上 loxP 序列，通过 Cre-loxP 重组制作染色体重排。运用 CRISPR/Cas9 技术产生染色体重排非常简单，只需要靶向切割两个重排位点就可以了。人类 2 号染色体重排会导致 EML4-ALK 融合表达，引发非小细胞肺癌。有研究者使用病毒介导的 CRISPR/Cas9 技术对成年小鼠体细胞进行编辑重排，快速地建立了 EML4-ALK 融合基因肺癌小鼠模型。随后又有研究者使用相似的技术制作了急性髓性白血病和尤文氏肉瘤染色体重排的癌症小鼠模型。这些模型为科学家深入研究癌症的发生机制以及在动物水平筛选抗肿瘤药物等提供了有效的平台。

3.高通量筛查与肿瘤细胞转移相关的基因

肿瘤发生是多个基因突变协同作用的结果，研究癌症面临的主要挑战是如何找出引发癌症的关键突变。2015 年，张锋实验室和 Sharp 团队合作，运用 CRISPR/Cas9 文库对一个不具备转移能力的肺癌细胞系进行了高通量的单基因随机敲除，然后移植到免疫缺陷的小鼠中,其中一些细胞离开原有的位置随血管迁移形成了高转移性的肿瘤;通过对转移性肿瘤的 sgRNA 测序,筛查到了与癌症生成和转移相关的多个基因以及微小 RNA(microRNA)。因此,CRISPR/Cas9 文库技术为筛查引发癌细胞迁移的关键基因提供了新的思路。

4.癌症治疗

CRISPR/Cas9 有两种方式用于治疗癌症,一种是直接攻击癌细胞中的关键基因,另一种是用于编辑免疫细胞,通过免疫细胞攻击癌细胞。我国科学家在膀胱癌细胞中制作了逻辑门控制的膀胱癌特异表达的 Cas9 和 sgRNA 系统,同时构建了 LacI 抑制蛋白控制表达的抑癌基因 p21、E-cadherin 和 hBax 的表达系统。在膀胱癌细胞中,CRISPR/Cas9 将 LacI 敲除,抑癌基因得以表达,从而抑制了癌细胞的增殖和迁移,并导致了癌细胞凋亡。MCL1 是一种抗凋亡蛋白,对人 Burkitt 淋巴瘤(BL)生存是必需的。Aubrey 课题组用 CRISPR/Cas9 技术敲除了 MCL1 基因,导致了淋巴瘤细胞大量凋亡。一些病毒是导致癌症的罪魁祸首,例如 Epstein-Barr 病毒(EBV)感染会导致 Burkitt 淋巴瘤。利用 CRISPR/Cas9 敲除 EBV 可以显著地抑制肿瘤的增殖。CRISPR/Cas9 在癌症治疗中最吸引人的一个应用是编辑 CAR-T 细胞,CAR-T 细胞可以攻击肿瘤细胞。TALEN 技术已经被用于编辑 CAR-T 细胞,消除 HLA 不匹配引发的免疫排斥。在 NIH 临床试验注册官网上搜索 CRISPR,有 10 项与 CRISPR/Cas9 相关的临床试验,其中 7 项与治疗癌症相关。值得一提的是,我国四川大学华西医院开展了全球第一例应用 CRISPR/Cas9 技术的治疗肺癌的人体临床试验;中山医科大学附属第一医院开展了全球第一例应用 CRISPR/Cas9 技术清除体内 HPV 病毒,预防性治疗 HPV 诱发宫颈癌的临床试验。

第三节 基因编辑的执行手段

1.基因敲除

基因编辑在利用 CRISPR/Cas9 做基因敲除时,sgRNA 的选择至关重要。要破坏一个基因的功能,理想的情况是在基因编码重要功能域的位点设计 sgRNA,但是大多数情况下研究者不知道此段基因编码了哪些重要功能域。在编码区的最前端接近起始密码子 ATG 的区域设计 sgRNA 进行编辑,移码突变会造成整个基因无法表达。但是有些情况下,这个基因会从后面的 ATG 开始表达,表达出来的蛋白依然能够行使功能。如果编辑的位点过于靠近编码区的后端,那么前面很长的蛋白就会被表达,就可能依然保留其功能。Doench 等通过分析多个基因发现,在编码区起始位点长度的 5%~65%区域内设计 sgRNA 可以最大可能地敲除基因。有些基因包括多个转录本,要把 sgRNA 设计在它们共同的区域,才能敲除所有的转录本,注意不要把 sgRNA 设计在基因的内含子区,要根据编码区进行设计。编码区是多个外显子拼接在一起的序列,sgRNA 不要跨在两个外显子上,因为研究者最终编辑的是基因组 DNA,两个外显子在基因组上是被内含子分开的,跨两个外显子的 sgRNA 序列在基因组中是不存在的。

2.调控 CRISPR/Cas9 系统

在研究中有时需要对 Cas9 的表达进行精确调控,从而阐明特定时间内的基因在生物体中的功能;有时还需要在特定的组织或者器官中表达 Cas9,以阐释组织特异性的基因在个体发育中的功能。基于上述需求,科学家们开发出了多西环素诱导的 CRISPR/Cas9 系统,在小鼠以及人类胚胎干细胞(hES)中实现了对 Cas9 表达的时间控制。有研究者将 Cas9 蛋白分成两个失活的片段,并且分别连接上光控蛋白,当蓝光照射时,两个光控蛋白连接到一起,Cas9 核酸酶功能随之恢复,停止光照,Cas9 蛋白会再度分开,这样就可以通过光照从时间和空间上对内源基因的表达进行调控。

3.基因敲入

基因敲入是经常要用到的一项重要技术,比如要研究患者携带的基因突变是否具有致病性,就需要将这个点突变引入细胞或动物中制作模型;要研究一个基因在哪个组织中表达,就需要在这个基因上面连上 GFP 报告基因。在做基因敲入时,需要将一个与编辑位点同源的 DNA 供体和 CRISPR/Cas9 共同转染到细胞中,细胞内的修复系统修复 DNA 双链断裂时,会将供体上携带的点突变或者转基因拷贝到双链断裂处。这个供体模板可以是质粒 DNA,也可以是单链 Oligo DNA。利用质粒 DNA 作供体时,敲入的效率比较低,需要在供体上加入标记基因,标记基因与点突变一同被引入到基因组上,通过药物筛选或者流式分选的方法将敲入的细胞筛选出来,这样效率就大大提高了。编辑完成后,标记基因需要移除以免影响基因表达。移除的方法是设计时在标记基因的两端加上 LoxP 位点,在细胞中瞬时表达 Cre 重组酶就可以去除标记基因了。去除后,基因组中会留下一个 34 bp 的 LoxP 位点,所以设计的时候需要把标记基因及 LoxP 位点放在内含子区。因为转染效率,不是所有的细胞都会去除标记基因。所以一般都用嘌呤霉素抗性基因和单纯疱疹病毒胸苷激酶(HSV-tk)融合的基因作为标记基因,嘌呤霉素抗性基因用作正向筛选,HSV-tk 在去除标记基因时用作负向筛选,加上更昔洛韦就可以杀死含有标记基因的细胞。用质粒 DNA 作供体的优点是:可以将大片段的转基因敲入细胞中,经过筛选后效率很高,缺点是:构建载体比较麻烦,而且需要两步(敲入和去除标记基因)才能得到细胞系。

单链 DNA 也可以作为基因敲入的供体。单链 DNA 供体在 DSB 两边的同源臂长度以 40~50 bp 为佳。利用单链 DNA 可以把点突变和短的 DNA 序列整合到基因组中,但它无法将较大的基因敲入基因组,因为目前 Oligo 合成的长度一般少于 150 bp。单链 DNA 比较短,容易大量转入细胞中,在一些实验中取得了较高的敲入效率,最高可达 60%。单链 DNA 合成成本低、速度快，编辑完成后不需要去除标记基因，但这种方法也有明显的局限，即突变的敲入效率受 CRISPR/Cas9 切割位点的影响，单链 DNA 上的突变位点与切割位点小于10 bp 才能实现有效的敲入，很多情况下找不到理想的切割位点。敲入效率也受细胞类型的影响，很多情况下效率太低难以筛选到阳性克隆。有研究表明，加入 DNA ligase Ⅳ 的抑制剂 Scr7 可以提高同源重组的效率，DNA ligase Ⅳ 是 NHEJ 途径的关键酶，抑制了 NHEJ 途径就会促进 HR 途径，但每种细胞对 Scr7 浓度的耐受程度不同，提高的效率也相差很大，从二三倍至十几倍，需要花时间摸索最佳的条件，所以很少有人使用。另外，NHEJ 途径被 Scr7 抑制后是否会增加基因组的突变需要进一步研究。无论用单链 DNA 还是用质粒 DNA 做基因敲入，都需要在供体上 CRISPR/Cas9 识别的位置加上几个同义的碱基突变，以免敲入成功后又被 CRISPR/Cas9 破坏了。

除了上述两种常用的基因敲入方法，还有其他几种方法值得借鉴。有研究发现，通过 NHEJ 方法可以有效地将外源基因定点整合到基因组。利用 NHEJ 途径插入外源基因时，需要在供体质粒上引入编辑位点，基因组和供体质粒同时被切断，供体质粒 DNA 会被连接到基因组上，但是这种连接有正反两个方向。细胞中除了经常提及的 NHEJ 和 HR 修复途径，还有一个微同源性末端连接(MMEJ)修复途径，它依靠 5~25 bp 的同源序列将 DNA 两端融合在一起。有研究者在供体质粒上设计了两个 20 bp 的同源臂，基因编辑技术同时切断基因组 DNA 质粒和供体质粒，供体质粒会通过 MMEJ 定向整合到基因组。但是这两种方法的效率都不高，最近有两个课题组发现，把同源臂增加到 600~800 bp 可以显著提高敲入效率。随着研究的深入，更多的新方法会被发明出来。

4.CRISPR/Cas9 导入细胞

CRISPR/Cas9 可以对体外培养的细胞系或者原代细胞进行编辑，也可以对受精卵和体内细胞进行编辑。编辑不同的对象需要采取不同的方法将 CRISPR/Cas9 导入到细胞中。编辑体外培养细胞时，有很多种方法可以将 CRISPR/Cas9 质粒导入到细胞中，常用的方法是 Lipofactamine、PEI 和电转。Lipofactamine 和 PEI 简单廉价，是首选方法；电转成本比较高，但是效率高。这几种方法都是瞬时转染，细胞培养 1 周后质粒就会丢失。某些类型的细胞只有用病毒的方法才能转进去，常用的病毒载体包括逆转录病毒、慢病毒、腺病毒和腺相关病毒(adeno-associated virus, AAV)。其中逆转录病毒和慢病毒会整合到基因组，可以长期表达转基因，优点是可以提高编辑效率，缺点是整合过程中可能会导致额外的基因突变，长期表达 CRISPR/Cas9 也会增加脱靶的效率。AAV 主要以非整合形式表达转基因，但是会有少量整合的情况发生。AAV 载体在机体中产生的免疫排斥小，是基因治疗的理想载体。有研究发现，一个较小的 Cas9 蛋白可以包装在 AAV 病毒中，这给基于 CRISPR/Cas9 的基因治疗带来了希望。腺病毒不会整合到基因组，对某些类型的细胞转染效率较高。上述几种方法都有各自的优缺点，需要研究人员根据实验需要选择合适的方法。

建立单克隆细胞系一般都采用瞬时表达 sgRNA 和 Cas9 的方法，质粒导入到细胞中 2~

4 d后，将细胞稀释成单细胞重新种到培养皿中培养，形成克隆后鉴定编辑是否发生。有的细胞不能形成克隆，需要将单细胞种到 96 孔板中培养。有些细胞转染效率低，需要在质粒上同时表达 GFP，通过流式细胞仪分选出转染成功的细胞会提高编辑效率。最常用的 CRISPR/Cas9 质粒如 PX458（同时表达 GFP）、PX459（同时表达 puromycin 抗性基因）等，均可从 Addgene 公司购买。

利用 CRISPR/Cas9 敲除基因时，瞬时表达的方法编辑时间短，编辑效率一般为 3%~30%；利用病毒的方法可以长期提高编辑效率，但是病毒整合到基因组上就无法去除了。理想的方法是编辑时间可控，编辑后细胞不再含有 CRISPR/Cas9 等外源基因。附着体载体不整合到基因组，但可以随着细胞的复制而复制，就像普通质粒可以在细菌中复制一样。在嘌呤霉素的筛选作用下附着体载体一直保留在细胞中，外源基因长期稳定地表达，可以长期编辑细胞。嘌呤霉素筛选还可以富集转染成功的细胞，即使转染效率很低的细胞也能够实现高效的编辑；编辑完成后，去除筛选药物，附着体载体会在 1 周内迅速丢失，细胞中不再表达外源基因。附着体 CRISPR 的编辑效率一般在 80%以上，附着体 CRISPR 还可以实现高效的多基因敲除和基因组片段敲除。

如果编辑的目的是制作动物模型，则需要对动物的受精卵进行编辑。受精卵中储备了大量的 mRNA，很少有新的基因转录发生，因此不能使用 DNA 质粒表达 Cas9 和 sgRNA，需要将 sgRNA 和 Cas9 在体外转录成 mRNA，通过显微注射的方法导入细胞中。制作基因编辑的小鼠和斑马鱼请参考 Jaenisch 和 Burgess 实验室的方法。

5.提高 CRISPR/Cas9 的特异性

提高 CRISPR/Cas9 特异性的方法除了选择特异的 sgRNA 序列外，还有其他方法。5′末端截短的 sgRNA（Tru-sgRNA）也可以提高 Cas9 的特异性。Tru-sgRNA 一般只有 17 或18 bp 和靶向序列互补配对，短的 sgRNA 可能无法和错配的 DNA 序列结合，因而能够提高特异性。在 sgRNA 的 5′端额外加入两个 G，即 5′GG+sgRNA（20 bp），也可以提高靶向特异性，但这两种方法有时候会严重降低靶向切割效率。

双切口（double-nicking）技术是最早报道的提高特异性的方法。Cas9 蛋白具有两个核酸酶结构域，分别是 RuvC 和 HNH，每个结构域分别负责切断一条 DNA 单链，一个结构域突变后不影响另外一个结构域的切割功能，在 RuvC 结构域引入 D10A 突变后，Cas9 只能切断单链（single-strand break，SSB）DNA。如果在 DNA 上设计两个 sgRNA，引导 Cas9 分别切断两条单链 DNA，就会形成双链断裂，因为识别的 DNA 序列变长了，所以特异性就提高了。单个 sgRNA 脱靶后只能切割产生单链 DNA 断裂，被修复后一般不会产生突变。有两个课题组将 RuvC、HNH 突变后，Cas9 完全失去了切割功能，但是保留了靶向结合 DNA 的功能，被称为 dCas9（dead Cas9）。将 dCas9 和 FokI 融合为核酸酶，类似于前面介绍的 ZFN 和 TALEN，单个 dCas9-FokI 脱靶后不会切割 DNA，从而进一步提高了特异性。但是这两种方法都有其局限性，它们需要两个 sgRNA 活性都高才能有效地发挥功能，且后者对两个 sgRNA 距离有严格的条件要求，FokI 酶才能形成二聚体发挥作用，这样的位点在基因组中非常少，因此这些方法没有得到广泛应用。

2015 年，张锋和 Keith 实验室通过对 SpCas9 蛋白的改造提高特异性，两个实验室采用了不同的策略，但都达到了提高特异性的目的。SpCas9 与 DNA 结合时，它上面的正电荷氨基酸形成一个凹槽，与负电荷的 DNA 结合，这种结合是非特异性的。张锋实验室在凹槽区域用中性电荷氨基酸来代替正电荷的氨基酸，得到的 SpCas9 叫作 eSpCas9，它与 DNA 非特异性的结合力减弱，脱靶效应被降低。与此同时，Keith 实验室采取另外一种原理降低脱靶效应。当 SpCas9 核酸酶与 DNA 结合时，SpCas9 上的一些氨基酸会和 DNA 的磷酸骨架之间形成氢键，增加 SpCas9 和 DNA 之间的非特异性结合力。如果将形成氢键的氨基酸替换为不能形成氢键的氨基酸，得到的 SpCas9 称为 SpCas9-HF1，它与 DNA 非特异性的结合力减弱，从而降低脱靶效应。这两种方法虽然降低了脱靶效应，但是有时也会降低靶向切割的效率。高特异性 Cas9 可能会在临床应用方面发挥重要作用，关于各种提高特异性方法的总结见表 4-3。

表 4-3　提高 CRISPR/Cas9 特异性的方法

方法	优点	缺点
tru-gRNAs	易操作，特异性(+)	靶向效率某种程度上会降低；特异性弱的 sgRNA 脱靶效率反而增加
GG+sgRNA(20 bp)	易操作，特异性(+)	只有部分 sgRNA 可以用这种方法修饰；靶向效率有时候会显著降低
double-nicking	特异性(++)	单链切口也可能会引起变异，靶点的可选择范围变窄
dcas9-FokI	特异性(++++)	靶向切割效率可能会降低；可选择的靶点很少
eSpCas9	特异性(+++)	靶向切割的效率可能会降低
SpCas9-HF1	特异性(+++)	靶向切割的效率可能会降低

第五章　PCR 的原理和应用

第一节　PCR 技术的原理

PCR 是 Polymerase Chain Reaction 的缩写，即聚合酶链式反应，是体外酶促合成特异 DNA 片段的一种方法，由高温变性、低温退火(复性)及适温延伸三个基本步骤组成一个周期，循环进行，使目的 DNA 得以迅速扩增。就其应用来说，PCR 是一种技术、一种工具、一种手段，而实质上它是利用特定的寡聚核苷酸(引物)的限制、定位来获得(合成)目标的核苷酸序列的方法，以达到改造、合成、鉴定 DNA 序列的目的。

PCR 是一种生物体外的 DNA 复制技术，是一种能够对特定 DNA 进行放大扩增的分子生物学技术。

一、PCR 技术的诞生

20 世纪 70 年代，DNA 克隆技术已获得飞速的发展，核酸的杂交技术特别是 DNA 的杂交技术，已成为检测目标 DNA 序列的一个强有力的方法。到 80 年代中期，已经能利用体外合成系统高效地合成 DNA，同时 DNA 的化学合成技术也获得了发展，但是这些工作不仅烦琐，而且成本高，所以当时对 DNA 克隆和鉴定的研究不仅需要精密的实验方案，而且需要很好的运气。因此，分子生物学的研究迫切需要一种更简单、更有效的方法来降低基因合成的工作量。Korana 等于 1971 年最早提出核酸体外扩增的设想，即“经过 DNA 变性，与合适的引物杂交，用 DNA 聚合酶延伸引物，并不断重复该过程便可克隆 tRNA 基因”。但是，由于测序技术及寡聚核苷酸引物的合成技术尚处在不够成熟的阶段，耐热的 DNA 聚合酶尚未报道，因此，Korana 等的想法被认为是不切实际的，并很快被人忘却，直到后来 Kary Mullis 及他 Cetus 公司的同事们把这一想法付诸实践。

Kary Mullis 原本是要合成 DNA 引物来进行测序工作，但却常为没有足够多的模板 DNA 而烦恼。根据 Kary Mullis 的回忆，那是在一个夜晚，他灵感突现：利用添加两条引物实现无限扩增 DNA 片段。1983 年 9 月中旬，Mullis 在反应体系中加入 DNA 聚合酶后在 30 ℃一直保温。结果第二天在琼脂糖电泳上没有看到任何条带。于是他认识到有必要用加热来解链，每次解链后再加入 DNA 聚合酶进行反应，依次循环。1983 年 12 月 16 日，他终于看到了被同位素标记的 PCR 条带。但是，Klenow 酶具有热不稳定性，每个循环都需要补加酶，PCR 还无法实现自动化，此时的 PCR 还是一个中看不中用的技术。1986 年 6 月，Cetus 公司纯化了第一种高温菌 DNA 聚合酶（*Taq*DNA polymerase），到了 1987 年，自动化的热循环仪的使用，使得 PCR 技术真正成为一项实用的技术。但是这一技术成果被 Roche 公司的专利所控制，昂贵的 *Taq*DNA 聚合酶的价格限制了 PCR 技术的应用范围，连科研工作也不例外。一年后，Roche 公司才大大降低了其价格，使得 PCR 技术能广泛应用于分子生物学研究领域，公司自身也获得了发展。由 PCR 衍生的分子生物学技术更是不断地涌现，为此，Kary Mullis 以发明 PCR 技术获得了 1993 年的诺贝尔化学奖。

PCR 技术并不是一开始就被所有的人接受的，它带来了不少的争议，究竟是一个发现还是一个发明的争议也持续了很久。同时 PCR 的出现使得过去对 DNA 的研究需要灵感和幸运，变成现在只需要一点试剂和一台热循环仪器，许多人因此突然变得如此笨拙，就像马车突然驶进高速公路的快车道而无所适从。有人甚至认为，PCR 让分子生物学的研究变得索然无味，毫无创造力和想象力。

Kary Mullis 认为，无论 PCR 是一个发明，还是一种技术，PCR 都变成了可操作的实验系统，变成了一项成熟的技术，后者又上升成为新的概念。PCR 并没有改变基因操作的本质，只是让我们在更广的范围内更快、更容易地进行基因操作。不管怎样，PCR 技术给基因的分析和研究带来了一次革命性的技术大转变，也给人类文明带来一场“革命”。

二、PCR 技术的原理

PCR 技术的基本原理与生物体内合成 DNA 的模式相似，在体外设计、合成引物，然后以总 DNA 为模板，将其与引物、一定量的 4 种 dNTP 混合，加入耐热的 DNA 聚合酶及所需辅助试剂构成扩增系统，进行循环反应。所以 PCR 实际上是模拟生物体内 DNA 聚合酶合成 DNA 的过程。

生物体内合成 DNA 的步骤是变性、复性、半保留复制。PCR 中则由高温变性、低温退火及适温延伸三个基本步骤组成一个循环，一般进行 25~40 次循环，使目的基因在数小时乃至几十分钟内迅速扩增。①高温变性。在高温（92~98 ℃）下使待扩增的 DNA 解链成为单链模板。②低温退火。引物在低温（38~65 ℃）下分别与模板两条链的 3′-OH 端互补结合，形成局部双链区。③适温延伸。引物和模板 DNA 完成退火后，DNA 聚合酶开始起作用，在适当温度(68~72 ℃)下将 dNTP 从引物的 3′端掺入,沿引物 5′—3′方向延伸,合成一条与模板互补的新链 DNA。至此完成了 PCR 的第一次循环,继之再进行第二次循环。在第二次循环中,第一次循环得到的 DNA 扩增链也作为模板与引物片段杂交。由于引物和 dNTP 都是过量的,加入的 DNA 聚合酶是耐高温的,所以在以后的各轮循环中不需加入任何其他试剂,反应在热循环仪上自动进行。高温变性—低温退火—适温延伸,如此循环反复,每一次循环产生的新链 DNA 均能成为下次循环的模板,故 PCR 产物是以指数方式,即 2^n 方式扩增。

需要注意的是,PCR 第一次循环没有目的 DNA 片段出现,在第二次循环得到单链的目的 DNA 片段,第三次循环才能得到双链的目的 DNA 片段。

PCR 仪是自动化热循环仪,它可以根据反应条件的要求,精确设置反应管加热或冷却到每步反应所需的温度。PCR 的灵敏度高,对 PCR 结果的重复性要求也很高。实现 PCR 重复扩增需要满足两个条件:第一,是对自动化热循环仪的要求——要求仪器有优良的热均匀性,温度控制的精度高,加热和冷却的速度快,仪器的重复性和可靠性高;第二,是对操作人员的要求——扩增体系的物理尺寸要合理,操作要规范。

三、PCR 仪的种类

PCR 仪本质上是一个代替手工操作的自动化热循环仪,早期 PCR 仪的雏形是机械手,利用机械自动化循环装置把 PCR 反应管来回放置到不同温度的水浴锅中。1988 年,第一台真正意义上的 PCR 热循环仪出现,它主要由热模块、冷却装置、PCR 管样品基座、控制软件组成,通过软件编程来控制每个步骤的时间、温度以及循环数。早期的 PCR 仪还较简单,其加热装置是普通电阻丝,冷却装置就是一个风扇,只能对到达设定温度反应的时间进行控制,不能对加热和冷却过程中升温和降温速度的快慢进行控制,也没有热盖装置。因此为防止 PCR 反应体系由于高温使反应液中水分挥发发生体积变化,一般在反应体系表面加入一层液状石蜡。

随着技术的发展,为了提高降温的速度,采用水冷式或者半导体制冷来代替风扇冷却,同时,引入了热盖技术,即反应管上的盖子能进行加热,由于盖子的温度比 PCR 反应管的温度高,阻止了水蒸气挥发,这样反应中不再需要添加液状石蜡,减少了污染的可能性。水冷式是利用制冷压缩机将液体冷却,当需要冷却时液体通过加热模块进行冷却,因此这种类型的 PCR 仪一般体积和质量都较大。目前的 PCR 大多使用半导体技术,通过对半导体元件电流的大小和方向的调节实现对温度的控制,这样不仅能对反应温度和时间进行精确控制,还能对加热和冷却过程的速度进行控制,大大提高 PCR 仪器的精度和可控性。

根据 DNA 扩增的目的和检测的标准,可以将 PCR 仪分为普通 PCR 仪、梯度 PCR 仪、实时荧光定量 PCR 仪、原位 PCR 仪四类。

(1)普通 PCR 仪

普通 PCR 仪由主机、加热模块、PCR 管样品基座、热盖(较老的型号可能没有)和控制软件组成。目前普通 PCR 仪的软件功能越来越丰富,可以满足各种 PCR 程序的需求,但是普通 PCR 仪一次 PCR 扩增只能设置一种程序,而且 PCR 管样品基座所有的孔的温度控制程序都是一样的,如果要设置不同程序,需要多次运行。普通 PCR 仪的价格较低,适用于常规的 PCR 反应。

(2)梯度 PCR 仪

梯度 PCR 仪除具有普通 PCR 仪的结构外,还具有特殊的梯度模块,可实现对温度梯度和时间梯度等参数的调整。例如,在 96 孔的模块中,可以分成 12 列,各列可单独设置,一次可设计 12 种温度或者时间参数,因此可以在一次实验中对不同样品设置不同的退火温度和退火时间,从而可在短时间内对 PCR 实验条件进行优化,提高 PCR 科研效率。梯度 PCR 仪主要用于快速确定未知 DNA 退火温度的 PCR 反应,如通过设置一系列退火温度梯度进行扩增,运行一次 PCR 就可以筛选出特异性最好、扩增产物量最高的最适退火温度。梯度 PCR 仪在不设置梯度的情况下也可以做普通 PCR 扩增。

(3)实时荧光定量 PCR 仪

实时荧光定量 PCR 仪也称荧光定量 PCR 仪,它在普通 PCR 仪的基础上增加了荧光信号采集系统和计算机分析处理系统,扩增的结果信号通过荧光信号采集系统实时采集,然后输送到计算机分析处理系统,得出量化的实时结果输出。

(4)原位 PCR 仪

原位 PCR 仪与普通 PCR 仪相比,用载玻片代替了 PCR 管,其反应过程是在载玻片的平面上进行的。原位 PCR 仪最大特点是能够在保持细胞或组织的完整性的条件下,使 PCR 反应体系渗透到组织和细胞中,在细胞的靶 DNA 所在的位置上进行基因扩增,因此不但可以检测到靶 DNA,还能标出靶序列在细胞内的位置。原位 PCR 仪可用于细胞内靶 DNA 的定位分析,如病源基因在细胞的位置或目的基因在细胞内的作用位置,它对在分子和细胞水平上研究疾病的发病机理和临床过程及病理的转变有重大的实用价值。

第二节 PCR 反应系统

PCR 技术操作简便,特异性强,敏感度极高,正因为敏感度高,很容易受其他因素的影响。因此要得到准确可靠的反应结果,需根据模板、Taq 酶,扩增目的等的差异配制出不同的 PCR 反应试剂,摸索最适合的反应条件,这样才能获得完美的 PCR 结果。

一、PCR 系统的基本要素

1.PCR 程序

PCR 反应必须具备温度循环参数,包括变性、复性和延伸的温度、时间及循环次数,这一系列参数组成就称为 PCR 程序。

一个标准的 PCR 程序设置包括高温(94~98 ℃)预变性 2~10 min;高温(94~98 ℃)变性 10~30 s,低温(40~65 ℃)退火 30 s~1 min,适温(68~72 ℃)延伸 1~5 min,进行 25~40 次循环;然后在适温(68~72 ℃)充分延伸 3~10 min;最后 4~16 ℃保存。

①变性温度和时间。由酶的特性和模板的性质来确定,(G+C)%含量高的可使用较高的变性温度和较长的变性时间。退火温度由引物的退火温度 T_m 来决定,一般低于 5 ℃,退火温度高,特异性高。退火时间一般为 30 s,对于退火温度较低的引物,如随机引物,可以延长退火时间。延伸温度一般为 72 ℃,时间取决于 DNA 聚合酶的特性,Pfu DNA 聚合酶的延伸时间较长,对于 *Taq*DNA 聚合酶一般约 40 s 延伸 1 kb,存在复杂二级结构时应延长延伸时间。循环次数一般为 25~35 次,可以根据模板的目标 DNA 拷贝数来确定循环数,但对保真度要求较高的,一般尽量减少循环数。

②延伸时间。充分延伸的时间一般 3~10 min,片段大,延伸时间较长,对于需要对 PCR 产物进行 A-T 克隆的,充分延伸的时间要 10 min 以上。

③保存时间。如果保存时间较短,可以设置为 4 ℃保存,如果较长时间地保存最好设置为 16 ℃,以免 PCR 仪长时间处于制冷状态,吸取空气的水分引起机器潮湿。

2.PCR 体系

PCR 除了需要具备一定的 PCR 程序外,还要具有一定的 PCR 反应体系,一个标准的 PCR 反应体系包括:模板、引物、核苷酸单体、耐热 DNA 聚合酶和反应缓冲液五个基本要素。

①模板。PCR 模板就是含有所需扩增片段的目的 DNA,单链或双链 DNA 都可以作为 PCR 的模板。在 100 μL 的反应体系中,模板 DNA 的量一般为 0.1~2 μg,具体要根据目标 DNA 在总模板 DNA 中的拷贝数来确定,或者是根据模板 DNA 的复杂度来决定。不同模板 DNA 目标的拷贝数不同,复杂度高的模板 DNA 需要的模板量大。

②引物。PCR 技术中,引物本质上是一小段单链 DNA,作为 DNA 复制开始时 DNA 聚合酶的结合位点,DNA 聚合酶只有与引物结合才可以开始复制。引物通过和模板 DNA 上的特定序列结合,决定 PCR 扩增的上游和下游位置。常规的 PCR 使用的引物浓度一般为 0. 01~0.5 μmol/L。

③核苷酸单体(dNTP)。dNTP 是合成 DNA 的底物,一般使用终浓度为 0.2 mmol/L(pH=7.0),4 种 dNTP 的浓度应平衡。虽然 dNTP 使用终浓度为 0.4 mmol/L 有利于提高

PCR 产物的产量，但为了提高 PCR 的忠实性，使用时应考虑 Mg^{2+}、引物、产量之间的关系。如序列分析和制备探针时需要使用终浓度较低，为 20~40 μmol/L。

④耐热 DNA 聚合酶。其作用是合成 DNA。使用最早和最广泛的是来源于 Thermus aqutiuus 的 *Taq*DNA 聚合酶，最适反应温度为 75 ℃。目前商品化的 PCR 用酶有很多类型，可以根据自己的实验需要选择合适的酶。

⑤缓冲液。缓冲液用于维持 PCR 反应体系的稳定。一般的缓冲液配制成“10×”的保存缓冲液，也有“2.5×”或“5×”，不同厂家不同类型的耐热 DNA 聚合酶的缓冲液组成也不同，使用时要注意阅读产品说明书。缓冲液使用终浓度为“1×”，主要包含 50 mmol/L KCl、10 mmol/L Tris-HCl（pH=8.3~9.0）和 0.5~2.5 mmol/L $MgCl_2$，有些 PCR 的缓冲液还含有明胶和 BSA。Tris-HCl 缓冲液是一种双极化的离子缓冲液，20 mmol/L 的 Tris-HCl 缓冲液在 20 ℃时 pH 为 8.3，在典型的热循环条件下，真正的 pH 为 7.8~6.8。K^+浓度在 50 mmol/L 时能促进引物退火，但现在有研究表明，NaCl 浓度在 50 mmol/L 时，KCl 浓度高于 50 mmol/L 将会抑制 *Taq*DNA 聚合酶的活性，少加或不加 KCl 对 PCR 结果没有太大影响。明胶和 BSA 或非离子型去垢剂具有稳定酶的作用，一般用量为 100 pLg/mL，但现在的研究表明，加或不加都能得到良好的 PCR 结果，影响不大。

3.PCR 产物的积累

从理论上分析一个普通的 PCR 反应，其产物包含短产物片段和长产物片段两种类型。短产物片段是指与模板互补的两个引物 5′端之间的 DNA 片段，即需要扩增的特定 DNA 片段；长产物片段是产物的 3′端超出另一引物的 5′端——原因在于引物所结合的模板不一样。以一个原始模板为例，在第一个循环的反应中，两个引物分别与两条互补的模板 DNA 链退火结合，并从引物的 3′端开始延伸合成一条与模板 DNA 互补的新链；新链的 5′端是固定的，而 3′端则没有固定的终止点，其合成的新 DNA 链长度会超过另一个引物的 5′端，这种产物就是长产物片段。进入第二循环后，引物除与原始模板退火结合外，还可同上一次循环新合成的链，即长产物片段结合，这时，由于新链模板的 5′端序列是固定的，这就相当于这次延伸的片段 3′端被固定了止点，所以保证了新片段的起点和止点都限定于引物扩增序列以内、形成长短一致的“短产物片段”。不难看出短产物片段是按指数倍数增加的，而长产物片段则以算术倍数增加，几乎可以忽略不计，这使 PCR 反应的产物在进行琼脂糖电泳时一般只看到短产物片段，也不需要再进行纯化，就能保证足够纯 DNA 片段供分析。

PCR 的三个反应步骤反复进行，使 DNA 扩增量呈指数上升。以一个拷贝模板来计算，反应最终的 DNA 扩增量，即为

$$Y=(1+X)^n$$

其中，Y 代表 DNA 片段扩增后的拷贝数，X 表示每次的平均扩增效率，n 代表循环次数。平均扩增效率 X 的理论值为 100%，但在实际反应中平均效率达不到理论值，在 PCR 反应初期，靶序列 DNA 片段的增加呈指数形式，随着 PCR 产物的逐渐积累，被扩增的 DNA 片段不

再呈指数增加。在PCR反应的后期，体系中底物dNTP和引物的浓度降低，酶的活力和稳定性降低，高浓度产物下，变性不彻底，焦磷酸末端产物抑制，非特异性竞争，当产物积累到一定的浓度（0.3~1 pmol/L）时，产物的积累按减弱的指数速率增长，最后进入线性增长期或静止期，即出现停滞效应，这种效应称为平台期。

PCR的扩增效率开始取决于影响DNA聚合酶活性的因素，随着PCR反应的进行，还会受到非特异性产物竞争等因素的影响，因此平台期的到来是不可避免的。虽然PCR平台期的出现是不可避免的，但是一般的PCR反应在平台期到来之前，目标DNA产物的积累已经能满足实验需要。若平台期过早到来，那么在一定程度上可以判断PCR的反应的条件不是最佳的，产物的特异性会降低。达到平台期所需要的循环数与PCR中模板、引物和DNA聚合酶的种类、活力、扩增效率，以及PCR扩增体系中其他非特异性的引物、污染的模板有关，各种有利于提高扩增特异性的因素，都可以延缓平台期的到来。

二、影响PCR的因素

影响PCR的因素很多，包括PCR体系的组成成分和PCR反应条件。

1.模板

模板DNA的量与纯度，是PCR成败的关键因素之一。模板中过多的蛋白、多糖、酚类等杂质会抑制PCR反应；模板降解会导致PCR扩增无产物；添加过多的模板容易导致非特异性扩增产物的增加，模板过少会导致扩增产物量低。

2.引物

PCR产物的特异性取决于引物与模板DNA互补的程度，理论上只要知道一段模板DNA序列，就能设计出互补的寡核苷酸链做引物，利用PCR就可将模板DNA在体外大量扩增。

PCR产物的特异性是由引物决定的，要获得比较高的特异性，对引物有一些要求：①引物的长度一般为16~30 bp，太长不仅会浪费，而且最适延伸温度会超过*Taq*DNA聚合酶的最适温度；太短不能保证PCR扩增产物的特异性。②(G+C)%含量为40%~60%，(G+C)%含量太少扩增效果不佳，(G+C)%过多易出现非特异条带。③3′端最好是G或C，但不要3个以上的连续G或C。④酶切位点可以加在引物的5′端，另外加上2~3个保护碱基。⑤引物的退火温度（T_m）决定了PCR的退火温度，两条引物的退火温度相差一般不超过5 ℃，退火温度可以用公式 $T_m=4(G+C)+2(A+T)$ 进行粗略的估算。⑥兼并引物的设计要尽量使用简并低的密码子。⑦内部不要存在反向重复序列，以避免两条引物间互补，特别是3′端的互补，否则会形成引物二聚体，产生非特异性的扩增条带。⑧引物扩增跨度为0.5~5 kb时，扩增较容易，特定条件下可扩增至10 kb以上的片段。⑨引物应与核酸序列数据库的其他序列无明显同源性，可以提纯在NCBI的primer blast中分析。⑩引物添加量以最低引物量产生所需要的结果为好，浓度偏高会引起错配和非特异性扩增，且可增加引物之间形成二聚体的机会。

3.dNTP 的浓度

PCR 反应体系中 dNTP 的浓度一般为 50～400 μmol/L，较多地使用 200 μmol/L，dNTP 浓度过高会抑制 DNA 聚合酶的活力，浓度过低会影响 PCR 的产量。4 种 dNTP 浓度一般是相等的，浓度相差太大会引起错误掺入。

4.Mg^{2+} 浓度

Mg^{2+} 浓度对 PCR 扩增的特异性和产量有显著的影响，在一般的 PCR 反应中，各种 dNTP 浓度为 200 μmol/L 时，Mg^{2+} 浓度为 1.5～2.0 mmol/L。Mg^{2+} 的浓度对 DNA 聚合酶的影响很大，它能够影响酶的活力和忠实性，影响引物的退火温度和产物的特异性。提高 Mg^{2+} 浓度，会降低反应特异性，容易出现非特异扩增；降低 Mg^{2+} 浓度会降低 *Taq*DNA 聚合酶的活性，使反应产物减少。如果 PCR 反应对特异性要求较高，最好进行优化实验来确认最佳的 Mg^{2+} 浓度。

5.反应缓冲液

不同商品的耐热 DNA 聚合酶都配有特定的反应缓冲液，一般不混用。有些酶的反应缓冲液已经包含 Mg^{2+}，使用时不用再额外添加；有的缓冲液不包含 Mg^{2+}，使用时可以根据自己的实际需要来添加。反应缓冲液的工作浓度一般是 1。虽然反应缓冲液在 0.5～2.5 的工作浓度都能进行 PCR 反应，但使用过低或过高浓度的反应缓冲液都会降低 PCR 扩增能力。

6.DNA 聚合酶

DNA 聚合酶的耐热性影响 PCR 的产量，不同来源的酶扩增特性（包括扩增效率和忠实性）差异很大。一般来说，总反应体积为 100 μL 的 PCR 反应约需酶量 2.5 U，浓度过高可引起非特异性扩增，浓度过低则合成产物量减少。

现已商品化的耐热 DNA 聚合酶主要有 Taq、ULTma、Tth、pfu、Tli Hot、Tub、Tf 1、Tbr 等 DNA 聚合酶。耐热 DNA 聚合酶通常保存于一定浓度的甘油中。不同的耐热 DNA 聚合酶有不同的特性，有些具有 3′→5′的外切酶活性，所以其扩增产物是平末端的；有些不具有 3′→5′的外切酶活性，所以能形成带一个突出 A 的扩增产物。前者不能用 T 载体来克隆 PCR 产物，而后者则可以。不同的耐热 DNA 聚合酶具有不同的保真性，有些保真性高，有些保真性低。耐热 DNA 聚合酶的用量要根据其使用说明书决定，过量的酶不仅造成浪费，而且会带入过量的甘油，影响 PCR 的结果。不同的耐热 DNA 聚合酶商品中虽然基本成分都相似，但是附加的成分会有很大的差异：不同的酶可能会添加 BSA、Tween-20、NP-40、Triton X-100 等，而且盐浓度、酸碱度、二价阳离子等都会有一定的差异。

7.PCR 辅助剂

在常规 PCR 体系中可以添加 DMSO（1%～10%）、PEG6000（5%～15%）、甘油（5%～

20%)、甲酰胺(1%~10%)、非离子去污剂和牛血清蛋白等 PCR 辅助剂,这些辅助剂也叫增强剂,它们可以提高 PCR 的特异性和产量,而且有些 PCR 反应只能当这些辅助剂存在时才能扩增出目的片段。添加 PCR 辅助剂可以降低模板和引物的退火温度,但添加量过多会导致 PCR 扩增产量降低。加入 10%的 DMSO 有利于减少 DNA 的二级结构,使(G+C)%含量高的模板易于完全变性;在反应体系中加入 DMSO 可使 PCR 产物直接测序更易进行,但超过 10%时会抑制 *Taq*DNA 聚合酶的活性。一些商品化的试剂盒之所以获得很好的扩增效果,除 PCR 基本组分得到很好的优化外,一般都是因为 PCR 增强剂。

三、PCR 的忠实性和致变性

1.PCR 的忠实性

PCR 的忠实性也称保真性,是指 PCR 反应的精确性,以其扩增产物中由 DNA 聚合酶诱导的碱基错配的频率来衡量,也称错配率。忠实性高表明由 DNA 聚合酶诱导的碱基错配少,反之则高。PCR 的错配率在普通的 PCR 中不是那么突出,随着 PCR 的应用越来越广泛,特别用分析试剂盒进行诊断,一个碱基的改变都会引起结果的改变。因此,人们对 PCR 的忠实性有了更高的要求,并将其作为 PCR 中一个重要的研究课题。不同的 DNA 聚合酶有不同的 PCR 错配率特性(表 5-1),如 *Taq*DNA 聚合酶没有 3′—5′的外切酶活性的校正功能,所以在 PCR 中有较高的错配率。

表 5-1 不同 DNA 聚合酶的错配率

酶	Pfu	T4	T7	Vent	Klenow	Taq
错配率	7×10^{-7}	5×10^{-6}	4×10^{-5}	48×10^{-5}	1×10^{-4}	2×10^{-4}

除了与酶的种类有关,高浓度的 dNTP 或镁离子可降低忠实性,dNTP 的浓度从 200 μmol/L降低到 25~50 μmol/L,或者 Mg^{2+}浓度为 1.0 mmol/L 时可以提高 PCR 的忠实性;如果四种 dNTP 的浓度不同也会降低忠实性;进行较少的 PCR 循环有助于提高忠实性,因为增加循环数目和产物长度就会增加突变可能性。

2.PCR 的致变性

在正常的情况下人们需要的是 PCR 的忠实性,追求 PCR 的准确性尤为重要。但是在研究蛋白质和核酸的功能时,有时候我们希望得到突变体库,然后筛选得到具有特殊性质的个体,这时利用 PCR 的致变性就是一种很有效的手段。

如果需要突变的只是少数的碱基,可以用寡核苷酸引物来定点替换,但是当需要的突变分散在基因的全长中时,最好的办法是在 PCR 过程随机出现不正确掺入的现象。*Taq*DNA 聚合酶的错配率为$(0.1\sim2)\times10^{-4}$/循环,20~25 次循环后每个核苷酸产生的累积错误率达

10^{-3},但对于构建一个具有不同序列的变异库是不够的,特别是对于小于 1 kb 的片段。因此,必须通过改变 PCR 的条件来提高 PCR 的致变性。

提高 PCR 中的 dNTP 浓度可以促进错误掺入;加入 $MnCl_2$、降低退火温度和延长退火时间可以降低 PCR 特异性,提高 *Taq*DNA 聚合酶酶量、增加 Mg^{2+} 浓度提高酶活力和延长延伸时间,都有利于促进延伸链在碱基错配位置继续延伸,这些措施都可以提高 PCR 的致变性。Mg^{2+} 浓度提高到 7 mmol/L 以上,dNTP 浓度提高到 1 mmol/L 以上,添加 Mn^{2+} 到 0.5 mmol/L,提高 *Taq*DNA 聚合酶用量到正常的 5 倍以上,较低的退火温度、较长退火和延伸时间,可以使每一个碱基的错误率达到 7×10^{-3}。

在普通 PCR 条件下,具较大定向错配,即 A—T 对突变成 G—C 对,因此降低一种 dNTP 的量(约 10%)、加入 dITP 来代替被减少的 dNTP 或者提高 dCT /dTTT 到 1 mmol/L,可以使 PCR 的致变性无倾向性。

四、长片段 PCR

长片段 PCR(long distance-PCR)也称大片段 PCR,一般是指扩增产物的长度超过10 kb 以上的 PCR 反应。*Taq*DNA 聚合酶并不能有效扩增较长的目的片段(大于 5 kb),可能是因为其缺少 3′—5′外切酶活性,不能纠正 dNTP 错误掺入,错误配对使产物的延伸概率大大降低,减少了较长产物的产量。Pfu DNA 聚合酶具有完整的 3′—5′外切酶校读活性,可以将每个循环中碱基的错配率由 10^{-4} 降到 10^{-3},从而提高 PCR 产物的准确性。但在实际应用中 Pfu DNA 聚合酶在扩增 1.5~2.0 kb 片段时,扩增效率比其他类型的聚合酶差,在扩增 5.0~7.0 kb片段时亦不比其他类型的聚合酶有明显优越之处,因而以往的 PCR 反应产物限制在 5.0 kb 以内,超出这一范围,PCR 扩增反应效率将明显下降,同时产物会降解。所以,一般的 PCR 方法都存在扩增产物保真度和合成片段的大小两个方面的局限性。

大片段 PCR 的主要策略有:第一,利用两种 DNA 聚合酶进行较大片段 DNA 的扩增;第二,控制脱嘌呤反应以增强扩增效率。Pfu DNA 聚合酶虽然可以通过 3′—5′外切酶活性功能纠正错配的碱基,但也可能降解引物,尤其是在较长反应时间下和酶浓度较高时,反应效果更差。因此必须将 Pfu DNA 聚合酶的浓度控制在较低状态,同时配合使用 Klen *Taq*DNA 聚合酶或其他类型的耐热 DNA 聚合酶,这样既可以有效地去除错配,又可以使 Klen *Taq*DNA 聚合酶催化的延伸反应顺畅进行。已有实验证实,按 15 : 1 的比例混合使用 Klen *Taq*DNA 聚合酶和 Pfu DNA 聚合酶,引物大小为 27~33 bp,可有效地扩增 10~15 kb 的 DNA 片段。对于各种不同条件的反应,两种类型酶的最佳配比需要具体考虑。

在 PCR 反应体系中 DNA 聚合酶的热稳定性一般都是较好的,但其某些成分耐热性较差,会影响反应效率,究其原因可能是在温度较高的环境中,模板 DNA 的某些位点发生了脱嘌呤反应,阻碍了反应的顺利进行。Lindahl 和 Nyberg 的研究结果显示:在 70 ℃、pH=7.4 的条件下,单链 DNA 脱嘌呤反应的速度是双链 DNA 的 4 倍;在 100 ℃、pH = 7.0 时,100 kb 的碱基中每分钟将有 1 个位点脱嘌呤。这一反应与缓冲体系中酸碱度的变化有关。Tris 的酸解离常数(pK_a)会随温度升高而改变,平均每升高 1 ℃,pK_a 降低 0.03。因而,25 ℃的 pH = 8.55的 PCR 反应体系,到 95 ℃热变性时,pH 值将变为 6.45,这就很可能诱导脱嘌呤反应。

为了控制脱嘌呤反应,增强扩增效率,可以采取下列措施:①缩短热变性时间,有学者在扩增 35 kb 的大片段时,变性温度为 95 ℃,时间为 5 s,取得满意结果;②尽可能使升温、降温过程缩短,可选择使用导热性能优越的薄壁反应管及较为先进的扩增设备;③适当提高反应体系的 pH 值,反应最初应将 pH 值控制在 8.8~9.2;④适当增加延伸时间(可长至 20 min)。使用这种方法可以扩增最大为 35 kb 的 DNA 片段,产物的准确性亦有充分保证。

一般来说,高质量的模板 DNA、合适的引物、合适的 PCR 反应体积(20~50 μL),都有利于提高长片段 PCR 的扩增效率。此外不同的 DNA 聚合酶扩增产物的长度差异很大,Tth DNA 聚合酶用于大片段扩增比天然 *Taq*DNA 聚合酶更容易获得较稳定扩增结果,Hot Tub DNA 聚合酶亦可用来扩增 6~15.6 kb 的 DNA,而有 3′—5′外切酶活性的 Pfu DNA 聚合酶及 Vent DNA 聚合酶则一般不能扩增大于 6 kb 的 DNA 片段。

随着 DNA 重组技术和酶工程的发展,目前有些商品的 DNA 聚合酶扩增大片段的能力已经得到提高,可以扩增超过 35 kb 的 DNA 片段,也有一些专门针对扩增大片段的 PCR 试剂盒,可以根据实验的需要来进行选择。

五、PCR 反应的特异性

PCR 反应特异性(specificity)是指 PCR 反应的产物只产生预期的靶序列,不含非目标靶序列的 DNA 片段。理想的 PCR 反应除了忠实性高,还应该体现为高度特异性和高效性,高效性是指经过相对较少的 PCR 循环能获得更多的产物。要提高 PCR 反应的特异性可从以下几方面入手。

1.引物设计

保证引物长度适当(一般为 18~24 bp),并保证序列独特性,以降低序列在非目的片段中存在的可能性。长度大于 24 bp 的引物并不意味着有更高的特异性,较长的序列可能会与错误配对序列杂交,反而降低特异性,而且长序列比短序列杂交慢,影响产量。引物的浓度会影响特异性,最佳的引物浓度一般为 0.1~0.5 μmol/L,较高的引物浓度会导致非特异性产物扩增。

2.提高退火温度

PCR 的退火温度设定一般由引物的 T_m 决定,退火温度一般设定为比引物的 T_m 低 5 ℃。在理想状态下,退火温度应足够低,以保证引物同目的序列有效退火,同时还要足够高,以减少非特异性结合。因此,需要找到这个温度的均衡点。采用梯度 PCR 仪可以对 PCR 反应的退火温度进行优化筛选,确定特异性最好的退火温度。

3.合适的 Mg^{2+} 浓度

较高的 Mg^{2+} 浓度可以增加产量,但也会降低特异性,为了确定最佳浓度,可以将 Mg^{2+} 浓度从 1 mmol/L 到 3 mmol/L,以 0.5 mmol/L 递增,进行最适 Mg^{2+} 浓度的测定。

4.添加 PCR 辅助剂

甲酰胺、DMSO、甘油、甜菜碱等都可充当 PCR 的增强剂,其可能的机理是降低熔解温度,从而有助于引物退火并辅助 DNA 聚合酶延伸通过二级结构区,但是增强剂浓度要适当,否则会降低 PCR 的产量。

5.改进 PCR 策略

通过改进 PCR 策略,如采用热启动 PCR、巢式 PCR、降落 PCR 等提高 PCR 特异性。

六、提高 PCR 反应的特异性的策略

1.热启动 PCR

热启动 PCR 的原理是:通过抑制一种基本成分来延迟 DNA 合成开始,直到 PCR 仪达到变性温度。尽管 *Tag*DNA 聚合酶的最佳延伸温度在 72~74 ℃,但其在室温仍然具有活性,因此,在进行 PCR 反应配置过程中,以及在热循环刚开始,温度低于退火温度时仍然会产生非特异性的产物。这些非特异性产物一旦形成,就会被有效扩增,所以减少热循环开始前的 DNA 合成反应就可以大大减少非特异性的扩增。热启动 PCR 是除了好的引物设计之外,提高 PCR 特异性最重要的方法之一。热启动 PCR 的方法可以分为手动和自动两种。

手动热启动 PCR 是通过延缓加入一种 PCR 基本组分来避免 DNA 合成反应在未达到变性温度前就开始,如在完成预变性后再加入 *Taq*DNA 聚合酶,使 PCR 开始。手动热启动 PCR 的缺点是十分烦琐,无法实现高通量的应用,此外在高温时打开 PCR 管的盖子容易造成水分蒸发,使 PCR 体系发生变化。对于热启动要求不高的常用方法是在冰上配制 PCR 反应液,然后再放到预热的 PCR 仪上进行反应,这种方法简单、成本低,但并不能完全抑制 DNA 聚合酶的活性,因此不能完全消除非特异性产物的扩增。

自动热启动 PCR 是通过抑制 DNA 合成在达到变性温度之前开始来实现的。早期的热启动是使用蜡防护层将一种基本成分(如镁离子或酶)包裹起来,或者将反应成分(如模板和缓冲液)物理地隔离开。在热循环达到变性温度时,蜡熔化,各种成分释放出来并混合在一起。与手动热启动方法一样,蜡防护层法的制作比较烦琐,容易被污染,也不适用于高通量应用。

目前的热启动 PCR 是基于 DNA 聚合酶的自动热启动 PCR,它的原理是使 DNA 聚合酶

在高温下才被活化，避免在未达到设定温度前就开始反应。这类酶主要包括化学修饰的 *Taq*DNA 聚合酶、抗体结合的 DNA 聚合酶和 PCR 抑制剂结合的 *Tag*DNA 聚合酶。

化学修饰的 *Taq*DNA 聚合酶，也称 Hotstart Tag，在常温下，它的活性被化学基团封闭，要在 94~95 ℃加热数分钟（10~15 min）才能恢复正常活力开始反应。这种酶的特点是：价格较便宜，但它需要 94~95 ℃加热数分钟才能恢复活力，会在一定程度上缩短酶的半衰期，抑制酶的扩增效率。

抗体结合的 *Taq*DNA 聚合酶，商品名为 Platinum Taq，它是一种复合有抗 *Taq*DNA 聚合酶单克隆抗体的重组 *Taq*DNA 聚合酶。此酶在常温下活性被封闭，要在 94~95 ℃下加热数分钟（2~5 min）才能够恢复酶活性。其特点是：与经化学修饰的 *Taq*DNA 聚合酶相比，Platinum Taq 保真度较高，不需要在 94 ℃延时保温（10~15 min）以激活聚合酶，扩增效率较高。

PCR 抑制剂结合的 *Taq*DNA 聚合酶，商品名为 HotMaster™ *Taq*DNA 聚合酶，它利用一种温度依赖性方式来可逆地阻断酶的活性。HotMaster™ *Taq*DNA 聚合酶在温度低于 40 ℃时，以非活性的酶—抑制剂复合物的形式存在，在高温条件下抑制剂与酶分离，聚合酶的活性立即恢复，抑制剂是热稳定的，当温度再降低时又能重新形成非活性的酶—抑制剂复合物，所以这种抑制过程随着 PCR 的热循环是可逆的。与一般热启动 *Taq*DNA 聚合酶的不同之处在于，一般的热启动 *Tag*DNA 聚合酶只在第一步温度升高之前封闭酶的活性，而 Hotlaster™ *Taq*DNA 聚合酶不但能在反应的起始阶段提供热启动控制，而且可以使每个 PCR 循环过程在退火时达到冷终止的效果。其特点是：热启动更严格，最大程度减少 PCR 扩增全程中的非特异性扩增产物的非特异性合成，但酶的价格相对较贵。

2.巢式 PCR

巢式 PCR 是一种变异的聚合酶链式反应，使用两对或者三对（而非一对）PCR 引物扩增完整的片段。第一对 PCR 引物（也称外引物）扩增片段和普通 PCR 相似。第二对引物（称为巢式引物）结合在第一次 PCR 产物内部（也因此称为内引物），使得第二次 PCR 扩增片段短于第一次扩增。巢式 PCR 的好处在于，如果第一次扩增产生了错误片段，则第二次能在错误片段上进行引物配对并扩增的概率极低，因此，巢式 PCR 扩增的目标序列特异性非常高。

巢式 PCR 需要两到三对引物，一般采用第一套引物扩增 15~30 个循环，再用扩增 DNA 片段内设定的第二套引物扩增 15~30 个循环，这样可使待扩增序列得到高效扩增，而次级结构却很少扩增。巢式引物 PCR 减少了引物非特异性退火，从而增加了特异性扩增，提高了扩增效率。

若将 PCR 的内外引物稍加改变，延长外引物长度（25~30 bp），同时缩短内引物长度（15~17 bp），使外引物先在高退火温度下复性，做双温扩增，然后改换至三温循环，使内引物在外引物扩增的基础上，在低退火温度复性，直到扩增完成，这样就可以使两套引物一次同时加入。

3.降落 PCR

降落 PCR 的原理是随着退火温度的降低，特异性逐步降低，但特异性条带在温度较高时已经扩增出来，其浓度远远超过非特异性条带。

降落 PCR 选择初始复性温度的原则是起始复性温度应该比引物的 T_m 高出 5~10 ℃，以后每次循环递减 1~2 ℃，在 T_m 扩增 10~25 次循环。

第三节 PCR 常规技术

随着 PCR 技术的普及应用，根据目的和需求不同，PCR 技术也不断地被改进和深化，产生了很多新的 PCR 技术或策略，本节主要介绍几种 PCR 常规技术和 PCR 新技术。

一、兼并引物 PCR

兼并引物 PCR 是利用蛋白质的氨基酸序列来扩增目的基因。密码子具有兼并性，无法以氨基酸顺序来推测准确的编码 DNA 序列，但可以被设计成兼并引物来扩增目的 DNA 序列。

使用兼并引物的注意事项有：①兼并引物是指代表编码单个氨基酸所有不同碱基可能性的不同序列的混合物，设计兼并引物时，寡核苷酸中核苷酸序列可以改变，但核苷酸的数量应相同；②兼并度越低，产物特异性越强，因此，设计兼并引物时应尽量选择简并性小的氨基酸，并避免引物 3′末端出现兼并，选择使用的肽链最好避开有 4~6 个密码子的氨基酸；③兼并的碱基数越多，引物添加量要越大；④次黄嘌呤可以同所有的碱基配对，因而可降低引物的退火温度；⑤设计兼并引物时要参考密码子使用表，注意生物的偏好性。

二、不对称 PCR

不对称 PCR 的基本原理是使两个引物的比例不相等以产生大量的单链 DNA（ssDNA），少的引物称为限制性引物，多的引物称为非限制性引物。

不对称 PCR 两个引物的最佳比例一般为 1∶50~1∶100，限制引物的绝对量是关键，限制性引物太多或太少，均不利于单链 DNA 的生成。一般来说，在不对称 PCR 反应开始的 20~25 次循环中，两个比例不对称的扩增引物产生出双链 DNA（dsDNA），当限制引物耗光后，随后的 5~10 次循环产生单链 DNA（ssDNA），产生的 dsDNA 与 ssDNA 因相对分子质量不同而可以通过电泳分离。

增加PCR循环的次数，在最后5个循环中可采用补加1倍用量的*Taq*DNA聚合酶，改变不对称引物比例等措施，有利于解决不对称PCR反应中ssDNA扩增效率低的问题。

三、原位PCR

原位PCR技术的基本原理，就是将PCR技术的高效扩增与原位杂交的细胞定位结合起来，从而在组织细胞原位检测单拷贝或低拷贝的特定的DNA或RNA序列。原位PCR结合了具有细胞定位能力的原位杂交和高度特异敏感的PCR技术的优点，既能分辨鉴定带有靶序列的细胞，又能标出靶序列在细胞内的位置，是细胞学科研与临床诊断领域里的一项有较大潜力的新技术，对于在分子和细胞水平上研究疾病的发病机理和临床过程及病理的转归有重大的实用价值，其特异性和敏感性高于一般的PCR。

原位PCR实验的大致过程包括标本的制备、原位扩增及原位检测几个环节。①标本的制备：对于新鲜组织，用石蜡包埋组织，切片；对于培养细胞，可直接制备爬片、甩片或涂片。②原位扩增：多聚甲醛固定组织或细胞，蛋白酶消化处理组织；在组织细胞片上滴加PCR反应液进行扩增，覆盖并加液体石蜡后，在原位PCR仪上进行PCR循环扩增。③原位检测：PCR扩增结束后用标记的探针进行原位杂交，最后用显微镜观察结果。

四、免疫PCR

免疫PCR（immuno PCR，Im-PCR）技术把抗原、抗体反应的高特异性和PCR反应的高灵敏性结合了起来，其本质是一种以PCR扩增一段DNA报告分子代替酶联反应来放大抗原、抗体结合率的改良型酶联免疫吸附测定（enzyme linked immunosorbent assay，ELISA）。免疫PCR是一种检测微量抗原的高灵敏度技术，是Sano等人在1992年开发的。

免疫PCR主要包括抗原—抗体反应、与嵌合连接分子结合和PCR扩增嵌合连接分子中的DNA（一般为质粒DNA）三个步骤。嵌合连接分子的制备是免疫PCR中最关键的环节。嵌合连接分子起着桥梁作用，它有两个结合位点，一个与抗原—抗体复合物中的抗体结合，另一个与质粒DNA结合。免疫PCR的基本原理与ELISA和免疫酶染色相似，不同之处在于其中的标记物不是酶而是质粒DNA，在反应中形成抗原抗体—连接分子—DNA复合物，通过PCR扩增DNA来判断是否存在特异性抗原。

免疫PCR的PCR扩增系统与一般PCR一样，主要包括引物、缓冲液和耐热DNA聚合酶。由于免疫PCR需用固相进行抗原—抗体反应，同时又需要对固相结合的DNA进行扩增，因此，固相的选择应根据具体情况确定。如用微量板作为固相时，必须有配套的PCR仪来直接用微量板进行扩增，否则需要用PCR反应管作为固相。扩增后的PCR产物用琼脂糖凝胶电泳或聚丙烯酰胺凝胶电泳检测，根据PCR产物的大小选择凝胶的浓度。电泳后凝胶经染色和拍照记录结果，再检测底片上 PCR 产物的光密度，并与标准品比较就可以得出待检抗原量。

免疫 PCR 的优点：①特异性较强，因为它建立在抗原抗体特异性反应的基础上；②敏感度高，免疫 PCR 比 ELISA 敏感度高 105 倍以上，具有惊人的扩增能力，可用于单个抗原的检测；③操作简便，PCR 扩增质粒 DNA 比扩增靶基因容易得多，一般实验室均能进行。

五、反向 PCR

反向 PCR 是一种用于研究与已知 DNA 区段相连接的未知 DNA 序列的 PCR 技术，因此，又可称为染色体缓移或染色体步移技术。PCR 反应只能扩增两端序列已知的 DNA 片段，一般 PCR 两个引物的 3′端是相对的，所以扩增的是两个引物中间的片段；而反向 PCR 的目的在于扩增两个引物旁侧的 DNA 片段，扩增得到的片段位于两个引物上游和下游。两个引物的 3′端是朝相反方向的，故称反向 PCR。

反向 PCR 的基本步骤：先用限制性内切酶对样品 DNA 进行酶切，然后用 DNA 连接酶把酶切产物连接成一个环状分子，通过已知序列设计引物进行反向 PCR，扩增引物的上游片段和下游序列（图 5-1）。

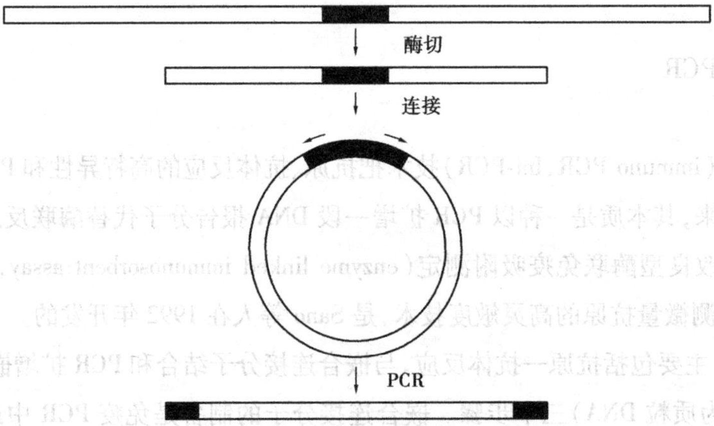

注：黑色部分为已知的序列

图 5-1 反向 PCR 的基本步骤示意图

反向 PCR 的不足：第一，需要从许多限制内切酶中随机选择一种合适的酶，并且这个内切酶的识别位点序列不能存在于已知的序列中，即不能切断已知序列的 DNAo 酶切获得 DNA 片段大小要合适，片段太小则获得两端的未知序列太少，片段太大即使能连接成环状，也很难获得 PCR 扩增产物。第二，大多数真核基因组含有大量中度和高度重复序列，而在 YAC 或 Cosmid 中的未知功能序列中有时也会有这些序列，这样，通过反向 PCR 得到的探针就有可能与多个基因序列杂交。所以往往需要两组到三组嵌套引物进行巢式 PCR 以提高准确度。第三，不能定向获得已知序列两端上下游的未知序列，有可能获得的序列大部分都是在已知序列的一端，而另一端获得很少。这就需要再筛选不同的内切酶，增加了工作量。

与反向 PCR 类似的染色体步移 PCR 技术还有接头 PCR(cassette PCR)技术和锅柄 PCR (panhandle PCR，P-PCR)技术。它们原理相似，只是在具体方法上有所不同。

六、反转录 PCR

反转录 PCR(reverse transcription PCR，RT-PCR)是一种将 RNA 的反转录和 cDNA 的 PCR 相结合的技术，它首先利用反转录酶将 RNA 合成 cDNA，再以 cDNA 为模板进行 PCR 反应扩增靶 DNA。RT-PCR 技术灵敏而且用途广泛，可用于检测细胞中基因表达水平、细胞中 RNA 病毒的含量；可检测单个细胞或少数细胞中少于 10 个拷贝的 RNA 模板；可以直接克隆特定基因的 cDNA 序列。

RT-PCR 包括两个步骤：第一，RNA 反转录酶合成互补 cDNA 第一链；第二，以 cDNA 为模板进行 PCR 反应扩增目的 DNA。

根据反转录和 PCR 是否独立进行，可将 RT-PCR 分为一步法和两步法。一步法就是利用同一种反应缓冲液，在同一反应体系中加入反转录酶、引物、*Taq*DNA 聚合酶、4 种 dNTP，先进行 mRNA 反转录再进行 PCR 反应，整个过程可以利用 PCR 仪来自动完成。反转录和 PCR 反应之间无须开管，操作简便，污染的可能性减小。此外，由于得到的全部 cDNA 产物都一起经 PCR 扩增，因此一步法的灵敏度更高。两步法则是将反转录和 PCR 分别在不同的缓冲液和不同反应体系中进行，首先进行 mRNA 反转录，再进行 PCR。

一步法由于是在同一反应体系进行反转录和 PCR，两个反应都不能选择酶反应的最佳条件，且容易相互干扰，因此通常只适用于基因特异引物来扩增较短的基因及定量 PCR。两步法则由于反转录和 PCR 分别进行，两个反应都能选择酶反应的最佳条件，可充分发挥各自的特点，因此方法更为灵活而且严谨，适用于(G+C)%含量、二级结构严重的模板或者是未知模板，以及多个基因的 RT-PCR。

一步法在同一反应体系以 mRNA 为模板进行反转录和其后的 PCR 扩增，从而使 mRNA 的反转录 PCR 步骤更为简化，所需样品量减少到最低限度，对临床小样品的检测非常有利。用一步法可检测出总 RNA<1 ng 的低丰度 mRNA，因此可用于低丰度 mRNA 的 cDNA 文库的构建及特异 cDNA 的克隆，并有可能与 *Taq*DNA 聚合酶的测序技术相结合，使得自动反转录、基因扩增与基因转录产物的测序在单管中进行。Tth DNA 聚合酶不仅具有耐热 DNA 聚合酶的作用，而且具有反转录酶活性，可利用其双重作用在同一体系中直接以 mRNA 为模板进行反转录和其后 PCR 扩增，从而使 mRNA 的 PCR 步骤更为简化。

第四节 实时荧光定量PCR

实时荧光定量PCR(real time quantitative PCR,gPCR)技术,是指在PCR反应体系中加入荧光基团,通过检测荧光信号积累来实时监测整个PCR的反应进程,最后通过标准曲线对未知模板进行定量分析的方法。

一、实时荧光定量的原理

1.传统的PCR定量方法

传统的PCR在扩增反应结束之后可以通过凝胶电泳的方法对扩增产物进行定性的分析,也可以通过荧光标记物或放射性核素掺入标记后的光密度扫描来进行定量的分析。无论定性还是定量分析,分析的都是PCR终产物。传统的定量PCR方法主要有以下方法。

(1)非竞争内参照法

在同一个PCR反应体系(即同一个PCR管)中加入两对引物,同步扩增靶DNA序列和用基因工程方法合成的内标DNA序列。在靶序列被扩增的同时,内标也被扩增,通过比较两种序列的扩增量来对靶DNA序列进行定量。在实验中其中一个引物用荧光标记,在PCR产物中,内标与靶序列的长度不同,二者的扩增产物可用电泳或高效液相分离开来,分别测定其荧光强度,以内标为对照定量分析待检测靶序列。

该方法只能对靶序列和内标以相同的量存在时才能准确进行定量,只能对指数扩增期的PCR产物进行定量。

(2)竞争性内参照物

竞争性内参照物是通过竞争性模板来实现定量。竞争性模板是通过将靶序列内部突变产生一个新的内切酶位点来获得的,这样就可以在同样的反应条件下,同一个试管中,用同一对引物(其中一个引物为荧光标记),同步扩增靶序列和内参照序列。扩增后用内切酶消化PCR产物,竞争性模板的产物被酶解为两个片段,而待测模板不被酶切,故可通过电泳或高效液相色谱将两种产物分开,分别测定荧光强度,根据已知模板推测未知模板的起始拷贝数。

(3)PCR-ELISA法

利用地高辛或生物素等标记引物,扩增产物被固相板上特异的探针所结合,再加入抗地高辛或生物素酶标抗体—辣根过氧化物酶结合物,最终酶使底物显色。常规的PCR-ELISA法只是定性实验,若加入内标,做出标准曲线,也可实现定量检测目的。

由于传统定量方法都是终点检测，而PCR经过对数期扩增到达平台期时，检测重现性差。同一个模板在96孔PCR仪上做96次重复实验，所得结果有很大差异，因此无法直接从终点产物量推算出起始模板量。传统的定量PCR技术的难点主要在于：第一，如何确定PCR正处于线性扩增范围内（只有在此范围内PCR产物信号才与初始模板的拷贝数成比例）；第二，一旦线性扩增范围确定以后，如何找到一个合适的方法检测结果。加入内标后，可部分消除终产物定量所造成的误差，但在待测样品中加入已知起始拷贝数的内标，则PCR反应变为双重PCR，双重PCR反应中存在两种模板之间的干扰和竞争，尤其当两种模板的起始拷贝数相差比较大时，这种竞争会表现得更为显著。由于待测样品的起始拷贝数是未知的，所以无法加入合适数量的已知模板作为内标，也正是这个原因，传统定量方法虽然加入内标，但仍然只能算是一种半定量、粗略定量的方法，而且传统定量PCR还存在劳动强度大、定量不准确、重复性差的缺点。

正因为是传统的定量PCR方法无法满足精确定量的要求，特别是未经PCR信号放大之前的起始模板量的定量，所以实时荧光定量PCR技术应运而生。

2.实时荧光定量PCR技术的原理

PCR反应中目标DNA扩增量可用

$$Y=M\times(1+X)^n$$

计算。其中，Y代表扩增产物量，M代表反应起始的模板拷贝数，X代表扩增效率（X=参与复制的模板/总模板），n代表扩增循环数。PCR扩增效率理论值为100%，当$X=100\%$时，扩增量可用$Y=M\times2^n$计算，PCR产物随着循环的进行成指数增长。在实际的PCR反应中，扩增效率通常X小于1，而且X在整个PCR扩增过程中不是固定不变的，当M在1~105拷贝、循环次数$n\leqslant30$时，X是相对稳定的，原始模板以相对固定的指数形式增加，适合定量分析，这也就是所谓的扩增指数增长期。随着循环次数n的增加（$n>30$次），X会逐渐减少，Y就呈非指数形式增加，最后进入平台期，当X为0时，扩增产物量Y就不再增加。通常一个PCR反应无论反应体系起始模板含量多少，当扩增速率趋于稳定后，最终扩增片段的含量基本上是一样的，所以一定PCR体系中待扩增DNA片段起始拷贝数越大，则指数扩增过程越短，到达平台期越快，反之，到达平台期越慢。

任何干扰PCR指数扩增的因素都会影响扩增产物的量，使PCR扩增终产物的量与原始模板数之间没有一个固定的比例关系，通过检测扩增终产物很难对原始模板进行准确定量，而荧光定量PCR则是利用PCR扩增过程产物的增加和起始的关系来对起始模板进行准确定量的。

实时荧光定量PCR是目前确定样品中DNA（或cDNA）拷贝数最敏感、最准确的方法。它具有特异性强，灵敏度高，可直接对产物进行定量，解决PCR污染问题，自动化程度高，操作简单等特点。

在实时荧光定量PCR反应中，引入了一种荧光化学物质，随着PCR反应的进行，PCR

反应产物不断累积，荧光信号强度也等比例增加。每经过一次循环，就收集一次荧光强度信号，这样我们就可以通过荧光强度变化来监测产物量的变化，从而得到一条荧光扩增曲线图(图 5-2)。

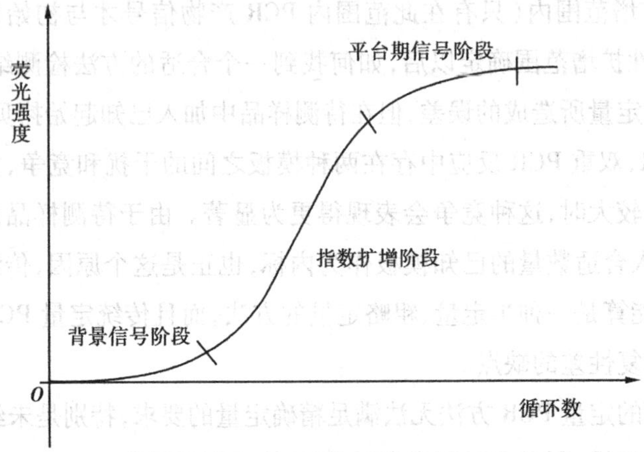

图 5-2 荧光曲线示意图

一般而言，荧光扩增曲线可以分成三个阶段：荧光背景信号阶段、荧光信号指数扩增阶段、平台期信号阶段。在荧光背景信号阶段，扩增的荧光信号被荧光背景信号所掩盖，我们无法判断产物量的变化。而在平台期信号阶段，扩增产物已不再呈指数增加。PCR 的终产物量与起始模板量之间没有线性关系，所以根据最终的 PCR 产物量不能计算出起始 DNA 拷贝数。只有在荧光信号指数扩增阶段，PCR 产物量的对数值与起始模板量之间才存在线性关系，我们可以选择在这个阶段进行定量分析。

通常利用荧光扩增曲线拐点、扩增曲线整体平行性和基线三方面来作为判断扩增曲线是否良好的指标。良好的标准是曲线拐点清楚，特别是低浓度样本指数期明显，曲线指数期斜率与扩增效率成正比，斜率越大扩增效率越高；标准的基线平直或略微下降，无明显的上扬趋势；各管的扩增曲线平行性好，表明各反应管的扩增效率相近。

基线是指在 PCR 扩增反应的最初数次循环里，荧光信号变化不大，接近一条直线，这样的直线即是基线。

荧光阈值是指在荧光扩增曲线上人为设定的一个值，它可以设定在荧光信号指数扩增阶段的任意位置上，一般将 PCR 反应前 15 次循环的荧光信号作为荧光本底信号，荧光阈值是 PCR 的 3~15 次循环荧光信号标准差的 10 倍。荧光阈值原则上要大于样本的荧光背景值和阴性对照的荧光最高值，同时要尽量选择进入指数期的最初阶段，并且保证回归系数大于 0.99，荧光信号超过阈值才是真正的信号。

C_t 值是指 PCR 扩增过程中，扩增产物的荧光信号达到设定的阈值时所经过的扩增循环数。PCR 循环在到达 C_t 值所对应的循环数时，即刚刚进入指数扩增期，此时微小误差尚未放大，因此 C_t 值的重现性极好，即同一模板不同时间扩增或同一时间不同管内扩增，得到的

C_t 值是恒定的。荧光阈值、C_t 值荧光曲线的关系如图 5-3 所示。

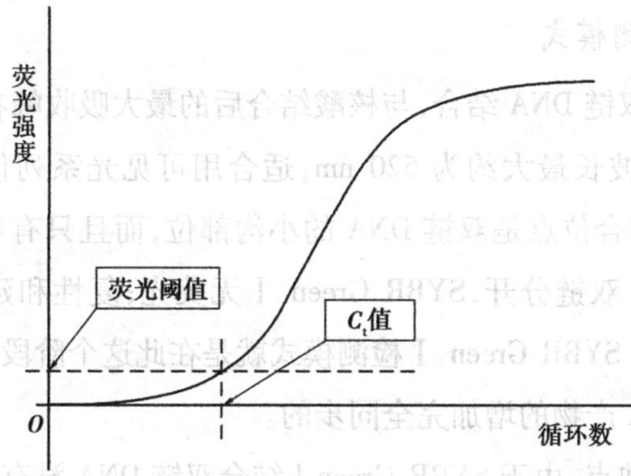

图 5-3 荧光阈值、C_t 值和荧光曲线的关系示意图

研究表明，每个模板的 C_t 值与该模板的起始拷贝数的对数存在线性关系，固定荧光信号值后，模板数就与循环数成反比，初始 DNA 量越多，荧光达到阈值时所需要的循环数就越少，即 C_t 值越小。利用已知起始拷贝数的标准品可作出标准曲线，其中横坐标代表起始拷贝数的对数，纵坐标代表 C_t 值，因此，只要获得未知样品的 C_t 值，即可从标准曲线上计算出该样品的起始拷贝数（图 5-4）。

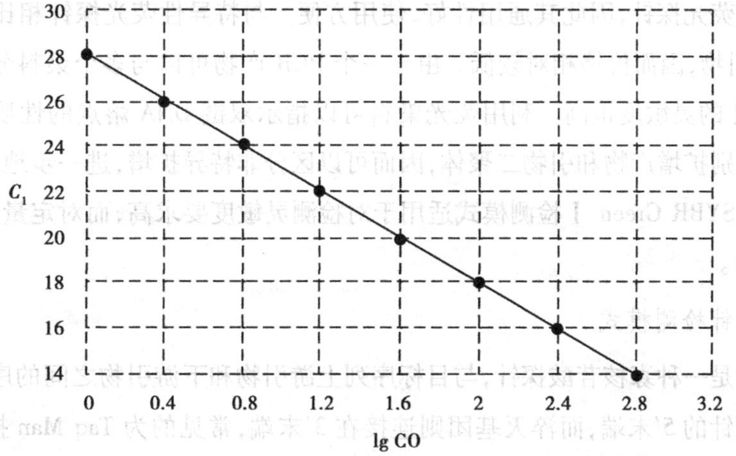

图 5-4 起始拷贝数的对数（lg CO）和 C_t 值标准曲线图

二、实时荧光定量 PCR 过程的监测检测模式

实时荧光定量 PCR 过程的监测检测模式实际上就是实时荧光定量 PCR 过程中使 PCR 产物带上荧光标记，然后进行荧光检测的方法。荧光检测模式可以分为非特异性荧光检测和特异性荧光检测两种类型。非特异性荧光检测模式主要是 SYBR Green Ⅰ检测模式；特异性荧光检测模式有水解探针（Taq Man）检测模式、分子信标检测模式、荧光谐振能量传递检

测模式和 LUX 引物检测模式等。

1.SYBR Green Ⅰ检测模式

SYBR Green Ⅰ能与双链 DNA 结合，与核酸结合后的最大吸收峰在蓝绿可见光区（波长约为 497 nm），发射荧光波长最大约为 520 nm，适合用可见光系列仪器对荧光进行观察。SYBR Green Ⅰ与核酸的结合位点是双链 DNA 的小沟部位，而且只有和双链 DNA 结合后才会发出荧光，变性时 DNA 双链分开，SYBR Green Ⅰ无荧光；复性和延伸时形成双链 DNA，SYBR Green Ⅰ发出荧光。SYBR Green Ⅰ检测模式就是在此这个阶段采集荧光信号，从而保证荧光信号的增加与 PCR 产物的增加完全同步的。

①SYBR Green Ⅰ的缺点：由于 SYBR Green Ⅰ结合双链 DNA 没有特异性，不能识别特定的双链 DNA 分子，只要是双链的 DNA 就会结合并发出荧光，对 PCR 反应中的非特异性扩增或引物二聚体也会产生荧光，因此，由引物二聚体、单链二级结构以及错误的扩增产物引起的假阳性会影响定量的精确性，不能真实反映目的基因的扩增情况。通过测量升高温度后荧光的变化可以帮助降低非特异产物的影响，由解链曲线来分析产物的均一性可提高 SYBR Green Ⅰ定量的准确性。

②SYBR Green Ⅰ的优点：SYBR Green Ⅰ能与所有的双链 DNA 结合，不必因为模板不同而设计特异性荧光探针，因此其通用性好，使用方便。与特异性荧光探针相比，只需要设计常规的 PCR 引物，因而价格相对较低。由于一个 PCR 产物可以与多个染料分子结合，因此 SYBR Green Ⅰ的灵敏度很高。利用荧光染料可以指示双链 DNA 熔点的性质，通过熔点曲线分析可以识别扩增产物和引物二聚体，因而可以区分非特异扩增，进一步地还可以实现单色多重测定。SYBR Green Ⅰ检测模式适用于对检测灵敏度要求高，而对定量准确度要求稍低的定量 PCR。

2.水解探针检测模式

水解探针是一种寡核苷酸探针，与目标序列上游引物和下游引物之间的序列配对，荧光基团连接在探针的 5′末端，而淬灭基团则连接在 3′末端，常见的为 Taq Man 探针（图 5-5）。常用的荧光基团有 FAI、TET、JOE、HEX 和 VIC，常用的淬灭基团有 TAMRA 和 DABCYL。当完整的探针与目标序列配对时，荧光基团发射的荧光因与 3′端的淬灭基团接近而被淬灭。在进行延伸反应时，聚合酶的 5′外切酶活性将探针切断，使得荧光基团与淬灭基团分离而发出荧光，形成荧光信号，一分子荧光信号的产生就代表一分子产物的生成。随着扩增循环数的增加，释放出来的荧光基团不断积累，因此荧光强度与扩增产物的数量成正比，并且探针检测的荧光的积累与循环数成正比。

Taq Man 探针检测模式的特点：Taq Man 探针适合各种具有 5′外切酶活性的耐热聚合酶，可应用于基因检测、病毒定量、细胞因子基因定量、癌细胞基因微突变检测等，其结果都具有高特异性与高敏感性，但只适合于一个特定的目标，不易找到本底低的探针，探针需要

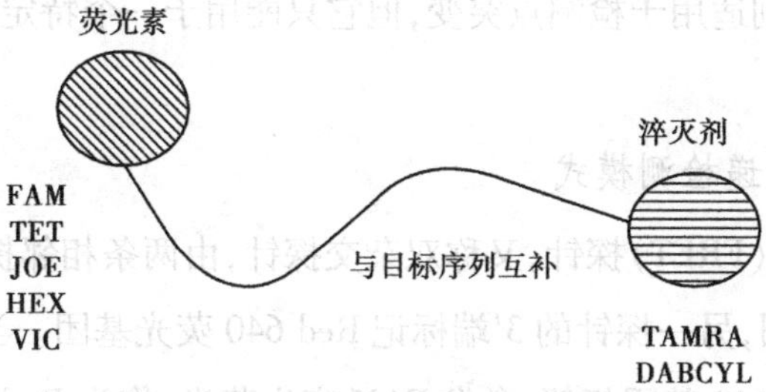

图5-5 Taq Man探针的结构示意图

委托公司标记,且价格较高。

3.分子信标检测模式

分子信标是一种在靶DNA不存在时形成茎环结构的双标记寡核苷酸探针。在此发夹结构中两端的序列互补,因此位于探针一端的荧光基团与探针另一端的淬灭基团紧紧靠近。在此结构中,荧光基团被激发后不是产生光子,而是将能量传递给淬灭剂,这一过程被称为荧光谐振能量传递。由于"黑色"淬灭剂的存在,由荧光基团产生的能量以红外光而不是可见光形式释放出来。如果第二个荧光基团是淬灭剂,其释放能量的波长与荧光基团的性质有关,常用的荧光基团有FAI和Texas Red。

分子信标的茎环结构(图5-6)中,环一般为15~30 bp,并与目标序列互补;茎长度一般为5~7 bp,且有一段相互配对形成茎的结构。荧光基团连接在茎臂的一端,而淬灭剂则连接于另一端。分子信标必须非常仔细地设计,以便它在复性温度下,模板不存在时形成茎环结构,模板存在时与模板配对。与模板配对后,分子信标将成链状而非发夹状,从而使荧光基团与淬灭剂分开,当荧光基团被激发时,它发出自身波长的光子。由于是酶切作用的存在,所以与Taq Man探针一样分子信标也是积累荧光。

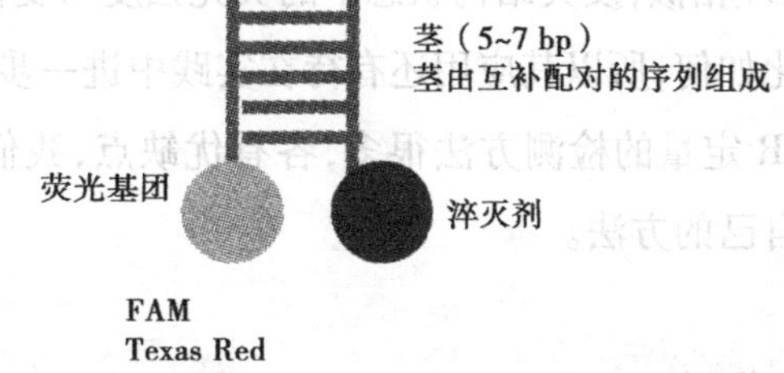

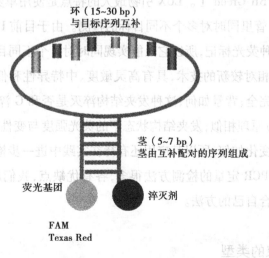

图5-6 分子信标结构示意图

分子信标检测模式的特点是:分子信标能特异性地检测感兴趣的目标DNA,可用于单核苷酸多态性的检测，特别适用于检测点突变，但它只能用于一个特定的目标，设计比较困难，而且价格较高。

4.荧光谐振能量传递检测模式

荧光谐振能量传递(FRET)探针，又称双杂交探针，由两条相邻探针组成：在一条探针的5′端标记FAM荧光基团，另一探针的3′端标记Red 640荧光基团。当复性时，探针结合在模板上，FAM基团和Red 640基团相邻，激发FAM产生荧光，作为Red 640基团的激发光被吸收，使Red 640发出波长为640 nm的荧光。当变性时，探针游离，两基团距离远，不能产生640 nm的荧光。由于FRET探针是靠近发光，所以检测信号是实时信号，非累积信号。FRET探针是罗氏的发明专利，常用的荧光基团是LC-Red 640和LC-Red 705。

5.LUX引物检测模式

LUX引物是一项利用荧光标记的引物实现定量检测的新技术。LUX引物检测模式是一种单标引物检测方法，只在定量PCR的一对引物中任意一条引物的3′末端连接有荧光基团。LUX引物被设计为带有末端回文结构，并在3′末端标记荧光素，这样，这条引物在游离状态下可形成茎环结构，而这种DNA构象本身具有淬灭荧光基团的特性，所以不需要在另一端标记淬灭基团就可实现荧光淬灭。在模板存在的情况下，引物与模板配对，发夹结构打开，产生荧光信号。

与Taq Man探针和分子信标相比，LUX引物利用自身的二级结构实现淬灭，不需要荧光淬灭基团，也不需要设计专门的探针，只需在引物的5′末端添加互补的序列，在3′末端标记荧光素，既节省了成本又给实验设计提供了宽松的条件。由于没有探针控制特异性，因此，LUX引物检测模式的特异性要弱于探针技术；但非特异性扩增或引物二聚体对其没有影响，所以特异性要强于SYBR Green Ⅰ。LUX引物最大的特点是使用单荧光标记引物，因此它很容易实现在同一PCR管里同时对多个不同目标的检测。由于目前LUX引物只有FAM、JOE和Alexa Fluor 546三种荧光标记，所以它只能实现同时对3个不同目标的检测。

LUX引物是一个相对较新的技术，具有高灵敏度、中特异性和低成本的特点，但其引物的二级结构淬灭是否完全；背景如何；这种发夹结构淬灭是否和G淬灭(就是临近的G碱基会增强荧光淬灭效果)原理相似；发夹结构状态下的荧光强度与变性打开到引物延伸合成这几步之间荧光信号的变化如何；所以其应用还有待在实践中进一步检验。

能用于实时荧光PCR定量的检测方法很多，各有优缺点，我们应根据实验的需要和当前的实验条件选择适合自己的方法。

三、定量PCR仪的类型

定量PCR仪是在普通PCR仪的基础上增加一个荧光信号采集系统和计算机分析处理

系统,主要由 PCR 系统和荧光检测系统两部分组成。多色多通道的荧光检测系统是目前定量 PCR 仪发展的主流趋势,仪器的激发通道越多,仪器适用的荧光素种类越多,仪器适用范围就越宽。多通道指可同时检测一个样品中的多种荧光,仪器可以同时检测单管内多模板或者内标+样品。通道越多,仪器适用范围越宽,性能就更强大。

定量 PCR 仪不断推陈出新,不同类型的定量 PCR 仪,各有特点,但主要可以分成以下三种。

1.传统的 96 孔板式定量 PCR 仪

96 孔板式定量 PCR 仪可采用传统的 96 孔板甚至 384 孔板进行批量的定量反应,有些型号还兼容 8 连管和单管。传统 96 孔板式定量 PCR 仪的优点是可容纳的样本量大而且无须特殊耗材,但是缺点也显而易见:传统 96 孔板反应板面积大,温度控制的精确性低、升降温速度也相对较慢,因而反应速度也较慢;板固定加热模块的 PCR 温度控制有边缘效应;样品槽上每个孔之间的温度存在差异,即存在位置效应,因此标准曲线的反应条件难以做到与样本完全一致,样本和样本之间的温度控制也可能存在差异,对于灵敏度极高的定量 PCR 来说,任何极微小的差异都会以指数级别的规模被放大,不得不说这是一种缺憾。在 96 孔板定量 PCR 仪的荧光检测分析系统中,由于 96 孔板上样品孔的位置是固定的,每个样品孔距离光源和监测器的光程各不相同,这就有可能对结果产生影响。此外检测是在孔板或管底进行,其透光性和厚薄均一性都可能对实验结果产生影响。传统的 96 孔板式定量 PCR 仪以 ABI 公司生产的为代表,MJ 和 Bio-Red 公司的定量 PCR 仪也属于这一类,但 Bio-rad 的 IQ 系列荧光定量 PCR 带有梯度功能。

2.创新概念的离心式实时定量 PCR 仪

离心式实时定量 PCR 仪的扩增样品槽被巧妙地设计为离心转子的模样,借助空气加热和转子在腔内旋转,避免了边缘效应,很好地解决了每个样品孔之间的温度均一性的关键问题,使样品间温度差异小于±0.01 ℃,最大限度地保障了标准曲线和样品之间条件的一致性。借助旋转离心力还可以随时将可能凝在管壁和盖子上的液滴离心到管底而无须热盖;还可以将酶加在管盖上,升温后离心到管底与反应体系混合,实现“机械的热启动功能”。由于转子上的样品孔是旋转可移动的,因而离心式荧光检测系统可以固定激发光源和荧光检测器,随时检测旋转到跟前的样品管;由于每个样品管在检测时距离检测器和激发光源的距离都是一样的,使用的又是同一个检测器和激发光源,因此有效减少了不必要的系统误差。

创新的离心式仪器通常选用 LED 激发、PMT 检测,离心式的设计避免了边缘效应。LED 光源是冷光源,对实验没有影响,因此运行前无须预热,无须采用其他荧光染料校正仪器,系统检测重复性也更好,而且使用寿命长,无须经常更换。PMT 每次只能收集单个荧光信号,但是检测灵敏度高。Corbett 的 Rotor-gene 系列和 Roche 的 Lightcycler 系列均为这一类仪器。

离心式定量 PCR 仪的缺点主要是离心的转子小，能容纳的样本量有限，由于是离心式转子，常规的 96 孔板和条形管就不适用，有的还需要特殊的消耗品，增加使用成本，此外，离心式定量 PCR 仪不可能带梯度功能，存在时间积分等缺点。

3.Smart CyclerⅡ荧光定量 PCR 仪

第三类定量 PCR 仪是以 Cepheid 公司的 Smart CyclerⅡ为代表，它机型小巧，只有 16 个样品槽。其独到之处在于这 16 个样品槽分别拥有独立的智能升降温模块，也就是说这 16 个样品槽相当于 16 台独立的定量 PCR 仪。独立控温的好处首先是可在同一定量 PCR 仪上分别进行不同条件的定量 PCR 反应。

此外，每个温控模块只控制一个样品槽，升降温速度当然更快，可高达 10 ℃/s，每个模块独立控制的激发光源和检测器直接与反应管壁接触，保证荧光激发和检测不受外界干扰，固定的结构使得仪器运行更稳定，使用寿命更长。整合有 4 通道光学检测系统，分别可以检测 FAM/SYBR GreenⅠ，TET/Cy3，Texas Red 和 Cy5，可在同一样本中进行多靶点分析，同时检测 4 种荧光信号，可使用多种检测方法，包括 Taq Man 探针、分子信标、Amplifluor 引物和 Scorpion 引物和荧光内插染料等。

Smart CyclerⅡ扩增速度快，只要 20 min 就可以完成常规的定量 PCR 反应，大大提高了工作效率，满足高速批量的要求，也能兼顾灵活的需要，特别适合多成员、多用途的使用。但 Smart CyclerⅡ也存在着需要使用独家的扁平反应管、增加了反应成本、上样不如传统方法方便等缺点。

不同的定量 PCR 仪每种设计都有它的独到之处，但也都有无法避免的缺憾，在价格上和耗材上也有很大的差异，所以在选购定量 PCR 仪前要根据自己的需要出发，选择更适合自己需要的仪器。

第六章　基因工程常用载体

第一节　基因工程载体的概述

载体是指 DNA 分子重组中，能运载外源 DNA 有效进入受体细胞内，并能在宿主细胞内独自进行自我复制的一类 DNA 分子。

一、载体在基因工程中的作用

由于每种生物都是长期进化的产物，具有很强的排他性，单独进入宿主细胞的外源 DNA 会被降解，虽然可以将外源 DNA 通过同源重组整合到宿主的染色体上，并随着染色体的复制传到下一代子细胞，但无法满足基因工程中要对目的 DNA 片段进行分子操作的要求。因此，外源 DNA 必须有一种载体作为媒介物，才能达到在一定宿主内扩增和表达的目的。载体和外源 DNA 在体外重组成 DNA 重组分子，在进入受体细胞后形成一个复制子，即形成在细胞内能独自进行自我复制的遗传因子，这样外源的 DNA 分子就得到繁殖和遗传。

载体在基因工程中的作用有三方面：第一，作为运载外源 DNA 有效进入受体细胞内的工具；第二，作为在细胞内能独自进行自我复制的遗传因子；第三，作为外源 DNA 分子复制和分子操作的工具。

由于大肠杆菌容易培养，生长迅速，操作方便，而且对其分子遗传学研究深入，所以目前它是基因工程研究中最常用的宿主菌，更是最主要的克隆宿主。因此大肠杆菌也被称为其他宿主基因工程的生产车间，以大肠杆菌为宿主的载体是穿梭载体的基础。

二、基因工程中载体的种类

除了质粒之外,细菌病毒(噬菌体)等也可以作为基因工程载体,但是,质粒和病毒在作为基因工程载体时是有区别的。利用病毒作为基因运载体时,所带的基因一般还需要转到受体细胞的染色体DNA上,才能成为稳定的遗传结构。质粒载体虽然也可以整合到宿主染色体上,但绝大多数情况下都是独立存在的。质粒本身就是一种稳定的重组DNA,进入受体细胞后不需要把所带的基因转到受体细胞的染色体上去,本身就能进行自我复制,携带的异源DNA也同时得到了复制。此外,质粒的提取较简单快捷,这就使得利用质粒作为基因运载体非常方便,所以目前进行的基因工程操作,多用质粒作为基因的运载体。

在基因工程中应用的载体种类很多,按照载体应用的不同,一般可以将基因工程载体分为克隆载体、表达载体和穿梭载体。

1.克隆载体

克隆载体,也称DNA克隆载体,是指通过不同途径将携带的外源DNA片段带入宿主细胞且能在其中维持的DNA分子,用于目的基因的克隆,如文库构建等。最简单的克隆载体是其上有复制子即可,常用克隆载体多从质粒和病毒改造而来,一些高等生物细胞的质粒或者DNA的复制子也可以用于构建克隆载体,如人工酵母染色体。大肠杆菌的克隆载体是DNA分子操作中最常用也是最重要的,作为这类载体应满足一定的要求:

第一,具有大肠杆菌的复制子的功能,能在大肠杆菌细胞中独立复制繁殖,最好有较高的自主复制能力。

第二,具备一个或多个克隆位点(multi-cloning site,MCS),在载体上要有一个或多个克隆位点可以插入大小合适的外源DNA片段并不影响载体进入宿主细胞和在细胞中的复制,这就要求载体DNA上有合适的限制性核酸内切酶位点。

第三,容易进入宿主细胞,而且进入效率越高越好,也容易从宿主细胞中分离出来。

第四,具有选择克隆子的选择性标记,使克隆子容易被识别筛选。当其进入宿主细胞或携带着外来的核酸序列进入宿主细胞时,能容易地被辨认和分离出来。

第五,安全性高,不含损害受体的基因,不能任意转入别的宿主细胞,尤其是人的细胞。

2.表达载体

表达载体是使目的基因能够在宿主细胞中表达的一类载体,是在克隆载体基本骨架的基础上增加控制基因表达的相关表达元件(如启动子、RBS、终止子等)构建而成。一般的表达载体是以细菌质粒为基础构建的。

3.穿梭载体

穿梭载体狭义上是指含有两个亲缘关系不同的复制子,能在两种不同的生物中复制的载体,例如既能在原核生物中复制,又能在真核生物中复制的载体。广义的穿梭载体是指能在不同的宿主细胞中执行一定功能的载体,例如,既能在原核生物中复制,又能在真核细胞中进行 DNA 的整合交换等功能,这类载体不需要一定有两个不同的复制子。和表达载体一样,穿梭载体也是以细菌质粒为基础构建的。

三、基因工程克隆载体的发展概况

人们通过对天然质粒、病毒的改造成功构建了多种克隆载体,例如,1977 年 Boliver 等学者从天然质粒出发,经删除、融合、转座及重排等操作,成功构建了适合多种用途、至今仍广泛使用的克隆载体 pBR322。自 Cohen 等 1973 年构建第一个质粒载体 pSC101 作克隆载体以来,越来越多的克隆载体相继出现,这些载体的发展推动了结构基因组学和功能基因组学研究的发展,同时随着人类基因组计划和植物基因组计划的实施,克隆载体的整体结构、克隆能力和转化效率等都有了长足的发展。克隆载体的发展可以划分为三个阶段:

①第一阶段以质粒、λ 噬菌体、柯斯质粒(又称黏粒)为主,这些载体的主要特点是在宿主细胞内稳定遗传、易分离、转化效率高,但是克隆外源 DNA 片段大小有限,质粒一般小于 10 kb,柯斯质粒能克隆较大的片段,一般小于 45 kb。

②第二阶段克隆载体则突破了上述载体容量,其显著特点是克隆载体容纳外源 DNA 片段的能力大大提高,可以容纳 100~350 kb 以上,这种类型的载体主要有 YAC、BAC、PAC 以及人类人工染色体(human artificial chromosome,HAC)。

YAC 含有酵母染色体端粒(telesome,TEL)、着丝点(centromere,CEN)及复制起点等功能序列,可插入长度达 200 kb~2 Mbp 的外源 DNA,导入酵母细胞可以随细胞分裂周期复制繁殖。YAC 成为人基因组研究计划的重要克隆载体,其优点是可以容纳较大的外源 DNA 片段,这样用较少的克隆数,可以包含特定基因组的全部序列,从而保持了基因组特定序列的完整性,有利于物理图谱的制作。但 YAC 还存在一些不足:嵌合发生率高,易使基因组本不连续的片段连接在一起形成嵌合体,给后面的序列组装带来困难;具有不稳定的特点,在转代培养中可能会发生 DNA 片段的缺失或重排,很难与酵母染色体分离等缺点,极大地制约了以 YAC 为基础的大基因和大基因簇的转基因研究。

BAC 是一种以 F 质粒(F-plasmid)为基础构建而成的细菌染色体克隆载体,主要包括 oriS,repE(控制 F 质粒复制)和 parA、parB(控制拷贝数)等成分。BAC 载体形成嵌合体的频率较低,以大肠杆菌为宿主,可以通过电穿孔导入细菌细胞,转化效率高,而且以环状结构存在于细菌体内,易于分辨和分离纯化,常用来克隆 150 kb 左右的 DNA 片段,最多可保存 300 kb。BAC 拷贝数低,稳定,比 YAC 易分离,常规方法(碱裂解)即可分离 BAC,蓝白斑、抗生素、菌落原位杂交等均可用于目的基因筛选,对克隆在 BAC 上的 DNA 可直接测序。

PAC 是基于 P1 噬菌体构建的克隆载体,是一种与黏粒载体工作原理比较相似的高通量载体,它含有很多P1噬菌体来源的顺式作用元件,将BAC和P1噬菌体载体二者优点结合起来,可以容纳70~100 kb大小的外源DNA片段。在这种系统中,含有基因组和载体序列的线状重组分子在体外被组装到P1噬菌体颗粒中,后者总容量可达115 kb(包括载体和插入片段)。将载体导入到表达Cre重组酶的大肠杆菌细胞中,线状DNA分子通过重组于载体的两个loxp位点之间而发生环化。载体还携带一个通用的Kan选择性标记,一个区分携带外源DNA克隆的阳性标记sacB以及一个能够使每个细胞都含有约一个拷贝环状重组质粒的P1质粒复制子。另外一个P1复制子(P1裂解性复制子)在可诱导的tac启动子控制下,用于DNA分离前质粒的扩增。

HAC是一种转染人体肿瘤细胞株后,在细胞内组成的线状微型染色体,包含构成人工染色体的所有基本结构,即端粒、复制起点及着丝点。HAC可作为载体搭载一些基因,并可作为人类细胞中额外的染色体(第47个),使这些基因表达于人体内。HAC可容纳600~1 000 Mbp的大片段基因组DNA,可应用于转基因动物模型和基因治疗等方面。

③第三阶段是双元大片段克隆载体的构建。

YAC和BAC等载体都不能直接进行植物转化,在候选克隆的转化互补实验中需要将外源片段进行亚克隆,因而工作量大,同时也有漏失目的DNA片段的可能。因此,可直接用于植物转化的大片段双元载体便应运而生,其中,双元细菌人工染色体(BIBAC)和可转化人工染色体(TAC)最具有代表性。

双元细菌人工染色体在结构上具有BAC的复制系统,又具有能在根癌农杆菌中起作用的R复制子和抗卡那霉素筛选标记及T-DNA的左右边界,因此BIBAC能在大肠杆菌和根癌农杆菌中穿梭复制。双元表达载体系统主要包括两个部分,一部分为卸甲Ti质粒,这类Ti质粒由于缺失了T-DNA区域,完全丧失了致瘤作用,主要是提供Vir基因功能,激活处于反式位置上的T-DNA的转移。另一部分是微型Ti质粒,它在T-DNA左右边界序列之间提供植株选择标记,如NPTⅡ基因以及Lac Z基因等。

可转化人工染色体载体具有P1复制子和Ri质粒pRiA4复制子,能在大肠杆菌和农杆菌中穿梭复制,还带有植物选择标记潮霉素磷酸转移酶基因和能被植物识别的启动子等元件。

TAC载体与BIBAC载体一样具有克隆大片段DNA和借助于农杆菌直接转化植物的功能,除具有BAC载体的优点外,同时还具有大肠杆菌和农杆菌的复制子,是一个穿梭质粒,能在大肠杆菌和农杆菌中均保持稳定,可通过农杆菌介导直接进行基因功能互补实验。

第二节　质粒载体

质粒是一种亚细胞的有机体,是染色体或染色质以外的独立复制的复制子,能自主复制,是与细菌或细胞共生的遗传单位。质粒通常专指细菌、酵母菌、丝状真菌和放线菌等生物中染色体以外的 DNA 分子。在自然界中,无论是真核生物还是原核生物,不论是革兰氏阳性菌还是革兰氏阴性菌,都被发现有质粒。

质粒对宿主生存并不是必需的,这点不同于线粒体等细胞器。线粒体 DNA 也是环状双链分子,也有独立复制的调控,但线粒体的功能是细胞生存所必需的,是细胞的一部分,不属于质粒。质粒的结构比病毒还要简单,既没有蛋白质外壳,也没有生命周期,只能在宿主细胞内独立复制,并随着宿主细胞的分裂而被遗传下去。

一、质粒的特点

质粒在分子结构上是一种双链共价闭合环形 DNA 分子,通常以超螺旋结构形式存在。目前,已发现有质粒的细菌有几百种,已知的绝大多数的细菌质粒都是闭合环状 DNA 分子,可自然形成超螺旋结构。双链的质粒 DNA 分子可形成三种不同分子构型:共价闭合环形 DNA(SC 型)、开环 DNA(OC 型)、线性 DNA(L 型),它们相对分子质量相同,但在电泳中的迁移速率不同。

细菌质粒的相对分子质量一般较小,约为细菌染色体的 0.5%~3%,大小为 2~300 kb。根据相对分子质量的大小,质粒大致上可以分成两类:较大的一类的分子大小在 70~150 kb 以上,较小的一类在 3~7 kb 以下,少数质粒的分子大小介于两者之间。分子大小<15 kb 的小质粒比较容易分离纯化,而>15 kb 的大质粒则不易提取。

细胞内能够自我复制的结构单位称为复制子,尽管细菌染色体是由 3~4 Mbp组成,但是在通常情况下它只在一个复制控制系统的控制下,作为一个独立单位进行复制,因此它是一个复制子。而酵母等所有的真核细胞,其染色体具有若干个复制起始点,因而可以认为是多个复制子的复合体。细菌的细胞除了是自身染色体的复制场所外,还是噬菌体和质粒的复制场所,因此噬菌体和质粒也称为染色体外因子,它们都是独立的复制子。质粒能自主复制,是能独立复制的复制子,但复制依赖宿主细胞的复制系统。每个质粒 DNA 上都有复制的起点,只有能被宿主细胞复制蛋白质识别的质粒才能在该种细胞中复制,不同质粒复制控制状况主要与复制起点的序列结构相关。

质粒也往往有其表型,其表现不是宿主生存所必需的,但也不妨碍宿主的生存。虽然质粒上的基因不是细菌所必需的,但可以使宿主细胞获得质粒编码基因的功能,这些功能包括对抗生素和重金属的抗性、对诱变原的敏感性、对噬菌体的易感性或抗性、产生限制酶、产生稀有的氨基酸或毒素、决定毒力、降解复杂有机分子以及形成共生关系的能力、在生物界内转移 DNA 的能力等。某些质粒携带的基因功能有利于宿主细胞在特定条件下生存,例如,细菌中许多天然的质粒带有抗药性基因,如编码合成能分解破坏四环素、氯霉素、氨苄青霉素等的酶基因,这种质粒称为抗药性质粒,又称 R 质粒。带有 R 质粒的细菌能在相应的抗生素存在的条件下生存繁殖。所以质粒与宿主的关系不是寄生,而是共生。医学上遇到的许多细菌的抗药性,常与R质粒在细菌间的传播有关,F质粒就能促使这种传递。

有的质粒可以整合到宿主细胞染色质DNA中,随宿主DNA复制,称为附加体。例如,细菌的性质粒就是一种附加体,它可以质粒形式存在,也能整合入细菌的DNA,又能从细菌染色质DNA上切下来。F质粒携带基因编码的蛋白质,能使两个细菌间形成纤毛状细管连接的结合,通过该细管,遗传物质可在两个细菌间传递。

一般质粒可随宿主细胞分裂而传给后代,质粒在宿主细胞中复制是依靠宿主细胞提供的蛋白质进行的,复制可以与宿主的细胞周期同步,也可独立于细胞周期。若质粒复制与宿主的细胞周期同步,则宿主细胞内质粒的拷贝数较低;若复制独立于细胞周期,则每个宿主细胞内的质粒拷贝数可以上千。

质粒在结构上可以分为两个区域,即与复制有关的区域和与复制无关的区域。与复制有关的区域是整个质粒的控制单位;与复制无关的结构区域与质粒的复制无关,只是被动地复制,在这个区域的序列发生的重组、插入、缺失等变化对质粒的复制不会产生影响,在DNA的重组中就是使用与复制无关的结构区域。

来自大肠杆菌的质粒是基因重组中最重要的质粒载体,人们在大肠杆菌中发现许多不同种类的质粒,其中研究得最详细的主要有F质粒、R质粒和Col质粒。

①F质粒,又叫F因子或性质粒,它能够使寄主染色体上的基因和F质粒一起转移到原先不存在该质粒的受体宿主细胞中,使两个宿主发生遗传物质的交换。

②R质粒,通称抗性质粒,它们能编码一种或者数种抗生素基因,并能将此种抗性基因转移到缺乏该质粒的适宜的受体细胞中,使后者也获得抗性。

③Col质粒(Col plasmid),因首先发现于大肠杆菌中,含有编码大肠杆菌素的基因,故又称大肠杆菌素质粒或产大肠杆菌素因子质粒。大肠杆菌素是由大肠杆菌的某些菌株所分泌的细菌素,由Col因子编码,能通过抑制复制、转录、转译或能量代谢等而专一地杀死他种肠道菌或同种其他菌株。带有Col因子的菌株,由于质粒本身编码一种免疫蛋白,从而对大肠杆菌素有免疫作用,不受其伤害。Col因子可分为ColE1和ColIb两类,ColE1相对分子质量较小,约为5×10^6,无接合作用,拥有该因子的质粒是松弛型控制、多拷贝的。ColIb相对分子质量约为8×10^6,此类质粒与F因子相似,具有通过接合作用转移的功能,属于严紧型控制,只有1~2个拷贝。ColE1研究得较深入,并被广泛地用于重组DNA的研究和体外复制系中。

二、质粒的复制能力和复制子类型

质粒DNA复制转录的进行依赖于宿主编码的蛋白质和多种酶,但是不同的质粒在宿主内采用的酶群有很大差异,致使它们在宿主中的复制程度有很大的不同。质粒在宿主中的拷贝数是由质粒 DNA 复制起始位点控制的，复制子的不同可使质粒拷贝数相差很大，一些质粒可以维持高达 500~700 个拷贝/细胞，有些仅能维持 1~2 个拷贝/细胞的最低水平。通常情况下一个质粒只有一个复制起始位点，在极少数情况下或通过融合构建可产生含有两个以上的复制起始位点，但在某一宿主细胞中，只有一个复制起始位点具有复制活性。

按照质粒 DNA 复制性质可以把质粒分为两类：一类是严紧型质粒，当细胞染色体复制一次时，质粒也复制一次，每个细胞内只有 1~2 个质粒；另一类是松弛型质粒，当染色体复制停止时，该类质粒仍然能继续复制，每一个细胞内一般有 20 个以上质粒。

严紧型质粒中，质粒 DNA 的复制受宿主细胞不稳定的复制起始蛋白所控制，它的复制必须与一定的细胞生长相关联，与宿主的染色体复制同步进行，即质粒的复制在严谨的调控下进行。严紧型质粒在宿主细胞内以低拷贝存在，即使利用氯霉素抑制染色的复制和细胞的分离，也不能增加细胞的质粒拷贝数，如 F 质粒、pSC101 质粒等属于严紧型质粒。

松弛型质粒中，质粒 DNA 的复制由质粒编码基因合成的蛋白质来调控，而不受宿主细胞不稳定的复制起始蛋白所控制，在细胞整个生长周期中随时可以复制，即使在细胞的生长停止期，染色体没有复制，质粒仍然能复制，即质粒的复制是在松弛的控制下进行的。松弛型质粒在细胞中以高拷贝的形式存在，每个细胞有 10~200 个拷贝，经过突变或药物（如氯霉素）处理可以使松弛型质粒在细胞内的拷贝数达到 1 000 以上，如带有 pMB 1 或 Col E1 复制子的质粒在大肠杆菌中属于松弛型质粒（表 6-1）。

表 6-1 几种常见质粒的复制子和拷贝数

质粒	复制子	拷贝数
pBR322 及其衍生质粒	pMB 1	15~20
pUC 系列质粒	突变的 pMB 1	500~700
pACYC 及其衍生质粒	p15 A	约为 10
pSC101 及其衍生质粒	pSC 101	约为 5
Col E1	Col E1	15~20

一般相对分子质量较大的质粒属严紧型，相对分子质量较小的质粒属松弛型。质粒的复制能力有时和它们的宿主细胞有关，某些类型的质粒在大肠杆菌内的复制属严紧型，而在变形杆菌内的则属松弛型。

实验证明，在没有选择压力的情况下，两种亲缘关系密切的不同质粒不能在同一宿主细胞内稳定共存，这种现象称为质粒的不亲和性或质粒不相容性，两种质粒被称为不相容质粒。不相容质粒携带的复制子基本相似，复制系统也基本相同，在复制和分配到子细胞的过程中相互竞争，在细胞的增殖过程中，其中必然有一种会被排斥掉。

正是由于质粒的不相容性，同一个大肠杆菌细胞里一般才不会同时有两种亲缘关系密切的不同的质粒存在，即使两个质粒插入不同片段后也不能共存于同一细胞中，这保证了在基因克隆中经转化感受态细胞挑取单菌落培养后提取的质粒是均一的,而不是多种质粒的混合物。

穿梭质粒载体是人工构建的一类质粒载体。穿梭质粒载体一般具有两种不同的复制起始位点,可以在两种不同的宿主细胞中存活和复制;或者是只带有大肠杆菌的复制起始位点,但带有另一种宿主细胞的功能序列,可与该宿主细胞的染色体 DNA 执行整合或交换的功能。穿梭质粒的构建是因为在某些宿主细胞进行载体的分离和操作很困难,当载体带有大肠杆菌的复制起始位点后,就可以在大肠杆菌中重组,然后再导入需要的宿主细胞,这样利于进行载体的分子生物学操作和大量制备,因此大肠杆菌也被称为其他宿主基因工程的生产车间,是穿梭质粒载体的基础。常见的穿梭质粒载体有:大肠杆菌—枯草芽孢杆菌穿梭质粒载体、大肠杆菌—酵母穿梭质粒载体、大肠杆菌—动物细胞穿梭质粒载体等。

自杀质粒或自杀噬菌体是指能在一种宿主内复制,但在另一宿主中却不能复制的质粒或噬菌体。自杀质粒通常为 R 质粒的衍生质粒,具有宿主范围广的特点,并具有接合转移基因。它的复制需要一种特殊的蛋白,大多数细菌不产生这种蛋白质,因此,当进入寄主细胞时,要么不能复制,被消除;要么被整合到染色体上,和染色体一起复制。自杀质粒应具备以下条件:在受体菌中不能复制;必须带有一个整合到染色体上以后可供选择的抗性标记;带有易于克隆的多克隆位点。

利用自杀质粒不能在宿主细胞内复制的特点,可以将基因缺失的 DNA 片段连接到自杀质粒上,然后利用缺失基因两端的同源片段定位整合到宿主染色体上,以获得精确基因缺失的突变菌株。多数情况下,利用自杀质粒可随意缺失大多数基因的任一部分序列,来获得基因缺失工程菌,但关键在于选择到适当的自杀质粒。

三、质粒载体的稳定性

质粒进入大肠杆菌细胞以后,会产生一系列生理效应,影响自身的稳定性,特别是表达型的质粒载体,外源基因的表达会引起宿主细胞的生长速率下降,以及质粒载体的丢失等现象。这种质粒的不稳定性包括分离不稳定和结构不稳定,前者指细菌细胞分裂过程中,有一个子细胞没有得到质粒拷贝,最终使无质粒的细胞成为优势群体;后者主要是指由于转座和重组,使质粒 DNA 重排或缺失。DNA 的缺失、插入和重排是造成质粒载体结构不稳定的主要原因,同向重复短序列之间的同源重组、寄主染色体及质粒载体上的 IS 因子或转位因子也会引起结构的不稳定。细胞分裂过程中发生的质粒不平均分配,是导致质粒分离不稳定的重要原因。影响质粒载体稳定性的主要因素有新陈代谢负荷和拷贝数差异度。

新陈代谢负荷会影响质粒稳定性,这是因为质粒载体可增加寄主细胞的代谢负荷,有时能延长其世代时间 15%左右。质粒相对分子质量的大小同宿主细胞生长延缓的程度正相关,这可能是由于质粒载体相对分子质量大,造成了宿主细胞 DNA 复制的负荷更大。宿主细胞为了维持质粒载体中外源基因的表达活性，也会在 DNA 转录和蛋白质翻译上增加额外的代谢负荷。如果外源基因携带较多的宿主细胞的稀有密码子，还会给宿主细胞带来所谓的“基因毒害”效应，降低质粒载体的稳定性，同时外源基因的表达产物对寄主细胞的毒害作用也会影响到质粒的稳定性。

拷贝数差异度是指在不同细胞中质粒的拷贝数各不相等，它也会影响质粒在宿主细胞中的稳定性。质粒拷贝数的差异程度可影响质粒的丢失速率，差异度大则很容易造成一些细胞发生质粒丢失，并逐渐发展为优势群体；差异度小则质粒相对稳定性更高。

四、基因工程中质粒载体的特点

1.质粒载体结构特点

基因工程中质粒载体是一种小型环状 DNA 分子，它必须包括三部分：一个复制子、一个选择性标志和一个克隆位点。复制子是含有 DNA 复制起始位点的一段 DNA，包括表达由质粒编码的、复制必需的 RNA 和蛋白质的基因。选择性标志对于质粒在细胞内持续存在是必不可少的。克隆位点是限制性内切酶切割位点，外源性 DNA 可由此插入质粒内，而且不影响质粒的复制能力，或为宿主提供选择性表型。

2.质粒载体拷贝数

复制子决定了质粒在宿主细胞内的拷贝数，基因工程中根据不同需要选择不同类型的复制子。Col E1 和 pMB 1 复制子派生的质粒具有高拷贝数的特点，每个细胞的拷贝数可达到 1 000~3 000 个，适合大量增殖克隆基因，或需要大量表达的基因产物。pSC 101 复制子派生的质粒载体（如 pLG338、pLG339 和 pLG415 等）在宿主细胞内拷贝数低，不适合大量扩增基因，但适用于某些特殊用途，例如，当有些被克隆的基因的表达产物过多时会严重影响寄主菌的正常代谢活动，导致寄主菌的死亡，这时就需要低拷贝的载体。还有一类是温度敏感型复制控制质粒，如 pBEU1 和 pBEU2，当温度低于 3 ℃时，拷贝数很少，当温度大于 40 ℃时，拷贝数会快速增加到 1 000 个以上。

3.质粒载体的选择标记

质粒转化受体细胞后，要使含有质粒的细胞被选出来，就需要一个选择标记。抗性标记是质粒使用最广泛的选择标记，其要求转化的宿主菌是抗生素敏感型的。细胞只有转化了带有抗性标记基因的质粒才能在添加了抗生素的培养基上生长，并形成菌落，从而达到筛选的要求。

质粒主要的抗生素选择标记有氨苄青霉素、氯霉素、四环素和卡那霉素四种。氨苄青霉素可抑制细胞壁肽聚糖的合成，与有关的酶结合并抑制其活性，抑制转肽反应。氨苄青霉素抗性基因编码的酶可分泌进入细胞的周质区，催化 β-内酰胺环水解，从而解除氨苄青霉素的毒性,因而氨苄青霉抗性标记是大多数大肠杆菌质粒载体的选择标记。需要注意的是,使用氨苄青霉素作选择标记的,若培养时间过长,则较其他选择标记更容易形成“卫星”菌落。

为了方便外源片段的连接,大多载体都含有一个包含多个串联排列的限制性内切核酶识别位点的多克隆位点(multiple cloning site,MCS)或多位点接头(如 pUC19)。这些酶切位点在载体内通常是唯一的,这样就可以防止插入片段插入不恰当的位置。多克隆位点的存在可以确保载体适合大部分的 DNA 片段,可以针对插入片段提供特定的酶切位点,使得质粒重组操作方面具有更大的灵活性。

值得一提的是,质粒插入外源片段后,当分子大于 15 kb 时,不仅会增加外源 DNA 片段和载体连接的难度,还会降低质粒的转化率,提取质粒 DNA 产量通常很低。所以在设计实验时要考虑插入 DNA 片段的最终载体大小,尽量选用更小的载体。

理想的基因工程质粒除了具备基本的结构外,一般还有以下几点要求:

第一,要有较高的自主复制能力,能在宿主细胞中复制繁殖;

第二,容易进入宿主细胞,而且进入效率越高越好;

第三,容易插入外来核酸片段,插入后不影响其进入宿主细胞和在细胞中的复制,这就要求载体 DNA 上要有合适的限制性核酸内切酶位点;

第四,容易从宿主细胞中分离纯化出来,便于重组操作;

第五,有容易被识别筛选的标志,当其进入宿主细胞或携带外来的核酸序列进入宿主细胞时都能容易被辨认和分离出来。

需要注意质粒选择标记和筛选标记的区别,选择标记用来保证转化子是带有质粒的,而筛选标记用来区别重组质粒与非重组质粒。当一个外源 DNA 片段插入到一个质粒载体上时,可通过筛选标记来筛选插入了外源片段的质粒,即重组质粒。大肠杆菌 β-半乳糖苷酶基因是质粒最常用的筛选标记。

由于越来越多含有质粒的微生物和新的质粒被发现,人工设计、改造的质粒更是爆发性增长,因此迫切需要一个统一的命名规则来结束文献中质粒名称的混乱,但直到 1976 年 Novick 等才提出一个可为质粒研究者普遍接受和遵循的命名原则。这个命名原则是:质粒名称由三个英文字母和编号组成,其中,第一个字母一律为小写 p,代表质粒;在字母 p 后为两个大写字母,是发现这一质粒的人名、实验室名称、表型特征或者其他特性的英文缩写;编号为阿拉伯数字,用于区分同一类型的不同质粒。如 pBR322,p 表示一种质粒,而“BR”则是分别取自该质粒的两位主要构建者 F. Bolivar 和 R.L. Rodriguez,322 为质粒的编号。再如 pUC18 和 pUC19,通过命名就可以知道它们是同一类型的不同编号的质粒,有着相同的基本结构。

第三节 噬菌体载体

噬菌体是一类细菌病毒的总称。与质粒相比,噬菌体结构要复杂些,病毒颗粒主要由DNA(或RNA)和外壳蛋白质组成,其DNA分子上除了复制起点之外,还有编码外壳蛋白质的基因。和质粒分子一样,噬菌体也可用于克隆和扩增特定的DNA片段,但是用噬菌体感染细胞比质粒转化细胞更为有效,而且噬菌体的克隆容量也明显大于质粒的。因而对于基因克隆的研究,噬菌体已成为一种不可或缺的基因载体。重组DNA技术中常用的噬菌体克隆载体主要来自λ噬菌体和单链丝状噬菌体M13。

一、噬菌体载体的生物学特性

噬菌体由遗传物质核酸及其外壳组成。噬菌体颗粒外壳是蛋白质分子,内部的核酸一般是双链线性DNA分子,也有的是双链环形DNA、单链线性DNA、单链环形DNA以及单链RNA等多种形式。不同种噬菌体的核酸分子量相差很大,而且有些噬菌体的DNA碱基并不是由标准的A、T、C、G四种碱基组成。

不同种类的噬菌体颗粒在结构上差别很大,可分为三种类型。大多数噬菌体是具尾部结构的二十面体(头部下端连接着一条尾部结构),看起来像是一种小型的皮下注射器,如T4噬菌体。另两种类型是无尾部结构的二十面体型和线状体型。

噬菌体的感染效率极高。一个噬菌体颗粒感染了一个细菌细胞之后,便可迅速地形成数百个子代噬菌体颗粒,每一个子代颗粒又各自能够感染一个新的细菌细胞,再产生出数百个子代颗粒,如此只要重复4次感染周期,一个噬菌体颗粒便能够使数十亿个细菌细胞死亡。若是在琼脂平板上感染生长的细菌,则是以最初被感染的细胞所在的位置为中心,慢慢地向四周均匀扩展,最后在琼脂平板上形成明显的噬菌斑,也就是感染的细菌细胞被噬菌体裂解之后留下的圆形透亮空斑(图6-1)。噬菌斑的大小,从肉眼勉强可见的小型斑到直径为1 cm以上的大型斑不等。在适当条件下,一个噬菌斑是由一个噬菌体粒子形成的。在基因重组中,噬菌斑是噬菌体重组包装成功的筛选标志。

噬菌体的生活周期有溶菌周期和溶源周期两种不同类型(图6-2)。在溶菌周期中,噬菌体DNA注入细菌细胞后,噬菌体DNA大量复制,并合成新的头部和尾部蛋白质,头部蛋白质组装成头部,并把噬菌体的DNA包裹在内,然后再同尾部蛋白质连接起来,形成子代噬菌体颗粒,最后噬菌体产生一种特异性的酶,破坏细菌细胞壁,子代噬菌体颗粒被释放出来,细菌裂解死亡。这种具有溶菌周期的噬菌体被称为烈性噬菌体。在溶源周期中,噬菌体的

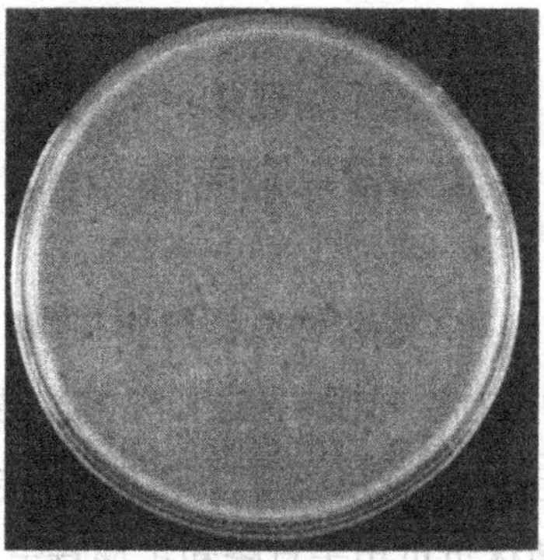

图 6-1　噬菌体形成透明噬菌斑

DNA 进入细菌细胞后,并不马上进行复制,而是在特定的位点整合到宿主染色体中,成为染色体的组成部分,随细菌染色体的复制而复制,并分配到子细胞中而不会出现子代噬菌体颗粒。但是,这种潜伏的噬菌体 DNA 在某种营养条件或环境条件的胁迫下,可从宿主染色体 DNA 上切割下来,并进入溶菌周期,细菌同样也会因裂解而致死,释放出许多子代噬菌体颗粒。这种既能进入溶菌周期又能进入溶源周期的噬菌体称为温和噬菌体。

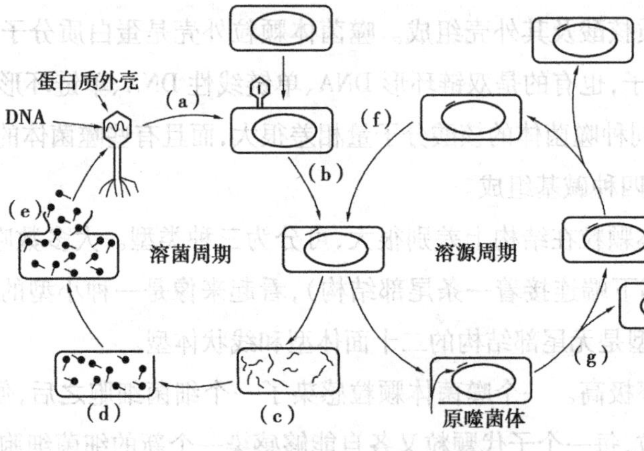

图 6-2　噬菌体的生命周期

(a)噬菌体增殖的第一步是吸附到寄主细胞上,同一个细胞可以同时吸附一个以上的噬菌体颗粒;(b)噬菌体的 DNA 注入感染的寄主细胞内;(c)噬菌体 DNA 大量增殖;(d)子代噬菌体颗粒的组装;(e)寄主细胞溶菌,释放出大量新的噬菌体颗粒;(f)噬菌体的 DNA 从寄主染色体 DNA 上删除下来;(g)溶源性细胞通常按照正常细胞的速率进行分裂。

二、λ 噬菌体载体

λ 噬菌体载体是最早使用的克隆载体之一,也是迄今为止研究得最为详尽的一种大肠杆菌双链 DNA 噬菌体载体,在重组 DNA 中被广泛应用。

1.λ 噬菌体载体的生物学特性

λ 噬菌体是一种中等大小的温和噬菌体，由 DNA(λDNA)和外壳蛋白质组成。其外形特征类似于蝌蚪，由头和尾组成。头部呈等轴的二十面体，直径约 54 nm，λDNA 被包裹在其中；尾部无尾鞘，长 150 nm，主要由衣壳蛋白组成。

λ 噬菌体 DNA 是一条线性双链 DNA 分子，长度为 48 502 bp。在其两端的 5′末端各带有一个长为 12 个碱基(序列为 5′GGGCGGCGACCT3′)的单链互补黏性末端。一旦进入宿主细胞，单链互补黏性末端便配对形成双链环状 DNA 分子，这种由黏性末端结合形成的双链区段称为 cos 位点。随后环状 DNA 的两切口在宿主细胞的 DNA 连接酶和促旋酶的作用下，形成封闭的环状双链，充当转录的模板。

λ 噬菌体基因组 DNA 至少含有 61 个基因，其中有一半左右参与了噬菌体生命周期活动，这类基因称为 λ 噬菌体的必要基因；另一部分基因，当它们被外源基因取代后，并不影响噬菌体的生命功能，这类基因称非必要基因，如 J 基因至 N 基因之间的 DNA 序列以及 P 基因至 Q 基因之间的序列。取代了非必要基因的外源基因，可以随宿主细胞一起复制和增殖，这一点在基因工程中是非常重要的。为了介绍方便，将 λ 噬菌体基因组人为地划分为三个区域：①左侧区，从 A 基因到 J 基因，包含外壳蛋白的全部编码基因；②中间区，从 J 基因到 N 基因，这个区又称为非必需区，包含一些与重组有关的基因、使噬菌体整合到染色体的 int 基因，以及把原噬菌体从宿主染色体删除下来的 xis 基因；③右侧区，位于 N 基因的右侧，包含全部的主要调节基因以及噬菌体的复制基因(O、P)和溶菌基因(S、R)(图 6-3)。

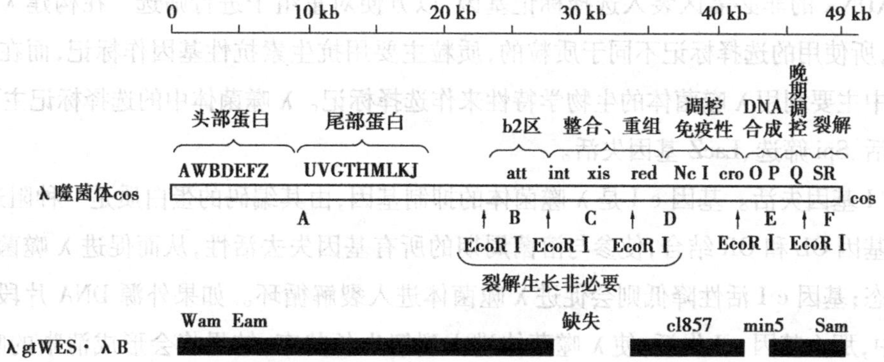

图 6-3 λgtWES.λB 噬菌体载体的构建

λ 噬菌体具有溶菌和溶源两条生长途径。当 λ 噬菌体感染宿主细胞后，双链 DNA 分子通过 cos 而成环状。只有一部分细胞进入裂解循环时，λ 噬菌体进行溶菌生长途径，借助于宿主的复制和转录系统的功能，环状 DNA 分子在宿主细胞内复制若干次，合成大量的噬菌体基因产物，形成子代噬菌体颗粒，成熟后使细菌裂解，释放出许多新的有感染能力的病毒颗粒。其他大多数感染的细胞进入溶源状态，λ 噬菌体进行溶源生长途径，噬菌体 DNA 在特定的位点整合到宿主染色体 DNA 中，与宿主染色体形成一体，并随宿主染色体的复制而复制,随宿主的分裂繁殖而传递给下一代细菌。

2.λ 噬菌体载体的构建

在基因工程中,λ 噬菌体载体是最主要的一种载体。然而野生型的 λ 噬菌体并不适于直接用作基因克隆的载体,一方面 λDNA 基因组大而复杂,特别是其中具有多个基因克隆常用的限制酶识别位点(如 5 个 BamH Ⅰ位点、6 个 BglⅡ位点和 5 个 EcoR Ⅰ位点等);另一方面,λ 噬菌体外壳只能接纳相当于基因组大小 75% ~105%的 DNA 分子。因此必须对野生型 λDNA 进行改造使之成为理想的基因克隆载体。对野生型的 λ 噬菌体的改造主要包括以下几方面。

①去除 λDNA 非必需区,增加承载外源 DNA 片段的容量。这是改造 λDNA 的首要目标。为此,改造中可以删除λ噬菌体的非必需区,使λ噬菌体载体可插入长 5~20 kb 的外源 DNA 片段,而不影响其感染力。这样改造后的 λ 噬菌体载体比质粒载体具有更大的装载能力。

②去除多余的限制酶切割位点,确定 1~2 个单酶切位点作为克隆位点。以野生型 λ 噬菌体为例,其 DNA 上有 65 种限制酶酶切点,除 Apa Ⅰ、Nae Ⅰ、Nar Ⅰ、Nhe Ⅰ、SnaB Ⅰ、Xba Ⅰ和 Xho Ⅰ等 7 种限制酶各有一个切点外,其余都多于 2 个。有些酶切点在 λ 噬菌体增殖所必需的基因区域内。因此,在构建克隆载体时,对于某种限制性内切酶来说,只能保留 1~2 个单酶切位点作为克隆位点,用于插入或替换外源 DNA 片段,而必需区内的这种酶的识别序列必须用点突变或甲基化酶处理等方法使之失效,避免外源 DNA 片段的插入或替换。

③λDNA 的非必需区装入选择标记基因,以方便对重组子进行筛选。在构建 λ 噬菌体载体时,所使用的选择标记不同于质粒的,质粒主要用抗生素抗性基因作标记,而在 λ 噬菌体载体中主要利用 λ 噬菌体的生物学特性来作选择标记。λ 噬菌体中的选择标记主要有 c Ⅰ基因失活、Spi 筛选、LacZ 基因失活。

a.c Ⅰ基因失活。基因 c Ⅰ是 λ 噬菌体的抑制基因,由其编码的蛋白质是一种阻遏物,能同操纵基因 OL 和 OR 结合,使参与溶菌周期的所有基因失去活性,从而促进 λ 噬菌体进入溶源状态;基因 c Ⅰ活性降低则会促进 λ 噬菌体进入裂解循环。如果外源 DNA 片段插入基因 c Ⅰ中,那么基因 c Ⅰ失活,使 λ 噬菌体进入裂解生长状态,结果将会形成清晰的噬菌斑。不同的噬菌斑形态学特征上的差别可作为重组体筛选的标志。

b.Spi 筛选。野生型 λ 噬菌体在带有 P2 原噬菌体的溶源性 E. coli 中的生长会受到限制的表型,称作 Spi+,即对 P2 噬菌体的干扰敏感。这种生长抑制作用受 λ 噬菌体 red 和 gam 两个重组基因编码的产物控制。当 λ 噬菌体中这两个参与重组的基因被外源 DNA 取代后,则获得了 Spi-表型,可以在 P2 溶源性 E. coli 中生长并形成噬菌斑。因此,通过 λ 噬菌体载体 DNA 上的 red 和/或 gam 基因的缺失或替换,可在 P2 噬菌体溶源性细菌中鉴别重组和非重组 λ 噬菌体。但是这种筛选方法具有一定的局限性,只能用 P2 原噬菌体溶源性细菌作为受体菌。

c.LacZ 基因失活。LacZ 基因也可用于 λ 噬菌体载体,通过插入或替换载体中的 β-半乳糖苷酶基因片段,在 IPTG/X-gal 平板上可通过噬菌斑的颜色筛选重组噬菌体。

④建立重组的 λDNA 分子的体外包装系统,高效地感染受体细胞。

λ 噬菌体改造成基因工程中使用的载体,目的是把外源 DNA 片段插入载体中,并使它导入受体细胞。完成这一过程最简单的方法是用重组体 DNA 分子直接感染大肠杆菌,使之侵入宿主细胞内。这种由宿主细胞捕获噬菌体(病毒)DNA 的过程称为转染;以噬菌体颗粒为媒介转移遗传物质的过程,特称为转导;而将质粒等外源 DNA 制剂引入细胞的过程,称为转化。从本质上看,λDNA 的转染作用同质粒 DNA 的转化作用并无原则上的差别,但在一般情况下,转化得到的是转化子菌落,转染得到的是噬菌斑。相对于转化作用,转染是一个低效的过程,很难满足一般的实验要求。所以在基因操作中,λ 重组体 DNA 的直接转染并不常用。目前主要应用体外包装技术,将 λ 重组体 DNA 包装进噬菌体颗粒,再转导受体细胞,这样便提高了外源 DNA 片段导入细胞的效率。

所谓 λDNA 的体外包装,就是在试管中完成噬菌体在宿主细胞内的全部组装过程。建立体外包装系统的关键是筛选获得 D 基因和 E 基因缺失的入噬菌体突变株 D-和 E-。而 λ 噬菌体突变株 D-和 E-是一对互补的头部突变型噬菌体。将这两种不同突变型的噬菌体提取物混合起来,就能够在体外装配成有生物活性的噬菌体颗粒。当 λ 噬菌体突变株 D-和 E-分别感染受体菌时,二者均能复制 λDNA 分子,但不能把 λDNA 包装成噬菌体颗粒。当两个受体细胞合成的蛋白质混合后,则 D 蛋白和 E 蛋白彼此互补,能有效地将复制的 λDNA 分子包装成为成熟的噬菌体颗粒。上述突变株的受体菌经诱导培养后可提取用于包装全部蛋白质,成为 λDNA 分子的体外包装系统。用体外包装形成噬菌体颗粒的方法将重组体 DNA 导入受体菌,每微克 DNA 可形成 106 个噬菌斑,比不包装的裸露 DNA 分子的效率高 100～10 000倍。

3.λ 噬菌体载体种类

随着体外包装技术和寡聚核苷酸合成技术的发展,人们已经构建了许多 λ 噬菌体的派生载体,可以归纳成两种不同的类型:插入型载体和置换型载体。

(1)插入型载体

通过特定的酶切位点允许外源 DNA 片段插入的载体称为插入型载体。由于 λ 噬菌体对所包装的 DNA 有大小的限制,因此一般插入型载体设计为可插入 6 kb(最大为 11 kb)外源 DNA 的片段。

插入型载体又分为两种类型:①c Ⅰ基因插入失活。如 λgt10、λNM 1149 等载体,在 c Ⅰ基因上有 EcoR Ⅰ及 HindⅢ的酶切位点,外源基因插入后将导致 c Ⅰ基因失活。c Ⅰ基因失活后噬菌体不能溶源化,产生清晰的噬菌斑;相反,则产生浑浊的噬菌斑。因此可利用不同的噬菌斑形态作为筛选重组体的标志。②lacZ 基因插入失活。如 λgt11、Charon2、Charon16A 载体,在非必需区引入 lacZ 基因,在 lacZ 基因上有 EcoR Ⅰ位点,插入失活后利用 X-gal 法筛选(蓝白斑筛选)。

(2)置换型载体

允许外源DNA片段替换非必需DNA片段的载体,称为置换型载体,又称取代型载体。这类载体是在λ噬菌体基础上改建而成的,由左臂、右臂以及左右臂之间的一段填充片段组成,其中左臂包含使噬菌体DNA成为一个成熟的、有外壳的病毒颗粒所需的全部基因,全长约20 kb;右臂包含所有的调控因子、与DNA复制及裂解宿主菌有关的基因,这个区域约长12 kb;中间填充片段约长18 kb,这一段DNA可以被外源片段置换而不会影响λ噬菌体裂解生长的能力。置换型λ噬菌体是使用最广泛的载体。一般情况下,置换型载体克隆外源片段的大小为9~23 kb,常用来构建基因组文库。随着多克隆位点技术的应用,现在许多常用的λ噬菌体载体都带有多克隆位点,两个多克隆位点区往往以反向重复形式分别位于DNA的填充片段两端。当外源DNA插入时,一对克隆位点之间的DNA片段便会被置换掉,从而有效提高克隆外源DNA片段的能力。

λNM781是替换型载体的一个代表。在λNM781载体中,可取代的EcoR I片段,编码有一个supE基因(大肠杆菌突变体tRNA基因),由于这种λNM781噬菌体的感染,宿主细胞lacZ基因的琥珀突变便被抑制,能在乳糖麦康基琼脂培养基上产生红色的噬菌斑,或是在X-gal琼脂培养基上产生蓝色的噬菌斑。如果这个具有supE基因的EcoR I片段被外源DNA取代,那么所形成的重组体噬菌体,在上述这两种指示培养基上都只能产生无色的噬菌斑。

4.柯斯质粒载体

柯斯质粒载体是一类人工构建的含有λDNA cos序列和质粒复制子的特殊类型的载体,也称为黏粒载体,即由质粒和λ噬菌体的黏性末端构建而成。借用cos-(黏性尾巴)作字头、质粒的-mid作字尾,故称cosmid。柯斯质粒是1978年J.Coffins及B.Hohn等发明的,比λ噬菌体具有更大的克隆能力,在真核基因的克隆中起到了巨大的作用。

(1)柯斯质粒载体的构成

柯斯质粒载体是一种环状双链DNA分子,大小为4~6 kb。它由四部分组成,即质粒的复制起点、一个或多个限制性核酸内切酶的单一切割位点、抗性标记基因和λ噬菌体的黏性末端片段。来自λDNA部分的片段除了提供cos位点外,在cos位点两侧还具有与噬菌体包装有关的DNA短序列,这样就能够包装成有感染性的噬菌体颗粒。

柯斯质粒载体兼具有λ噬菌体的高效感染能力和质粒易于克隆选择的优点。外源DNA片段插入到柯斯质粒载体特定位置,便形成重组的柯斯质粒,就可以包装到噬菌体颗粒中。由于缺失λDNA复制起点,这时噬菌体颗粒不能像λ噬菌体颗粒一样复制,但是有感染力,可以携带重组DNA进入宿主细菌细胞中。进入细胞后,柯斯质粒DNA可以利用质粒的复制起点像质粒一样复制。柯斯质粒载体克隆能力为31~45 kb,是早期构建基因组文库的首选载体。图6-4是常用的柯斯质粒载体pHC79的基本结构。

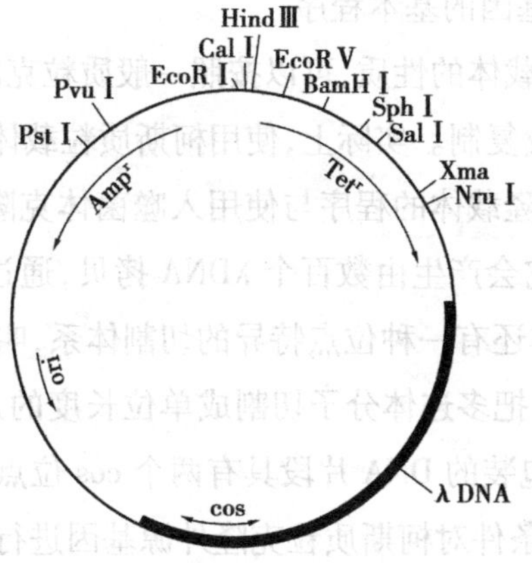

图 6-4　柯斯质粒载体 pHC79 的结构图

(2)柯斯质粒载体的特点

目前已经在基因克隆通用的质粒载体的基础上,发展出了许多不同类型的柯斯质粒载体。柯斯载体的特点大体上可归纳为以下四个方面。

第一,具有 λ 噬菌体的特性。由于柯斯质粒载体不含 λ 噬菌体裂解生长、溶源性途径和 DNA 复制系统,所以不会产生子代噬菌体。但是,此载体含有一个 cos 位点,在 A 蛋白的作用下,cos 位点被切开,提供体外包装必需的 cos 末端。柯斯质粒载体在克隆了合适长度的外源 DNA,并在体外被包装成噬菌体颗粒之后,可以高效地转导对噬菌体敏感的大肠杆菌宿主细胞。进入宿主细胞之后的柯斯质粒 DNA 分子,便按照 λ 噬菌体 DNA 同样的方式环化起来。但由于柯斯质粒载体不含有 λ 噬菌体的全部必要基因,因此它不能够通过溶菌周期,无法形成子代噬菌体颗粒。

第二,具有质粒载体的特性。柯斯质粒载体具有质粒复制子,因此在宿主细胞内能够像质粒 DNA 一样进行复制,并且在氯霉素作用下,同样也会获得进一步的扩增。此外,柯斯质粒载体通常也具有抗生素抗性基因,可作重组体分子表型选择标记,其中有一些还可带上基因插入失活的克隆位点。

第三,具有高容量的克隆能力。柯斯质粒载体的分子一般只有 5~7 kb。按 λ 噬菌体的包装限制(38~52 kb),可以插入到柯斯质粒载体上并能被包装成噬菌体颗粒的最大外源 DNA 片段可达 45 kb 左右。同时,由于包装限制,柯斯质粒载体的克隆能力还存在着一个最低极限值。如果柯斯质粒载体自身大小为 5 kb,那么插入的外源 DNA 片段至少要有 33 kb,才能包装形成具有感染性的噬菌体颗粒。由此可见,柯斯质粒载体适用于克隆大片段的 DNA 分子。

第四,具有与同源序列的质粒进行重组的能力。柯斯质粒载体能与共存于同一宿主细胞中的带有共同序列的质粒进行重组,形成共合体。当一个柯斯质粒载体与带有不同抗药性标记的质粒转化同一宿主细胞时,便可筛选到具有相容性复制起点的共合体分子。

(3)柯斯质粒载体克隆基因的基本程序

柯斯质粒载体具有质粒载体的性质,可以按照一般质粒克隆载体进行操作,转化宿主细胞,可在宿主细胞内进行自我复制。实际上,使用柯斯质粒载体主要是利用其λ噬菌体载体性质。但是使用柯斯质粒克隆载体的程序与使用入噬菌体克隆载体的程序有所不同。在λ噬菌体的正常生命周期中,它会产生由数百个λDNA拷贝,通过cos位点彼此相连而组成的多连体分子。同时,λ噬菌体还有一种位点特异的切割体系,叫作末端酶或Ter体系,它能识别两个距离适宜的cos位点,把多连体分子切割成单位长度的片段,并把它们包装到λ噬菌体头部中。Ter体系要求被包装的DNA片段具有两个cos位点,而且两个cos位点之间的距离要保持在38~54 kb,这些条件对柯斯质粒克隆外源基因进行体外包装是非常重要的。

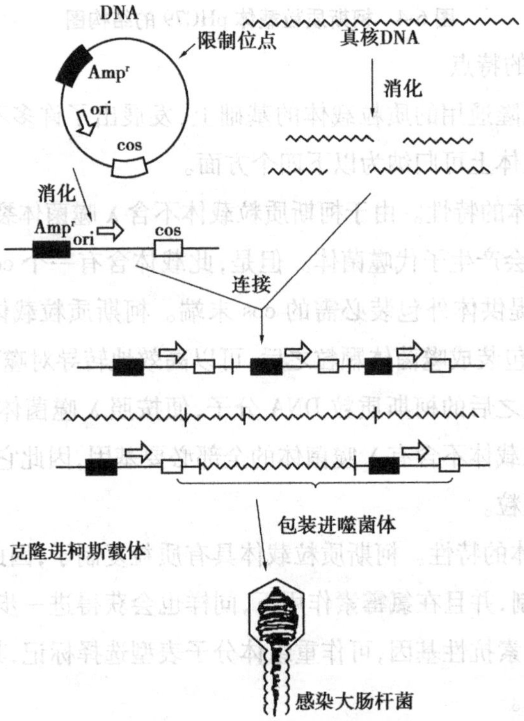

图6-5 柯斯质粒载体进行基因克隆的基本程序

应用柯斯质粒载体克隆外源DNA的一般程序是(图6-5):先用适当的限制性核酸内切酶部分水解真核DNA,产生平均大小为40~45 kb的DNA片段,与经同样的限制性内切酶酶切的柯斯质粒载体线性DNA分子进行连接反应。由此形成的连接物群体中,有一定比例的分子是两端各带一个cos、中间外源DNA片段长度在40~45 kb的重组体。这样的分子同λ噬菌体裂解生长晚期所产生的DNA分子类似,可作为λ噬菌体Ter功能的一种适用底物。当与λ噬菌体外壳包装物混合时,它能识别并切割这种两端由cos位点包围着的40~45 kb长的真核DNA片段,并把这些分子包装进λ噬菌体的头部。当然,由包装形成的含有这种DNA片段的λ噬菌体头部则不能够作为噬菌体生存,但它们可以用来感染大肠杆菌。感染之后,可将这种真核DNA-cos杂种分子注入细胞内,并通过cos位点环化起来,然后按质粒分子的方式进行复制并表达其抗药性基因,使宿主获得抗性,最后获得大肠杆菌菌落,而不是噬菌斑。

第四节 酵母载体

基因的体外重组和表达体系起始于大肠杆菌,随着对真核基因表达和调控研究的深入,科学家发现酵母是研究真核生物 DNA 的复制、重组、基因表达及调控等过程的理想材料。在基因克隆实验中,酵母是真核生物常用的受体细胞。在酿酒酵母的大部分品系中都发现了质粒的存在,即 2 μm 质粒,它是所有真核生物染色体外遗传因子研究得最多、最深入的一种质粒。该质粒是一闭合环状双链 DNA 分子,长度为 2 μm,分子大小约为 6 300 bp,通常与蛋白质结合构成复合物,含有自主复制起始区和 STB 区,STB 序列能够使质粒在供体细胞中维持稳定,每个细胞有 20~80 个质粒拷贝。在选择标记上,一般利用酵母的正常编码合成氨基酸的酶的基因。如 Leu2 基因编码 β-异丙基苹果酸脱氢酶,参与丙酮酸向亮氨酸的转化。为了利用 Leu 氨基酸作为选择标记,还需用到一种特殊的宿主,即 Leu2 营养缺陷体,它只有在添加亮氨酸的条件下才能正常生长。质粒中含有 Leu2 合成基因,可以在基本培养基上生长。

目前,人们已构建了许多酵母质粒载体,根据质粒的复制方式不同,把它们分为整合型载体(yeast integrative plasmid vector, YIp)、复制型载体(yeast replicating plasmid vector, YRp)、着丝粒型载体(yeast centromere-containing plasmid vector 或 yeast centromere plasmid vector, YCp)、附加体型载体(又称游离型质粒, yeast episomal plasmid vector 或 yeast extrachromosomal plasmid vector, YEp)等。以上几种类型的载体,它们共同的特点是:①能在大肠杆菌中克隆,并且具有较高的拷贝数。这样可使外源基因转化到酵母细胞之前先在大肠杆菌中扩增。②含有在酵母中便于选择的遗传标记。这些标记一般能和大肠杆菌相应的突变体互补,如 Leu^{2+}、His^{+}、URA^{3+}、Trp^{+}等;有些还携带用于大肠杆菌的抗生素抗性标记。③含有合适的限制酶切位点,以便外源基因的插入。酵母经过处理后,也像大肠杆菌一样能够接受外源重组体的导入。酵母的转化过程一般是先用酶消化细胞壁形成原生质体,经氯化钙和聚乙二醇(PEG)处理,使质粒 DNA 进入细胞,然后在允许细胞壁再生的选择培养基中培养。

一、整合型载体(YIp)

YIp 型载体比较简单,属于穿梭质粒、自我复制型载体,由大肠杆菌质粒和酵母的 DNA 片段构成。如 Pyeleu10 就是由 ColE1 质粒和酵母 DNA 提供的亮氨酸基因(Leu^{2+})片段构成的。由于Leu^{2+}基因片段不含自主复制起始区，只作为选择标记，所以 YIp 型载体在酵母细胞中不能自主复制。YIp 型载体含有 4 个主要部分：①多克隆位点；②抗氨苄青霉素基因 Ampr；③大肠杆菌复制起点；④尿嘧啶自养型基因 URA3，在酵母菌第 V 染色体上有 URA3 的同源顺序，通过交换可将 YIp 整合到第 V 染色体中。

YIp 型载体可经转化导入受体细胞，进入细胞后的 YIp 质粒 DNA 通过与受体染色体 DNA 的同源重组，被整合到染色体上，并随染色体一起复制。这样质粒 DNA 以单拷贝基因形式稳定地遗传。YIp 型载体的特点是转化率低（只有 1~10 转化子/μgDNA），但转化子稳定，多用于遗传分析工作。图 6-6 是 YIp5 载体的结构示意图。

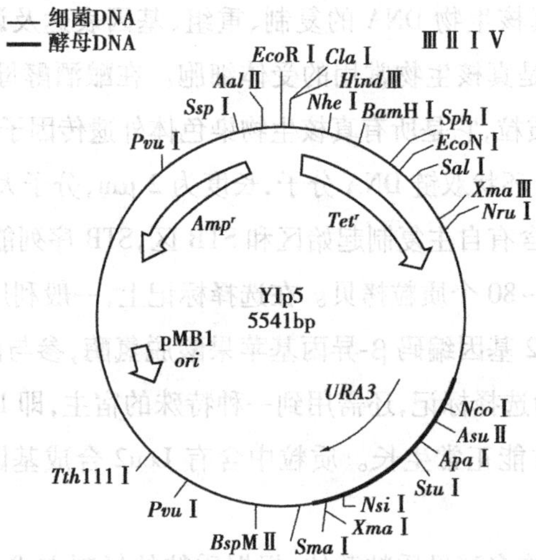

图 6-6 YIp5 载体的结构示意图

Amp^r—氨苄青霉素抗性基因；Tet^r—四环素抗性基因；URA3—尿嘧啶自养型基因；pMB1ori—质粒 pMBl 复制起点；外圈标记为各种限制酶位点。

二、复制型载体（YRp）

YRp 型载体是酵母的 DNA 片段插入到大肠杆菌质粒中构成的，其中酵母 DNA 片段不但提供了选择标记，还携带有来自酵母染色体 DNA 的自主复制顺序（ARS）。因为它同时含有大肠杆菌和酵母的自主复制基因，所以能在两种细胞中存在和复制，这种载体又称为穿梭载体。所谓穿梭载体，是指可以在两种截然不同的生物细胞中复制的载体，含有不止一个 ori、能携带插入序列在不同种类的宿主中繁殖，在原核生物和真核生物细胞中都能复制和表达。这类载体不仅具有细菌质粒的复制起点及选择标记基因，还有真核生物的自主复制序列（ARS）以及选择标记性状，具有多克隆位点。通常穿梭载体在细菌中用于克隆、扩增，在酵母菌中用于基因表达分析，由于许多基因操作在大肠杆菌中更为方便，这样人们可以利用穿梭载体先在大肠杆菌中进行真核基因的大量扩增，然后再通过原生质体转化引入酵母细胞进行一些真核基因的研究。因此,穿梭载体在基因工程中广泛使用。图 6-7 是 YRp7 载体的结构示意图。

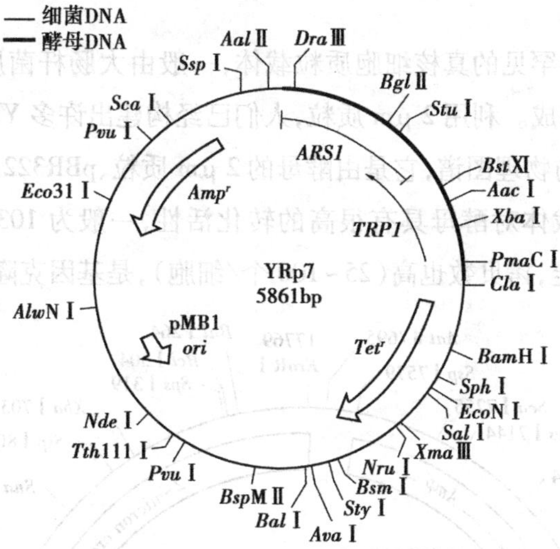

图 6-7 YRp7 载体的结构示意图

YRp 型载体对酵母的转化率极高(102 ~ 103 转化子/μgDNA),拷贝数也较高。由于 YRp 质粒以 cccDNA 分子形式存在,故很容易从酵母中提取到。但在受体细胞中不稳定,容易丢失,这是它的缺点。若在 YRp 型质粒中插入酵母染色体的着丝粒区,则构成了酵母着丝粒型载体(图 6-8),由于着丝粒区的作用,这类载体在供体细胞中的行为类似染色体,能够稳定遗传,但以单拷贝存在,因此由供体细胞重新获得 YCp 质粒则比较困难。

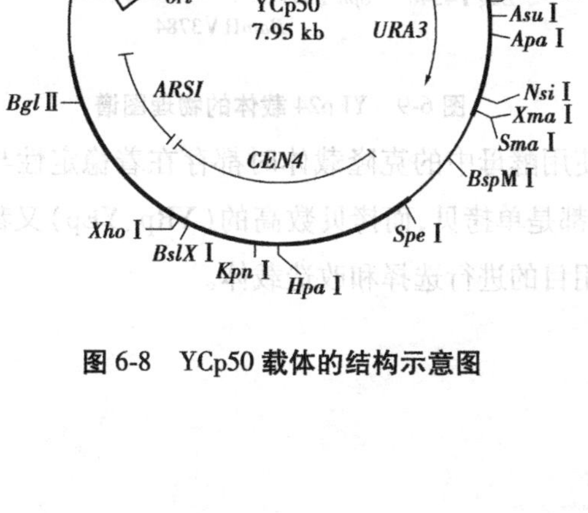

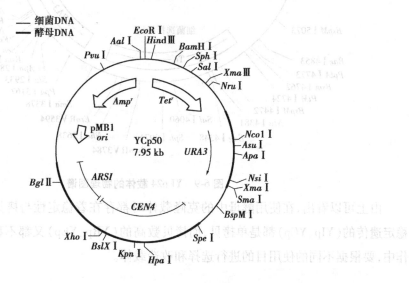

图 6-8 YCp50 载体的结构示意图

三、附加体型载体(YEp)

YEp 型载体是一种罕见的真核细胞质粒载体，一般由大肠杆菌质粒、2 μm 质粒以及酵母染色体的选择标记构成。利用 2 μm 质粒，人们已经构建出许多 YEp 型载体。图 6-9 所示为 YEp24 载体的结构与物理图谱，它是由酵母的 2 μm 质粒、pBR322 质粒和酵母的 URA3 基因等构成的。YEp 型载体对酵母具有很高的转化活性，一般为 103 ~ 105 转化子/μgDNA。其比 YRp 型质粒更稳定，拷贝数也高(25 ~ 100 个/细胞)，是基因克隆中的常用载体。

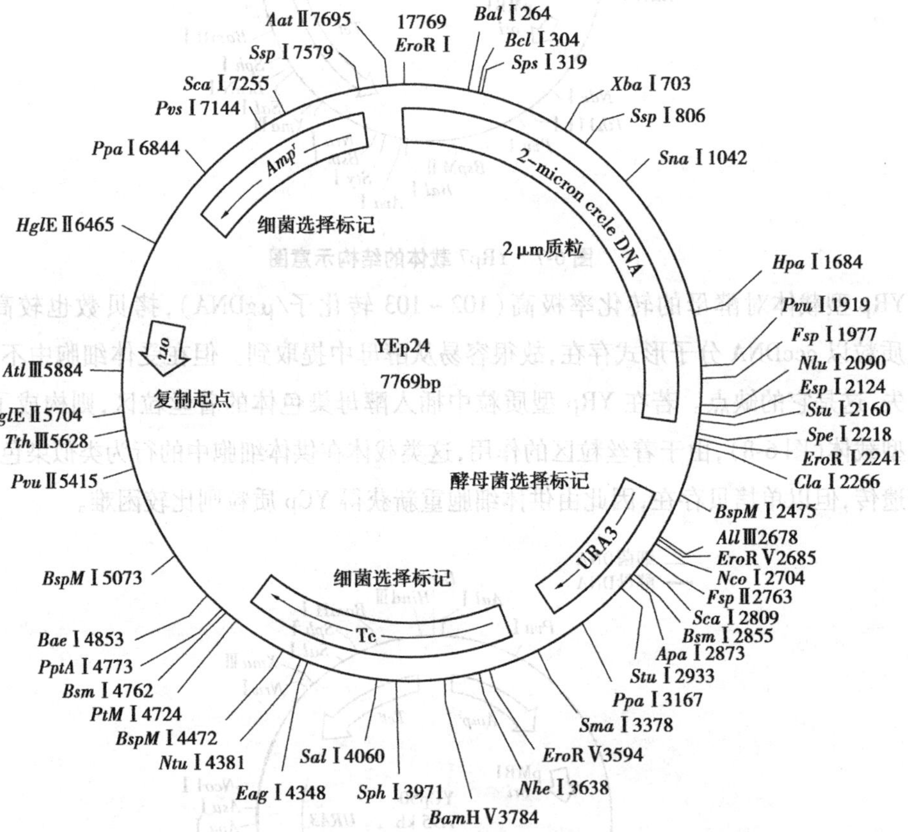

图 6-9 YEp24 载体的物理图谱

由上可以看出，在使用酵母中的克隆载体时都存在着稳定性与拷贝数之间的矛盾。能稳定遗传的(YIp、YCp)都是单拷贝，而拷贝数高的(YRp、YEp)又都不稳定。因此在基因操作中，要根据不同的使用目的进行选择和改造载体。

第五节 Ti 质粒表达载体

一、Ti 质粒的结构

Ti 质粒存在于能够引起植物形成冠瘿瘤的土壤农癌杆菌中。这种肿瘤的形成是由 Ti 质粒决定的，故称为诱导肿瘤的质粒，简称 Ti 质粒。

在 Ti 质粒诱导的肿瘤细胞中，具有大量的不正常的氨基酸类物质——冠瘿碱，这是一类相对分子质量较小的碱性氨基酸衍生物，由 Ti 质粒 DNA 编码。正常植物细胞不能合成和利用冠瘿碱，而土壤农癌杆菌能够选择性地利用这类化合物作为自己唯一的能源、碳源和氮源。根据冠瘿瘤合成的冠瘿碱种类，Ti 质粒可分为章鱼碱、农杆碱、农杆菌素和琥珀碱 4 种不同类型。

Ti 质粒为环状双链 DNA，相对分子质量为 1.2×10^8，片段大小为 200~250 kb。Ti 质粒可分为 4 个区：①T-DNA 区（transfer-DNA region），Ti 质粒中能转移到植物细胞内的区域，是 Ti 质粒最重要的组成部分。不同来源的菌株，T-DNA 的长度为 12~24 kb。T-DNA 区所携带的基因主要有两个功能，一是决定肿瘤的形成和形态，二是控制冠瘿碱的合成。这也是 Ti 质粒的主要功能，说明 T-DNA 是 Ti 质粒的核心区段。在 T-DNA 左右边界各有一个长为 25 bp 的重复序列，在不同的 Ti 质粒上高度保守，其中 14 bp 是完全保守的，分 10 bp（CAG-GAATATAT）和 4 bp（GTAA）不连续的两组。左右两个边界序列对于 T-DNA 的转移和整合是不可缺少的，尤其是右边界序列的缺失或突变，可导致 T-DNA 的转移功能大大降低，甚至完全丧失。引发植物产生肿瘤的基因（Onc）都在 T-DNA 区域。只要保留 T-DNA 边界序列，虽然中间 Onc 等序列被替换，T-DNA 区仍可转移并整合到植物基因组中去。因此，将外源 DNA 片段插入到 T-DNA 区域的一定位点，就可以利用 T-DNA 的转移特性，将基因导入植物的基因组，达到转基因的目的。②毒性区（virulence region，vir），位于 T-DNA 区的上游的一个 30~40 kb 的区域内，该区段编码的基因虽然并不整合进植物基因组，但其表达产物可激活 T-DNA 向植物细胞的转移，这一区域也称为致病区。③接合转移区（region encoding conjucations，con），该区含有与农杆菌之间接合转移有关的基因（tra），这些基因受宿主细胞合成的冠瘿碱激活，使 Ti 质粒在细菌之间转移。④复制起始区（origin of replication，ori），调控质粒的自我复制。

二、Ti 质粒的改造

Ti 质粒的 T-DNA 能够自发地整合到植物染色体 DNA 上，诱导植物形成肿瘤，是一种理想的天然植物基因工程载体。Ti 质粒能够转化裸子植物和双子叶被子植物。N. Grimsley (1987 年) 的实验证明：重要的禾谷类植物玉米也能被 Ti 质粒转化。这为 Ti 质粒发展为单子叶植物基因克隆载体增加了希望。

Ti 质粒中的 T-DNA 整合到宿主染色体 DNA 上成为正常的遗传成分，世代相传。T-DNA 上的 opine 合成酶基因具有一个强的启动子，能启动外源基因在植物细胞中高效表达，这都是 Ti 质粒作为载体的优点。但把它用作常规的克隆载体存在以下缺陷：①Ti 质粒上存在的一些对于 T-DNA 转移无用的基因使其片段过大（一般在 200 kb 左右），在基因工程中难以操作；②天然 Ti 质粒上存在着许多限制内切酶酶切位点，难以进行 DNA 重组操作；③T-DNA 上 Onc 基因产物干扰宿主内源激素平衡，导致肿瘤，阻碍细胞分化和植物再生；④Ti 质粒没有大肠杆菌复制起点，不能在大肠杆菌中复制，限制了 Ti 质粒的应用。基于以上原因，为了使 Ti 质粒适于基因工程的需要，必须对其进行改造：①保留 T-DNA 的转移功能；②取消 T-DNA的致瘤性，使之进入植物细胞后不至于干扰细胞的正常生长和分化，转化体可再生植株；③通过简便的手段可使外源 DNA 插入 T-DNA，并随着 T-DNA 整合到植物染色体上。

三、Ti 质粒表达载体

利用 T-DNA 可携带外源 DNA 片段并整合到植物基因组的特性，经对天然 Ti 质粒的改造，构建用于植物遗传转化的表达载体，这类载体可分为一元载体和双元载体等类型。

1.一元载体

在载体结构中去除 T-DNA 区中的致瘤基因，仅保留其两边界及与 T-DNA 转移所必需的 25 bp序列，造成 T-DNA 大段缺失可形成所谓卸甲的质粒，并在 T-DNA 上插入外源基因并不影响 T-DNA 的转移和整合功能。根据质粒的这一特性，最初开发的 Ti 质粒表达载体又称为共整合载体，其 Ti 质粒上编码致瘤基因的序列被一段 pBR322 DNA 所取代，但保留 T-DNA 的 2 个边界（RB 和 LB）序列。外源基因首先被克隆到 pBR322 中，然后把载有外源基因的重组载体（亦称中间载体）通过一定的方法（电击法、冻融法或三亲交配）导入农杆菌。由于改造的 Ti 质粒与导入的中间载体具有部分同源的 pBR322 序列而发生同源重组，外源基因因此整合到卸甲的 Ti 质粒的 T-DNA 区段，并与卸甲载体 Ti 质粒一起复制，形成一个共整合载体。利用中间载体上的抗性基因进行抗性筛选，即可筛选出发生了遗传重组的含目的基因的农杆菌用于植物转化。T-DNA 的重组子进入植物细胞后可整合进植物基因组，利用植物选择标记基因筛选植物转化细胞并再生植株。简单来说，一元载体就是含目的基因的中间表达载体与改造后的受体(Ti 质粒)通过同源重组所产生的一种复合型载体，也称为共整合载体。由于该载体的 T-DNA 区与 vir 区紧密连锁，故也称为顺式载体。

2.双元载体

双元载体由 2 个分别含有 T-DNA 和 vir 区的相容性突变 Ti 质粒，即微型 Ti 质粒和辅助 Ti 质粒构成。微型 Ti 质粒是含有 T-DNA 边界、缺失 vir 基因的 Ti 质粒，同时还带有目的基因、选择标记基因和多克隆位点以及大肠杆菌和农杆菌的复制起始位点。该质粒也称为大肠杆菌-农杆菌穿梭质粒，但载体上不带 vir，如图 6-10 所示的双元载体 pBIN19。辅助 Ti 质粒含有 T-DNA 所必需的 vir 区段，它缺失或部分缺失 T-DNA 序列，其主要功能是表达毒蛋白，激活 T-DNA 转移。利用二元载体进行遗传转化时，首先要将外源基因构建到微型 Ti 质粒上，再将微型 Ti 质粒转入含有辅助 Ti 质粒的土壤农癌杆菌菌株中，用该菌株侵染植物组织，含目的基因的 T-DNA 可整合到植物基因组中。双元载体不仅构建方便，而且其 T-DNA 整合进入植物细胞不需要带进许多冗余 DNA 序列，转化效率高于一元载体。

在双元载体的基础上，通过在微型 Ti 质粒载体上再引入 1 个含 virB、virC 和 virG 区段，连同原有辅助 Ti 质粒，这个系统中共有 2 个 vir 区段，具有更强的激活 T-DNA 转移的能力，这种改进的双元载体称为超级双元载体。这种载体系统现多用于单子叶植物的转化。

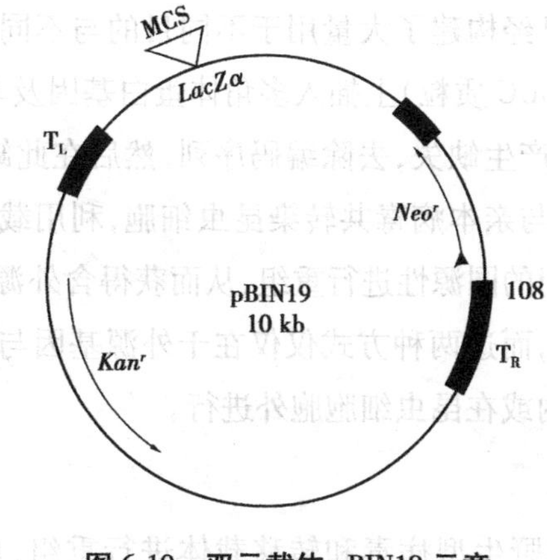

图 6-10 双元载体 pBIN19 示意

第六节 病毒表达载体

一、昆虫细胞的杆状病毒表达载体

杆状病毒表达系统是目前应用最广的昆虫细胞表达系统,该系统通常采用目宿银纹夜蛾杆状病毒(AcNPV)作为表达载体。昆虫杆状病毒表达载体是一种辅助性依赖,它仅有质粒载体不能表达外源基因,还需野生型杆状病毒辅助,形成整合有外源基因的重组型杆状病毒才能完成外源基因的表达。

近年来,以杆状病毒为载体的昆虫细胞表达系统以其表达效率高,插入外源基因的容量大,对哺乳动物安全而无致病性,能对表达的外源蛋白进行翻译后的提呈、加工、糖基化、转运等优点,受到分子生物学工作者的重视。构建重组昆虫杆状病毒,其关键在于构建转移载体质粒。美迪西科研人员建立了成熟的杆状病毒-昆虫细胞表达系统服务平台,提供包括重组杆状病毒制备、重组蛋白及其复合物的表达与纯化服务。

经过多年的努力,人们已经构建了大量用于不同目的与不同需要的转移载体质粒。其基本要点是在基础质粒(如 pUC 质粒)上插入多角体蛋白基因及其两端侧翼,并在多角体蛋白基因启动子之下的编码区产生缺失,去除编码序列,然后在此缺失部位插入多接头,用于外源基因的克隆。用此载体与亲本病毒共转染昆虫细胞,利用载体中多角体蛋白基因的两端侧翼与亲本病毒 DNA 之间的同源性进行重组,从而获得含外源基因的重组病毒。从理论上讲有两种重组体形成方式,而这两种方式仅仅在于外源基因与杆状病毒基因组重组的方式不同,即或在昆虫细胞胞内或在昆虫细胞胞外进行。

1.在昆虫细胞胞内重组

较早时是用未加修饰的野生型病毒和转移载体进行重组,后来渐渐被线性化的病毒 DNA 代替,这种线性病毒 DNA 不能在胞内复制,因此不能启动感染,除非通过同源重组被拯救为环状的复制型。当它与转移载体共转染昆虫细胞时,如果不发生同源重组就无野生型病毒背景出现,故该系统同源重组率在理论上可达 100%。

近年来对经典方法进行了许多改良,如直接克隆:已有一些昆虫杆状病毒载体包含了一个不依赖于克隆技术的重组体系。该体系避开了在大肠杆菌中克隆,加速了重组过程。Gristsun 建立了用 PCR 方法在体外直接形成外源基因-杆状病毒重组体的技术,其原理是通过设计的 2 条引物(上游引物的 5′端、下游引物的 3′端含有重组需要的杆状病毒表达部分序列)扩出外源基因,不需与转移载体连接,直接和线性化的野生型杆状病毒 AcRP23lacZ 共转染昆虫细胞,然后通过蓝白斑表型筛选阳性重组体。

2.在昆虫细胞胞外重组

这类方法是,在昆虫细胞外将外源基因重组到病毒基因组,并且仅用重组杆状病毒 DNA 转染昆虫细胞。在昆虫细胞外重组的技术至少已有 3 种:①在大肠杆菌胞内重组;②在酵母菌胞内重组;③不需要转移载体的体外重组。

有研究者创建了噬菌体 P1 的 CreLox 重组系统,通过利用噬菌体 P1 编码 Cre 重组酶和它的底物 LoxP 获得高的重组效率,同时通过颜色选择进行重组体鉴定。但该法需要用空斑法在昆虫细胞中进行重组病毒的纯化,所以操作起来相当烦琐。如果能在大肠杆菌或酵母中扩增病毒 DNA,并且让同源重组也可以在其中进行,那么重组病毒的筛选就会变得快速简便。

Patel 等首先构建出含酵母的 ARS(automously replicating sequence)和 CEN(centromere)序列的重组病毒,并以此作为亲本毒株进行携带外源基因的重组病毒的构建。沿着 Patel 等人的策略,Luckow 等人利用细菌 Tn7 转座子的作用,将外源基因插入到大肠杆菌中扩增的杆状病毒基因组的特异性位点 attTn7 上,构建了能在细菌中扩增和重组的杆状病毒载体表达系统。另外,利用昆虫杆状病毒 co-Ac,在该病毒基因组内设立供克隆用的酶切位点,可直接插入外源基因,实现不需要转移载体的体外重组。

3.杆状病毒表达系统的应用

目前,已经有多种基因在重组杆状病毒中进行了表达,包括病毒基因、细菌基因、植物基因、无脊椎动物和脊椎动物基因,以及人类的基因等。这些基因的表达为研究它们的功能、应用、对疾病的预防和治疗等发挥了很大的作用。

(1)重组杆状病毒用于基因治疗

研究发现,杆状病毒虽然是昆虫专性病毒,但它能进入哺乳动物细胞而不能复制。在哺乳动物病毒启动子(如 CMV 立即早期启动子)的控制下,外源基因能在哺乳动物的多种细胞中表达,且对细胞无毒性。

在 2003 年,就有研究者提出了用杆状病毒作为基因治疗载体来治疗人类前列腺癌症的设想。在 2006 年有研究者采用 Bac-to-Bac 系统构建重组杆状病毒 Ac-CMV-Sox9,(Sox9 是公认的能够延缓和逆转椎间盘退变的治疗基因),证明 Sox9 基因(Ac-CMV-Sox9)能在离体培养的兔髓核细胞中有效表达,并能够促进退变的兔髓核组织细胞中型胶原含量增加而延缓和逆转椎间盘退变。

由于杆状病毒的启动子在哺乳动物细胞内是沉默的,因而它不能在哺乳动物细胞中复制和表达;同时杆状病毒的 DNA 游离于细胞内且不与宿主细胞内的基因物质以及机体中的潜在缺陷病毒进行整合,因而没有发生插入突变的风险;杆状病毒也不引起机体的免疫排斥反应;由此可见,杆状病毒可以作为极具开发和应用前景的基因治疗载体。

(2)以杆状病毒为载体的基因工程疫苗研究

杆状病毒作为基因工程疫苗研究的载体,既可以用来表达亚单位疫苗抗原,也可以直接用作 DNA 疫苗注射到体内,产生免疫效果。重组杆状病毒表达伪狂犬病毒糖蛋白、流感病毒血凝素、兔病毒性出血症病毒 VP60 蛋白等的 DNA 疫苗也获得了较好的免疫效果,表明重组杆状病毒 DNA 疫苗是一种具有良好发展前景的疫苗载体。

二、腺病毒载体

腺病毒是一种大分子(36 kb)线性双链无包膜 DNA 病毒。它通过受体介导的内吞作用进入细胞内,然后腺病毒基因组转移至细胞核内,保持在染色体外,不整合进入宿主细胞基因组中。

腺病毒在自然界分布广泛,至少存在 100 种的血清型。其基因组长约 36 kb,两端各有一个反向末端重复区(LTR),LTR 内侧为病毒包装信号。基因组上分布着 4 个早期转录元(E1、E2、E3、E4)承担调节功能,以及一个晚期转录元负责结构蛋白的编码。早期基因 E2 产物是晚期基因表达的反式因子和复制必需因子,早期基因 E1A、E1B 产物还为 E2 等早期基因表达所必需。因此,E1 区的缺失可造成病毒在复制阶段的流产。E3 为复制非必需区,其缺失则可以大大地扩大插入容量。腺病毒载体大多以 5 型(Ad5)、2 型(Ad2)为基础,新增了 55 型(Ad55),55 型将比 5 型流行以及应用更具广泛性。

1.作用机制

典型的腺病毒载体系统如穿梭质粒 pCA13/腺病毒基因组质粒 pBHG11/包装 293 细胞。pCA13/的 HCMV IE 启动子-多克隆位点-SV-40 AN(poly A)构成外源基因的表达盒,该表达盒的插入使腺病毒 E1 基因缺失,但是保留其两端侧翼序列(左侧的 1~3 bp 的 ITR,右侧从 3.5 kb 到末端的维持病毒装配和活力必需的蛋白 IX 的基因),也保留了腺病毒的包装信号 φ(194~358 bp);pBHG11 则保留了腺病毒基因组的绝大部分,但是缺失了包装信号 φ、0.5~3.7图距(mu)部分的 E1 区、77.5~86.2 mu 的 E3 区,293 细胞是整合有 Ad5 E1 基因的人胚肾细胞系。pBHG11 因为缺失包装信号及 E1 区而不能复制,pCA13 带有包装信号及 E1 的侧翼序列,但是缺失 E1 区及腺病毒绝大部分基因组,同样不能复制。外源目的基因插入 pCA13 后,与 pBHG11 共转染,进入 293 细胞。pCA13 与 pBHG11 在细胞内发生同源重组,同时,293 细胞提供 E1 蛋白,从而包装产生腺病毒颗粒。该病毒的蛋白质外壳同野生型腺病毒相似,具有同样的感染力和进入靶细胞的能力,但是基因组 DNA 的 E1 区被外源目的基因取代,即进入靶细胞后病毒不能复制,但可以表达目的蛋白。

2.腺病毒载体分类

第一代腺病毒载体:一般将 E1 或 E3 基因缺失的腺病毒载体称为第一代腺病毒载体,此类型载体在未经过纯化时可引发机体产生较强的炎症反应和免疫反应，纯化后可以安全使用，体内表达周期可达4周。

第二代腺病毒载体：E2A 或 E4 基因缺失的腺病毒载体称为第二代腺病毒载体，产生的免疫反应较弱，其载体容量和安全性方面有所改进，但病毒包装难度和出毒及病毒滴度下降厉害，目前应用相当局限。

第三代腺病毒载体：第三代载体缺失了全部的(无病毒载体)或大部分腺病毒基因(微型腺病毒载体，mini Ad)，仅可保留 ITR 和包装信号序列。第三代腺病毒载体最大可插入35 kb的基因，病毒蛋白表达引起的细胞免疫反应进一步减少，载体中引入核基质附着区基因可使得外源基因保持长期表达，并增加载体的稳定性。这一载体系统需要一个腺病毒突变体作为辅助病毒。

目前，第一代腺病毒载体仍是科研和临床应用最为广泛的腺病毒载体，常用的是 Ad5 型腺病毒。

3.腺病毒应用优势

腺病毒载体转基因效率高，体外实验的转导效率通常接近100%；可转导不同类型的人组织细胞，不受靶细胞是否为分裂细胞所限；容易制得高滴度病毒载体，在细胞培养物中重组病毒滴度可达(10E+11)TU/mL；进入细胞内并不整合到宿主细胞基因组，仅瞬间表达，安全性高。因而，腺病毒载体在基因治疗临床实验方面有了越来越多的应用，成为继逆转录病毒载体之后广泛应用且最具前景的病毒载体。

第七节 人工染色体载体

普通的 DNA 克隆载体最大容量均有限，通常不超过50 kb，如常用的λ噬菌体载体能装载的外源 DNA 片段长约24 kb，黏粒载体也只能接受35~45 kb。因此，许多基因由于过于庞大而不能作为单一片段克隆于这些载体之中。人类基因组工程、水稻基因组工程尤其需要能容纳更长 DNA 片段的载体。如人类第Ⅷ因子基因编码凝血因子，它的缺陷可导致血友病，该基因在人类基因组中至少有190 kb。要得到包含完整基因的克隆，有时就需要大容量的载体，由此人工染色体克隆载体应运而生。1983年，成功地构建了第一条 YAC。继 YAC 之后，细菌人工 BAC、PAC 和哺乳动物人工染色体相继问世。至今，人工染色体，已成为基因组分析、基因功能鉴定、染色体结构与功能关系研究的重要工具。

人工染色体克隆载体实际上是一种穿梭载体，该载体含有质粒克隆载体所必备的第一受体(如大肠杆菌)的质粒复制起点(ori)，还含有第二受体(如酵母菌)染色体 DNA 着丝点、端粒和复制起点的序列以及合适的选择标记基因。这样的克隆载体在第一受体细胞内可以按质粒复制形式进行高复制。人工染色体载体在体外与目的 DNA 片段重组后，转化第二受体细胞，可在转化的细胞内按染色体 DNA 复制的形式进行复制和传递。筛选第一受体的克隆子，一般采用抗生素抗性选择标记；而筛选第二受体的克隆子，通常采用与受体互补的营养缺陷型筛选方法。与其他的克隆载体相比较，人工染色体克隆载体的特点是能容纳长达 1 000 kb 甚至 3 000 kb 的外源 DNA 片段。

一、酵母人工染色体(YAC)载体

YAC 是目前能克隆最大 DNA 片段的载体，可插入 100～2 000 kb 的外源 DNA 片段。YAC 是构建核基因组文库及基因作图的重要工具。将酵母染色体 DNA 的端粒、自主复制序列(autonomously replicatlng sequence，ARS)和着丝粒以及必要的选择标记基因序列克隆到大肠杆菌 pBR322 质粒中，构建成 YAC 克隆载体。此克隆载体的 sup4 基因内有一个可供外源 DNA 片段插入的克隆位点，在此位点酶切，能形成载体 DNA 的两条臂。

YAC 载体的复制元件是其核心组成成分，其在酵母中复制的必需元件包括 1 个复制起点序列、着丝粒和 2 个端粒。其中，TEL 来源于四膜虫大核中 rDNA 分子的末端，定位于染色体末端一段序列，用于保护线状的 DNA 不被胞内的核酸酶降解和重组，且能够稳定地复制。ARS 是一段特殊的序列，含有酵母菌 DNA 进行双向复制所必需的信号，可保证 YAC 在酵母细胞中自主复制。CEN 是有丝分裂过程中纺锤丝的结合位点，可保证 YAC 在酵母细胞分裂时正确分配到子细胞中。

YAC 载体的选择标记主要采用营养缺陷型基因，如色氨酸、组氨酸合成缺陷型基因 Trp1、His3，尿嘧啶合成缺陷型基因 URA3 等，以及赭石突变抑制基因 Sup4 。其中，Trp1 和 URA3 基因分别是酵母色氨酸和尿嘧啶营养缺陷型 Trp1-和 URA3-的野生型等位基因，在相应的营养缺陷型酵母细胞中可作为选择标记，它们分别位于克隆位点的两侧，当有外源基因插入时，分别出现在 YAC 的左、右臂上，如果将 YAC 转入 Trp1-和 URA3-宿主菌后，则转化子能在选择培养基上生长。His3 基因来源于酵母基因，在形成 YAC 克隆的过程中，可经BamH I 酶切除去。Sup4 基因为酵母细胞 Trp-tRNA 基因的一个赭石突变抑制基因，其上含有供外源 DNA 片段插入的克隆位点。与 YAC 载体配套工作的宿主酵母菌(如 AB1380)的胸腺嘧啶合成基因带有一个赭石突变 ade2-1 。带有这个突变的酵母菌在基本培养基上形成红色菌落，当带有赭石突变抑制基因 Sup4 的载体存在于细胞中时，可抑制 ade2-1 基因的突变效应，形成正常的白色菌落。利用这一菌落的颜色转变，可筛选载体中含有外源 DNA 片段插入的重组子。此外，YAC 载体中还有来自 pBR322 质粒的复制起点和氨苄青霉素抗性基因，可使 YAC 在大肠杆菌中复制和扩增以及便于筛选。

YAC 载体功能强大，但有一些弊端，主要表现在三个方面：首先，在 YAC 载体中插入片段会出现缺失(deletion)和基因重排(rearrangement)的现象。其次，容易形成嵌合体。嵌合就是在单个 YAC 中的插入片段由 2 个或多个的独立基因组片段连接组成。嵌合克隆占总克隆的 5%~50%。最后,YAC 染色体与宿主细胞的染色体大小相近,影响了 YAC 载体的广泛应用。YAC 染色体一旦进入酿酒酵母细胞,由于其大小与内源的染色体的大小相近,很难从中分离出来,不利于进一步分析。但是 YAC 的一个突出的优点是,相较于大肠杆菌酵母细胞对不稳定的、重复的和极端的 DNA 有更强的容忍性。另外,YAC 在功能基因和基因组研究中是一个非常有用的工具。由于高等真核生物的基因较大,并且大多数结构基因具有多个外显子和多个内含子的结构,因此采用 YAC 载体可将较大的基因组片段转移到动物个体或动物细胞系中,以进行功能研究。

二、细菌人工染色体(BAC)载体

细菌人工染色体(BAC)又称为 F 黏粒,是由 Mel Simon 等于 1992 年构建。BAC 实际上是一种质粒载体,它与一般质粒载体的差别在于其复制单元的性质。每个 BAC 环状 DNA 分子中携带一个抗生素抗性标记(Cmr)、一个来源于大肠杆菌 F 因子的严谨型控制的复制子 oriS、一个促进 DNA 复制的由 ATP 驱动的解旋酶(RepE)以及三个确保低拷贝质粒精确分配至子代细胞的基因位点。

BAC 载体的低拷贝性可以避免嵌合体的产生,减小外源基因的表达产物对宿主细胞的毒副作用。

第一代 BAC 载体不含那些能够用于区分携带重组子的抗生素抗性细菌菌落与携带空载体的细菌菌落的标记物。新型的 BAC 载体含有能通过颜色反应鉴别携带插入片段的重组子的 lacZ′基因(α-互补),LacZ′基因有限制性内切酶酶切位点,并设计了用于回收克隆 DNA 的 Not Ⅰ 酶切位点和用于克隆 DNA 片段体外转录的 Sp6 启动子和 T7 启动子。Not Ⅰ 是识别位点十分稀少的限制性内切酶,重组 DNA 通过 Not Ⅰ 消化后,可以得到完整的插入片段。Sp6、T7 是来源于噬菌体的启动子,用于插入片段末端核苷酸序列的测定。此外,新型载体还插入一个携带有噬菌体 cosN 位点的 400 bp 片段。cosN 位点可被 λ 噬菌体末端酶切割为黏末端,因而能像传统的黏粒一样在克隆后包装,转染而成平均容量为 40 kb 的高效克隆载体,它也为指纹图谱的构建提供了方便,并且包含有细菌噬菌体 P1 的 loxP 位点的42 bp 片段插入到 cosN 与克隆位点间。

BAC 载体的克隆与常规的质粒克隆载体相似。不同的是,BAC 载体装载的是大片段 DNA,一般在 100~300 kb 。使用 BAC 载体制备外源大片段时关键步骤有两步,其一是大片段 DNA 的制备,首先将目的细胞用琼脂糖凝胶包埋起来,然后对包埋细胞总 DNA 作原位限制性酶切,经脉冲场凝胶电泳从凝胶中分离出目的大小的酶切 DNA 片段。这样可以保证目的 DNA 片段是经限制酶切割来的而不是断裂来的。其二是高质量 BAC 载体的制备和处理。载体的纯度和去磷酸化的质量是决定载体质量的重要因素,高质量的载体才能充分与外源 DNA 片段连接。载体与目的 DNA 片段连接后，通过电转化导入大肠杆菌，为了防止外源真核 DNA 中重复序列之间发生染色体内重组，BAC 应在重组缺陷的宿主如 DH108 中扩增。在氯霉素抗性、IPTG 和 X-gal 诱导琼脂筛选转化菌株。

随着基因工程的发展，BAC 载体又被改造成既可用于基因组文库构建又能进行遗传转化的双功能载体。1996 年，Hamilton 等在 BAC 和 Ti 质粒的基础上构建成了可用于植物大片段转化的双元 T-DNA 载体 BIBAC2 。这种质粒保持了 F 因子的复制功能区，方便载体的构建和基因组文库鉴定，同时质粒中也包含了为农杆菌介导的植物转化所需的元件(图 6-11)。

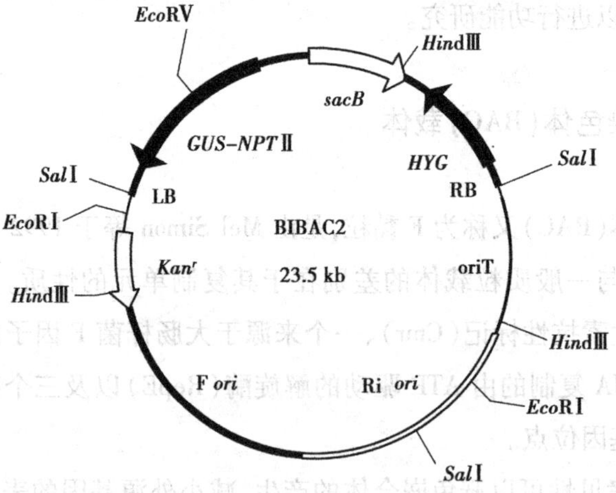

图 6-11　BIBAC2 载体基因图谱

第七章 核酸工具酶

第一节 限制性核酸内切酶

基因工程技术中,限制性核酸内切酶(以下简称“限制性内切酶”)扮演着像裁缝的剪刀一样的角色,可以让研究人员方便地剪切核酸分子,从中获得所需要的序列片段。限制性内切酶是核酸酶的一种。核酸酶是一类能够水解相邻两个核苷酸残基间的磷酸二酯键,使核酸分子断裂的酶。根据水解底物的不同,可以将核酸酶分为两大类:核糖核酸酶和脱氧核糖核酸酶。特异性水解断裂 RNA 链的叫核糖核酸酶;专门水解断裂 DNA 链的核酸酶叫脱氧核糖核酸酶。而按核酸酶水解核酸分子的位置不同,又可以将其分为核酸外切酶和核酸内切酶。前者是从核酸分子的末端开始,一个核苷酸一个核苷酸地消化降解多核苷酸链;后者是从核酸分子的内部切割磷酸二酯键,使核酸链断裂成更小的片段。

一、限制性内切酶

1.限制性内切酶的发现

限制性内切酶是一类识别双链 DNA 内部特定核苷酸序列的 DNA 水解酶。它们以内切的方式水解 DNA,产生 5′-P 和 3′-OH 末端。那么其中的“限制性”又是什么意思呢?对于限制性内切酶的研究还要追溯到 20 世纪中期。

在 1952—1953 年,Luria、Bertani 与他们各自的团队在研究噬菌体时,发现了宿主控制性现象。瑞士人 Arber 的团队采用放射性同位素标记发现,噬菌体在入侵时,其 DNA 被降解掉,而宿主自身的 DNA 并不降解。因此,他们提出了限制—修饰(R-M)假说。限制修饰系统是存在于细菌等一些原核生物体内,可保护自身免于外来 DNA(如噬菌体)侵入的一个系统,包括限制和修饰两个方面的作用。限制是指细菌的限制性核酸酶对入侵 DNA 的降解作用,这就限制了外源 DNA 侵入造成的危害。修饰是指细菌的修饰酶对自身 DNA 碱基分子的甲基化等化学修饰作用,经修饰酶修饰后的 DNA 分子可免遭细菌限制酶的降解作用。“限制”是对入侵 DNA 的防御,而“修饰”是对自身 DNA 分子的保护。Arber 发现了具有“限制”功能的切割酶,也就是限制性内切酶,这种酶后来被广泛地应用于基因工程的研究中,Arber 也因此获得了 1978 年度诺贝尔生理学或医学奖。

2.限制性内切酶的类型和命名

限制性内切酶主要有三种类型：Ⅰ型限制性内切酶为复合功能酶,具有限制和修饰两种功能,但在 DNA 链上切点识别特异性差,没有固定的切割位点,不产生特异性片段;Ⅱ型限制性内切酶,切点识别特异性强,识别序列和切割序列一致,广泛应用于基因工程操作;Ⅲ型限制性内切酶与Ⅰ型相似,但Ⅲ型酶有特异性的切割位点。Ⅰ型和Ⅲ型酶在基因工程研究中的应用价值不大,通常所说的限制性内切酶都是指Ⅱ型酶。

二、限制性内切酶切割 DNA 的方法

1.单酶切割 DNA 样品

对 DNA 样品进行单一的限制性内切酶切割是基因工程分析的常用方法,通过切割可获得具有特定切点末端的小片段的 DNA 链。如果对两种不同来源的 DNA 分子分别用同一种酶进行切割,就可以将它们连接起来,组合成新的分子。若加入的两种分子分别是目标 DNA 和载体 DNA,则通过这种方法可形成重组 DNA,如图 7-1 所示。

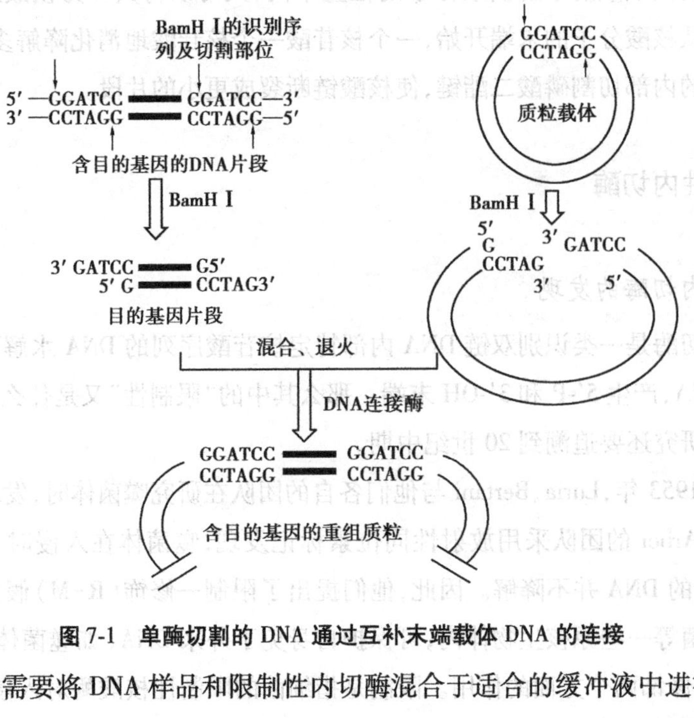

图 7-1　单酶切割的 DNA 通过互补末端载体 DNA 的连接

酶切实验中需要将 DNA 样品和限制性内切酶混合于适合的缓冲液中进行温育,加入的

DNA 样品和酶的量、缓冲液的离子强度、酶切反应温育温度和时间都要根据具体的反应进行调节。酶切结束后,向酶切反应液中加入电泳上样缓冲液即可进行琼脂糖凝胶电泳或聚丙烯酰胺凝胶电泳进行检测。如图 7-2 所示。

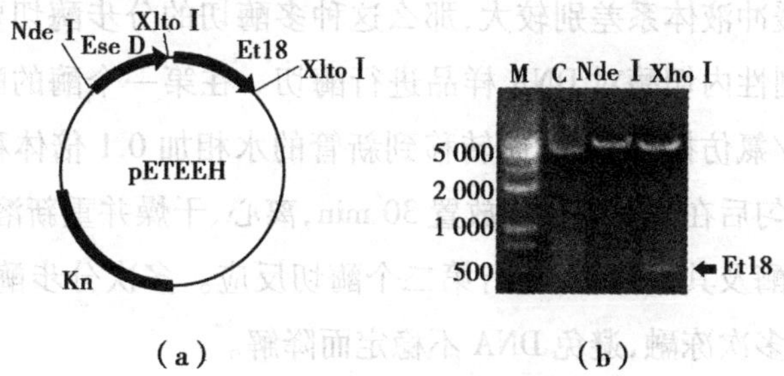

图 7-2 质粒的图谱及其酶切检测结果

2.双酶或多酶切割 DNA 样品

在基因工程研究中,常常需要两种或两种以上的限制性内切酶来切割 DNA 样品,以获得目的片段。如果用同样两种酶切割另一个 DNA 分子(如载体 DNA),也可形成一个新的重组 DNA 分子。如图 7-3 所示。

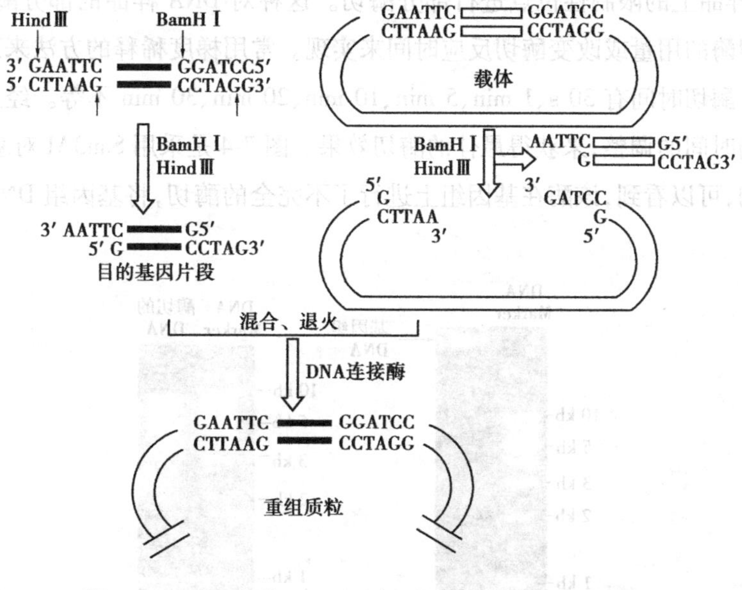

图 7-3 双酶切割的 DNA 通过互补末端载体 DNA 的连接

如果这些酶的反应缓冲液和反应温度是相同的,则可以同时加入同一个反应体系中,进行同步酶切。很多商品化的限制性内切酶在几种缓冲液中都具有很高的内切酶活性,对缓冲液的要求并不十分严苛。那么在实际操作中,可选择一种可以使所用到的几种限制性内切酶同时具有活性的缓冲液来进行酶切反应。

但很多时候,我们用到的限制性内切酶的反应条件并不相同,这就需要进行分步酶切。如果酶的反应温度不一样,一般先进行低温度酶切,再进行高温度酶切,即只需要先加入较低温度的酶,在它所需要的温度下酶切 1~2 h,再使用另一种酶,在它所需的较高温度下继续酶切。若限制性内切酶需要不同的盐浓度,那么就首先进行低盐浓度的限制性内切酶切割,随后调节盐浓度,再用高盐浓度的限制性内切酶切割。

如果几种酶的缓冲液体系差别较大,那么这种多酶切的分步酶切要更麻烦一些。这需要每次使用一种限制性内切酶对 DNA 样品进行酶切。在第一个酶的酶切反应进行 1~2 h 后,用等体积饱和酚/氯仿抽提,然后向转移到新管的水相加 0.1 倍体积 3 mol/L NaAc 和 2 倍体积无水乙醇,混匀后在-20 ℃冰箱放置 30 min,离心、干燥并重新溶于缓冲液,以此 DNA 为模板,加入第二种酶及其缓冲液,进行第二个酶切反应。多次分步酶切时,要注意酶切时间不可过长,也不可多次冻融,避免 DNA 不稳定而降解。

在双酶切 DNA 样品时,如果两个酶切位点距离较近,就必须注意酶切顺序,因为一些限制性内切酶要求其识别序列的两端至少要有几个碱基才能保证此酶的有效切割。有这类要求的酶必须先进行切割,否则会导致酶切失败。

3.DNA 样品的部分酶切

在进行酶切图谱分析或从基因组中进行某种基因的克隆时,往往只需要使用限制性内切酶对 DNA 样品上的限制性位点进行部分酶切。这种对 DNA 样品的部分酶切,可通过改变限制性内切酶的用量或改变酶切反应时间来实现。常用梯度稀释的方法来改变限制性内切酶的用量。酶切时间有 30 s、1 min、5 min、10 min、20 min、30 min 不等。经过对酶浓度的稀释和其作用时间的调整,来获得最佳的酶切效果。图 7-4 是采用 Sau3AI 对基因组 DNA 进行的部分酶切,可以看到,该酶在基因组上进行了不完全的酶切,将基因组 DNA 切割成连续的片段。

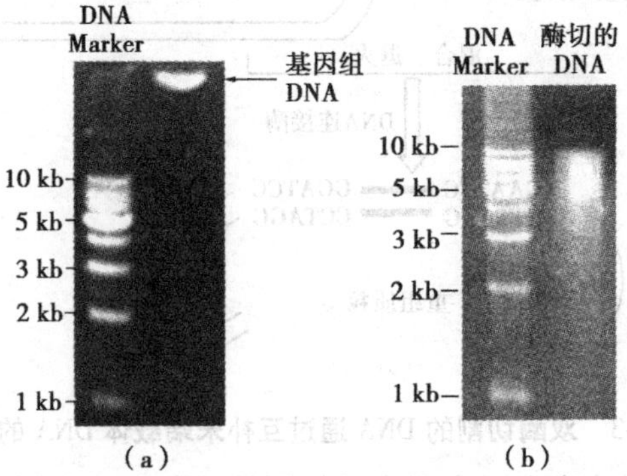

图 7-4　DNA 样品的部分酶切

第二节 连接酶

基因工程的核心是DNA重组技术,而DNA重组技术则体现于异源DNA分子之间的连接。由此可见DNA分子间的连接反应在基因工程中的地位。DNA连接酶具有修复单链和双链,催化DNA分子连接的能力,其作用位点是DNA相邻核苷酸的3′羟基和5′磷酸间形成共价的磷酸二酯键,使原先断裂的DNA连接起来。

体外进行DNA片段连接反应的实验方法可分为四大类:第一类是黏性末端DNA片段的连接,用DNA连接酶连接具有互补黏性末端的DNA片段;第二类是平末端DNA片段的直接连接,用T4 DNA连接酶直接将平末端的DNA片段连接起来;第三类是多聚脱氧核苷酸接尾连接,用末端脱氧核苷酸转移酶给平末端DNA片段加上多聚脱氧核苷酸尾巴后,再用DNA连接酶将它们连接起来;第四类是接头连接,在平端DNA片段末端加上化学合成的接头(linker)而形成黏性末端,再用DNA连接酶将各黏性末端DNA片段连接起来。这四种方法的共同点是:利用DNA连接酶的连接和封闭单链DNA的功能将DNA链连接起来。

一、连接酶

连接酶(ligase)是一类能将两个核酸片段连接起来的酶。目前已研究发现多种不同来源或作用于不同底物的连接酶类,这里主要介绍E.coli DNA连接酶、热稳定DNA连接酶和T4 RNA连接酶。

DNA连接酶(DNA ligase)借助ATP或NAD水解提供的能量催化DNA中相邻的3′-OH和5′-P之间形成磷酸二酯键,在基因工程中用来将不同来源DNA链连接起来,形成重组DNA。在基因工程中常用到的DNA连接酶主要是E.coli DNA连接酶和T4 DNA连接酶。E.coli DNA连接酶由一条分子量为75 kD的多肽链构成,可被胰蛋白酶水解。噬菌体T4 DNA连接酶分子是一条分子量为60 kD的多肽链,其活性可被0.2 mol/L的KCl和精胺所抑制。T4 DNA连接酶可催化DNA-DNA,DNA-RNA,RNA-RNA和双链DNA黏性末端或平头末端之间的连接反应。连接酶催化DNA连接的最佳反应温度是30 ℃。

T4-DNA连接酶与大肠杆菌连接酶相比在基因工程中的应用更广泛一些,包括:①修复双链DNA上的单链缺口(与大肠杆菌DNA连接酶相同),这是两种DNA连接酶都具有的基本活性;②连接RNA-DNA杂交双链上的DNA链缺口或RNA链缺口,前者反应速度较快;③连接两个平末端双链DNA分子,由于这个反应属于分子间连接,反应速度的提高依赖于两个DNA分子与连接酶三者的随机碰撞,因此在一般连接反应条件下速度缓慢,但向反应系统中加入适量的一价阳离子(比如150 mmol/L 的 NaCl)和低浓度的聚乙二醇(PEG),或者适当提高酶量和底物浓度均可明显提高平末端DNA分子间的连接效率。

热稳定DNA连接酶,是从嗜热高温放线菌中分离得到的,它能够在高温下催化两条寡核苷酸探针的连接反应。这种酶在85 ℃高温下都具有连接酶的活性,而且在多次重复升温到94 ℃之后仍能保持较好的连接酶活性。

二、黏性末端DNA片段的连接

1.相同黏性末端的连接

在DNA分子连接操作中,相同黏性末端最适合DNA片段的连接。许多限制性内切酶在识别位点处交错切割DNA分子,使DNA端部生成3′或5′黏性末端。基因工程实验常选择同一种限制性内切酶切割载体和DNA插入片段,或者采用同尾酶处理载体和DNA插入片段,使两者具有相同的黏性末端。在处理好载体和DNA插入片段后,将两者加入连接体系中,载体和插入片段会很自然地按照碱基配对关系进行退火,互补的碱基以氢键相结合。在T4 DNA连接酶的作用下,载体和外源DNA片段相结合出的裂口会以磷酸二酯键相连接,形成重组DNA分子。需要特别注意的是,在使用一种限制性内切酶切割载体DNA后,载体的两个末端碱基序列也是互补的。那么在连接反应时,会发生线性的载体DNA的自身环化,形成空载体,影响外源DNA序列与载体的连接效率,导致DNA重组体的比例下降。因此,限制性内切酶切割后的载体需要用碱性磷酸酶处理一下,以防止载体自身环化。

外源DNA片段若是只被单一的限制性内切酶处理,那么其与具有相同黏性末端的载体相连形成的重组分子可能存在正反两种方向,而经两种非同尾酶处理的外源DNA片段只有一种方向与载体DNA重组。这两种情况下,重组分子均可用相应的限制性内切酶重新切出外源DNA片段和载体DNA。

2.不同黏性末端的连接

具有不同黏性末端的DNA序列无法直接相连,需将两者转变成平末端后再进行连接。但这种做法有缺陷,主要有以下几种影响:使重组的DNA分子增加或减少几个碱基对;破坏原来的酶切位点,使已重组的外源DNA片段无法回收;如果连接位点在基因编码区,那么连接后会改变阅读框,使相关基因无法正确表达。因此,不同黏性末端DNA片段的连接要根据具体情况选择不同的连接方法。

不同黏性末端之间的连接主要有以下四种方式:

①待连接的DNA片段都有5′单链突出末端。这种情况下,可以在连接反应前使用S1核酸酶将两者5′单链突出末端切除;或使用Klenow酶补平,然后对两平末端进行连接。前一种方法产生的重组DNA会少掉几对碱基,而后一种的重组DNA较连接前没有发生碱基

对的变化。实验中多采用 Klenow 酶补平法,因为 S1 核酸酶若是反应条件不合适,容易造成双链 DNA 的降解。

②待连接的 DNA 片段都有 3′单链突出末端。可使用 T4 DNA 聚合酶将两者 3′单链突出末端切除,然后将产生的平末端连接起来。这种方法产生的重组 DNA 较连接前会减少几对碱基。另外需要指出的是,Klenow 酶不具有补平 3′单链突出末端的活性。

③一种待连接的 DNA 片段具有 3′单链突出末端,另一种具有 5′单链突出末端。可以使用 Klenow 酶补平 5′单链突出末端,同时用 T4 DNA 聚合酶切除 3′单链突出末端,然后将产生的平末端连接起来。

④待连接的两种 DNA 片段均含有不同的两个黏性末端。可以首先用 Klenow 酶补平 DNA 片段的 5′单链突出末端,再用 T4 DNA 聚合酶切除其 3′单链突出末端。两种 DNA 片段可以混合在一起,同时处理。

三、影响连接反应的因素

很多因素都会影响连接反应的效率,其中主要的因素有温度、DNA 末端的性质、DNA 片段的大小和浓度、离子浓度等。DNA 末端的性质方面在上面已谈过,下面主要谈谈其他方面。

就温度而言,T4 DNA 连接酶发挥其连接活性的最适温度是 30 ℃,在 5 ℃以下活性大大降低。而在反应底物方面,如果待连接的 DNA 片段具有相同的黏性末端,则在较低的温度下,黏性末端退火可形成含有两个交叉缺口的互补双链结构。这时的连接属于分子内反应,其连接反应速度比分子间的连接速度快。所以从理论上来说,连接反应温度应选择低于黏性末端的熔点温度(T_m)。大多数限制性内切酶切割产生的黏性末端 T_m 值在 15 ℃以下。综合酶的最适温度和底物黏性末端的 T_m 值,在实际操作中,连接反应温度与时间常采用 25 ℃连接 2 h 或 16 ℃连接过夜。

在 DNA 片段的大小和浓度方面,一般考虑酶切回收后载体与 DNA 插入片段的物质的量之比来确定最佳的浓度。一般分析物质的量的比值,以回收的载体片段:DNA 插入片段=1∶10~1∶3 的连接效果最佳。熟练的人员凭经验即可以知道每次连接所需的具体量。但初学者则需要不断从头认真计算,一般取载体 0.03 pmol,取 DNA 插入片段 0.3 pmol。需要加入的反应体系的体积则根据载体和 DNA 插入片段的分子大小和浓度来具体计算。

第三节 DNA 修饰酶

基因工程中应用较多的 DNA 修饰性酶有三种:末端脱氧核苷酸转移酶(deoxynucleotidyltransferase,以下简称“末端转移酶”)、T4 多聚核苷酸激酶(T4 polynucleotide kinase,T4 PNK)和碱性磷酸酶(alkaline phosphatase)。

一、末端转移酶

末端转移酶是一种不依赖于模板的 DNA 聚合酶,来源于小牛胸腺,分子量 60 kD。此酶催化脱氧核苷酸加入 DNA 的 3′-OH 末端,并伴随无机磷酸的释放。其活性不需要模板,但要二价阳离子的参与。加入核苷酸的种类决定了酶对阳离子的选择:如果加入的核苷酸为嘧啶核苷酸,则 Co^{2+} 是首选阳离子;若加入的核苷酸是嘌呤核苷酸,则 Mg^{2+} 是首选阳离子。末端转移酶可用于标记 DNA 分子的 3′末端。当反应混合物中只有同一种 dNTP 时,该酶可以催化形成仅由一种核苷酸组成的 3′尾巴,这种尾巴称为同聚物尾巴(homopolymerlc tail)。

二、T4 多聚核苷酸激酶

T4 多聚核苷酸激酶具有两种活性,正向反应活性的效率高,可催化 ATP 的 γ 磷酸转移至 DNA 或 RNA 的 5′-OH,用来标记或磷酸化核酸分子的 5′端;逆向反应是交换反应,活性很低,催化 5′-磷酸的交换,在过量 ADP 存在下,T4 多核苷酸激酶催化 DNA 的 5′-磷酸转移给 ADP,然后 DNA 从 γ-32p ATP 中获得放射性标记的 γ-磷酸而被重新磷酸化。

T4 多聚核苷酸激酶在基因工程中的作用有:①使 DNA 或 RNA 的 5′-OH 磷酸化,保证随后进行的连接反应正常进行;②利用其催化 ATP 上的 γ 磷酸转移至 DNA 或 RNA 的 5′-OH 上用作 Southern、Northern、EMSA 等实验的探针、凝胶电泳的标记、DNA 测序引物、PCR 引物等;③催化 3′磷酸化的单核苷酸进行 5′-OH 的磷酸化,使该单核苷酸可以和 DNA 或 RNA 的 3′末端连接。需要指出的是,PEG 可促进磷酸化反应速率和效率;铵盐沉淀获得的 DNA 片段不适用于 T4 多聚核苷酸激酶的标记反应,这是因为铵盐强烈抑制该酶的活性。

三、碱性磷酸酶

碱性磷酸酶能催化从单链或双链 DNA 和 RNA 分子中除去 5′-磷酸基,即脱具有磷酸作用。细菌碱性磷酸酶(bacterial alkaline phosphatase,BAP)和小牛肠碱性磷酸酶(calf intestinal alkaline phosphatase,CIP)都有此作用,它们都依赖于 Zn^{2+}。CIP 可在 70 ℃加热 10 min灭活或通过酚抽提灭活,而且活性比 BAP 高 10~20 倍,因此,CIP 更常用。在基因工程中常用碱性磷酸酯酶处理限制性内切酶切割后的载体 DNA,防止载体自连。

基因工程中常用到的碱性磷酸酶主要有牛小肠碱性磷酸酶(CIP)、细菌的碱性磷酸酶(BAP)和虾的碱性磷酸酶(shrimp alkaline phosphatase,SAP)。在使用后的灭活方面,CIP 可用蛋白酶 K 消化灭活，或在 5 mmol/L EDTA 条件下，65 ℃处理 10 min，之后用酚-氯仿抽提，纯化去磷酸化的 DNA，除 CIP 的活性。SAP 在去除残留活性方面最具优势，将反应液在 65 ℃处理 15 min 即可使其完全、不可逆地失去活性。而 BAP 则抗性强，耐高温和去污剂等处理。

四、T4 多聚核苷酸激酶对 DNA 的修饰作用

商品化的 T4 多聚核苷酸激酶是来源于 T4 噬菌体的基因由大肠杆菌表达纯化得到的，同时具有激酶和磷酸酯酶两种活性。其激酶活性在分子的 C-末端附近，而磷酸酯酶活性在 N-末端附近。

T4 多聚核苷酸激酶的激酶活性是，可以催化 ATP 的 γ-位磷酸基团向单链或双链 DNA、RNA、寡核苷酸或带有 3′磷酸基团的单核苷酸的 5′羟基转移。它是一种多聚核苷酸 5′-OH 激酶，对其他 NTP 也可产生相同的反应：

$$5'\text{-OH}+\text{NTP}\longrightarrow 5'\text{-P}+\text{NDP}$$

上面的磷酸化反应是可逆的，当反应体系没有 ATP 而只有 ADP 存在的情况下，T4 多聚核苷酸激酶可以显示出 5′磷酸酯酶的活性，催化单链或双链 DNA、RNA、寡核苷酸或带有 3′磷酸基团的单核苷酸的 5′磷酸基团转移到 ADP，从而形成 ATP。对其他 NTP 也可产生相同的反应：

$$5'\text{-P}+\text{NDP}\longrightarrow 5'\text{-OH}+\text{NTP}\text{（最适 pH 值在 6.4 左右）}$$

基因工程实验中，常用到 T4 多聚核苷酸激酶催化 ATP 的 γ-磷酸转移至 DNA 或 RNA 的 5′-OH 。这一反应可用来将核酸分子的 5′-OH 末端进行磷酸化，或用于标记核酸分子的 5′端，制备寡核苷酸探针。

1.5′-OH 末端磷酸化

在使用一些高保真的 DNA 聚合酶（如 Pfu DNA 聚合酶）通过 PCR 反应克隆获得一个 DNA 片段时，需要用到 T4 多聚核苷酸激酶将此 DNA 片段 5′-OH 末端进行磷酸化，才能将此 DNA 片段连接到载体上。实验中，一般在进行 T4 多聚核苷酸激酶反应之后进行连接反应。在这种情况下，T4 多聚核苷酸激酶反应在反应缓冲液中进行 37 ℃温育 30 min 即可。经过激酶处理的 DNA 片段不需要热失活，可直接进行连接反应。但是，如果连接反应中需要保持其他 DNA 片段的去磷酸化状态，则需要在连接反应前将 T4 多聚核苷酸激酶进行热失活。

T4 多聚核苷酸激酶对 5′平末端或 5′凹陷末端的磷酸化效率相对于突出末端弱一些。要提高这两种类型 5′末端的磷酸化效率，可在加 T4 多聚核苷酸激酶前，先在 70 ℃将 DNA 样品加热 5 min，然后放冰上冷却，或者加入 5%（质量体积分数）的 PEG-8000。经过这样的处理后再进行 T4 多聚核苷酸激酶处理，可适当提高磷酸化效率。

2.核酸分子5′端的标记

使用T4多聚核苷酸激酶对核酸分子的5′-OH末端进行标记也是常用的实验方法。进行放射性标记反应的一般方法是：50 μL反应体系中，加入1×T4多聚核苷酸激酶反应缓冲液、50 pmol的γ-[^{32}p]ATP和20U的T4多聚核苷酸激酶，于30 ℃温育30 min可催化1~50 pmol的5′末端发生磷酸化。[^{33}p]ATP可代替[^{32}p]ATP来进行标记反应。

第四节　核酸酶

核酸酶(nuclease)是一类能以特定方式降解多核苷酸链的酶，与限制性内切酶不同，核酸酶没有专一的识别序列和切割位点，但有本身特有的底物特异性和降解特性。应用于DNA分子操作的核酸酶主要包括核酸外切酶、核酸内切酶、核糖核酸酶和脱氧核糖核酸酶等。

一、核酸外切酶

核酸外切酶(exonuclease)是指一类从多核苷酸链的一端开始，按顺序降解多核苷酸链的核酸酶。有些核酸外切酶可以作用于单链的DNA，如大肠杆菌核酸外切酶工和核酸外切酶Ⅶ；有些核酸外切酶可以作用于双链，如大肠杆菌核酸外切酶Ⅰ、λ噬菌体核酸外切酶以及T7噬菌体基因6核酸外切酶等。

1.大肠杆菌核酸外切酶Ⅰ

大肠杆菌核酸外切酶Ⅰ(exonuclease Ⅰ, exo Ⅰ)是一种单链特异性3′→5′核酸外切酶，从单链DNA的3′-OH末端降解生成5′单核苷酸，对单链DNA的特异性非常高，不作用于双链DNA及RNA。

在DNA分子操作实验中，如需对PCR产物进行测序，需去除反应体系中残存的引物及dNTP，否则测序反应不能正常进行。经核酸外切酶Ⅰ和磷酸酶(如CIAP或SAP)处理后的PCR产物可直接用于测序。核酸外切酶Ⅰ可去除残留的单链引物以及扩增反应中产生的多余的单链DNA，碱性磷酸酶用来去除残存的单核苷酸(dNTP)。这样可以避免使用烦琐的胶回收、柱纯化、沉淀、磁珠、过滤、透析等方法。

2.大肠杆菌核酸外切酶Ⅶ

大肠杆菌核酸外切酶Ⅶ(exo Ⅶ)是一种单链核苷酸的外切酶，它能从5′端或3′端呈单链状态的DNA分子上降解DNA，它是唯一不需要Mg^{2+}的核酸酶，耐受性很强。核酸外切酶

Ⅶ可以用来测定基因组 DNA 中一些特殊的间隔序列和编码序列的位置,它只切割末端有单链突出的 DNA 分子。

3.大肠杆菌核酸外切酶Ⅲ

大肠杆菌核酸外切酶Ⅲ(exo Ⅲ)是一种双链核苷酸的外切酶,它具有多种催化功能,可以降解双链 DNA 分子中许多类型的磷酸二酯键,其中主要的催化活性是沿 3′→5′方向逐步催化去除单核苷酸,每次只有几个核苷酸被降解。尽管可以作用于双链 DNA 的切割产生的单链缺口,但最适底物是平末端或 3′凹陷末端的双链 DNA。由于对单链 DNA 无活性,3′突出的末端可抵抗该酶的切割,拮抗程度随 3′突出末端的长度而不同,4 个碱基或更长的突出完全不能被切割,这种特性对于一端是抗性位点(3′突出端)、一端是敏感位点(平端或 5′突出端)的线性 DNA 分子,可以产生单向缺失。

在 DNA 分子操作实验中,核酸外切酶Ⅲ的用途主要有两方面:第一,从 3′→5′降解双链 DNA,使 3′突出,再配合使用 Klenow 酶补平末端,同时加入带放射性同位素的核苷酸,便可以制备特异性的放射性探针;第二,与绿豆核酸酶或 S1 核酸酶联合使用,制备单向或者双向缺失的 DNA,例如,末端分别为 EcoR Ⅰ-Pst Ⅰ的 DNA 片段,EcoR Ⅰ方向 5′端突出,对 exoⅢ敏感;Pst Ⅰ方向 3′突出,能抗 exo Ⅲ的切割,这样在与绿豆核酸酶或 S1 核酸酶联合使用时就可以制备从 EcoR Ⅰ方向缺失的 DNA,末端都是 5′端突出就可以制备双向缺失的 DNA 。

4.λ 核酸外切酶和 T7 基因 6 核酸外切酶

λ 核酸外切酶(λexo)是一种双链核苷酸的外切酶,这种酶催化双链 DNA 分子自 5′-磷酸末端进行逐步的加工和水解,释放出 5′单核苷酸,但它不能降解 5′-OH 末端。最适底物是 5′磷酸化的双链 DNA,也能降解单链 DNA,但效率很低,不能从 DNA 的切刻或缺口处开始消化。T7 基因 6 核酸外切酶和 λ 核酸外切酶酶学特性相同。

在 DNA 分子操作实验中,λ 核酸外切酶的用途有两个方面:第一,将双链 DNA 转变成单链的 DNA;第二,从双链 DNA 中移去 5′突出末端,以便使用末端转移酶进行加尾。

二、核酸内切酶

核酸内切酶是一类可水解分子链内部磷酸二酯键,生成寡核苷酸的核酸酶,与核酸外切酶相对应。

1.S1 核酸酶

S1 核酸酶来源于米曲霉,是一种高度单链特异的核酸内切酶,在最适反应条件下,以内切方式降解单链 DNA 或 RNA,产生带 5′磷酸的单核苷酸或寡核苷酸。S1 核酸酶降解单链 DNA 的速率要比降解双链 DNA 速率快 75 000 倍,对 dsDNA、dsRNA 和 DNA-RNA 杂交体不敏感,这种酶的活性表现需要低水平的 Zn^{2+} 存在,最适 pH 值为 4.0~4.3。如果所用酶量过大,则双链核酸可以被完全消化,而中等量酶可在切口或小缺口处切割双链 DNA。

S1 核酸酶的单链水解功能可以作用于双链核酸分子的单链区,并从单链部位切断核酸分子,而且这种单链区可以小到只有一个碱基对。所以 S1 核酸酶在 DNA 分子操作实验中可以应用于分析核酸杂交分子(RNA-DNA)的结构、给 RNA 分子定位、测定真核基因中间隔子序列的位置、去除 DNA 片段中突出的单链尾,以及打开在双链 cDNA 合成期间形成的发夹环等。

2.绿豆核酸酶

绿豆核酸酶来源于绿豆芽,是一种内切方式的单链特异性核酸内切酶,可将单链 DNA 降解为具有 5′-磷酸末端的单核苷酸或寡核苷酸,如果使用过量(1 000 倍),也可以将寡聚体完全降解为单核苷酸。与 S1 核酸酶不同,绿豆核酸酶不能切断切口对侧的链,过量的酶还可以降解双链 DNA、RNA 或者 DNA-RNA 杂交体,这时,它会选择性地降解富含 AT 的区域,易在 A↓pN、T↓pN 的位置降解,尤其在 A↓pN 位置上能 100%降解,不易在 C↓pC、C↓pG 的位置降解。

酶学特性与 S1 核酸酶相似,酶活力比 S1 核酸酶温和,在大切口上才能进行切割。绿豆核酸酶可使 DNA 突出端切成平端,但绿豆核酸酶在末端为 GC 时容易出现碱基残留,而 S1 核酸酶容易发生切入现象。

3.BAL 31 核酸酶

BAL 31 核酸酶来源于 Alteromonas espejiana,是一种以内切方式特异性地降解单链 DNA 的核酸酶。BAL 31 核酸酶活性依赖 Ca^{2+},EDTA 可抑制其活性,对双链 DNA 中瞬时单链区也有降解作用,能切断单链缺口的双链 DNA。

与 S1 核酸酶和绿豆核酸酶不同,BAL 31 核酸酶同时具有双链特异的核酸外切酶活性,在没有单链时也作用于双链 DNA,表现出从 DNA 两端同时降解的 5′→3′及 3′→5′的外切酶活性,但 3′→5′的外切酶活性高于 5′→3′,所以在反应产物中平末端的 DNA 分子只有 10%左右,而 5′突出的(约 5bp)的 DNA 分子约为 90%。如果要进行平端连接,需要用 T4 DNA 聚合酶进行补平。

BAL 31 核酸酶和核酸外切酶Ⅲ的外切酶活性都可以进行 DNA 片段的双向缺失,不同的是核酸外切酶Ⅲ可以对 DNA 片段进行单向缺失。BAL 31 核酸酶外切酶活性碱基的依存性较高,富含 GC 的位置上不易降解,而核酸外切酶Ⅲ的碱基特异性较小,更适合用于 DNA 的缺失制作。BAL 31 核酸酶主要适用于以切除 220~1 000 bp 为目的的反应,而核酸外切酶Ⅲ则适用于切除 100 bp 以下的碱基。由于使用 BAL 31 时的碱基依存性较强,因此,对于反应不容易进行的 DNA,使用受碱基影响较小的核酸外切酶Ⅲ长时间分解为好,两种酶生成的 DNA 片段平末端的效率大约都为 10%。

4.脱氧核糖核酸酶Ⅰ

脱氧核糖核酸酶Ⅰ(Deoxyribonuclease Ⅰ, DNase Ⅰ),是一种可以消化单链或双链

DNA，产生单脱氧核苷酸、单链或双链的寡脱氧核苷酸的核酸内切酶。DNase Ⅰ水解单链或双链 DNA 后的产物，5′端为磷酸基团，3′端为—OH。

目前用于 DNA 分子操作实验中的商品化的 DNase Ⅰ是从牛胰腺纯化得到的，其活性依赖 Ca^{2+}，并能被 Mg^{2+} 或 Mn^{2+} 激活。在 Mg^{2+} 存在的条件下，DNase Ⅰ可随机剪切双链 DNA 的任意位点，形成切口；在 Mn^{2+} 存在条件下，DNase Ⅰ可在同一位点剪切 DNA 双链，形成平末端，或 1~2 个核苷酸突出的黏末端的 DNA 片段。此外还有一种商品化重组脱氧核糖核酸酶Ⅰ（recombinant DNase Ⅰ），或者 DNase Ⅰ(DNase-free)酶，几乎完全除去了 RNase 和蛋白酶，从而提高了酶在 pH 中性区域的稳定性，可以安全地用于 RNA 的制取。

DNase Ⅰ的主要用途有：缺口平移法标记探针前用 DNase Ⅰ处理 DNA，使之形成若干缺口；建立随机克隆，进行 DNA 序列分析；分析蛋白-DNA 复合物(DNA 酶足迹法)；除去 RNA 样品中的 DNA(RNase-free)等。

5.核糖核酸酶

核糖核酸酶(ribonuclease，RNase)是一种从分子内部转移性水解 RNA 的核酸酶，可分为内切核糖核酸酶(endoribonuclease)和外切核糖核酸酶(exoribonuclease)。DNA 分子操作实验中最常用的有核糖核酸酶 A(ribonuclease A，RNase A)和核糖核酸酶 H(ribonuclease H，RNase H)。

RNase A 是一种来源于牛胰的具有高度专一性的核酸内切酶，可特异性攻击 RNA 上嘧啶核苷酸的 C3 上的磷酸根和相邻核苷酸的 C5 之间的键，形成带 3′嘧啶单核苷酸或以 3′嘧啶核苷酸结尾的低聚核苷酸产物。还有一种来自米曲霉的商品化的核糖核酸酶 T1(RNase T1)，其功能和用途与 RNase A 相似。

RNase A 的主要用途有：除去 DNA 样品中的 RNA；除去 DNA-RNA 中未杂交的 RNA 区；确定杂交体 DNA 中 RNA 的单突变的位置。

RNase H 现已知广泛存在于哺乳动物细胞、酵母、原核生物及病毒颗粒中，所有类型细胞均含有不止一种 RNase H。目前商品化的 RNase H 是从小牛胸腺中发现而被分离出来的，是一种核糖核酸内切酶，可以特异性地水解 DNA-RNA 杂合链中的 RNA 上的磷酸二酯键，产生 3′-OH 和 5′-磷酸末端的产物。RNase H 不能水解单链或双链 DNA 或 RNA 中的磷酸二酯键，即不能消化单链或双链 DNA 或 RNA。

RNase H 的主要用途有：合成 cDNA 第二链之前去除 RNA；用 DNA 指导在特异位点切割 RNA 等。

第八章　核酸的分离纯化

第一节　核酸分离纯化的基本知识

核酸的分离纯化是获得目的基因及载体 DNA 片段的基本途径,分离的好坏直接决定了核酸样品的质量。真核生物 95%的 DNA 主要存在于细胞核内,其余 5%为细胞器 DNA,存在于线粒体和叶绿体中。RNA 分子约有 75%存在于胞浆中,另有 10%在细胞核内,15%在细胞器中。RNA 以 rRNA 所占比例最大(80%~85%),tRNA 及核内小分子 RNA 占 10%~15%,而 mRNA 分子只占 1%~5%。细胞中的 DNA 和 RNA 均与蛋白质结合,形成脱氧核糖核蛋白(DNP)和核糖核蛋白(RNP)。不同类型的核酸具有不同的结构特点:真核生物染色体 DNA 为双链线状大分子;原核生物基因组 DNA、质粒及真核细胞器 DNA 相对较小,为双链环状分子;某些噬菌体 DNA 为单链环状分子;而 RNA 大多为单链线状分子;至于病毒的 DNA、RNA 分子,其存在形式多种多样,有双链环状、单链环状、双链线状和单链线状等。因此核酸分离纯化时应根据核酸特点、类型及结合状态等因素综合考虑,选择不同的分离纯化方法。

一、核酸分离纯化的原则与要求

核酸分离纯化总的原则是要保证核酸一级结构的完整性,防止降解,因为一级结构是核酸分子最基本的结构,储存着全部的遗传信息,是进一步研究的基础;同时要排除其他分子的污染。为了保持核酸的完整性,在提取过程中要注意防止核酸酶对核酸的降解。还要防止化学因素(酸碱等)和物理因素(高温或机械剪切等)引起核酸变性或破坏。制备 RNA 要特别注意防止核酸酶的作用,因为核酸酶分布很广,活力很强;而对 DNA 更重要的是防止张力剪切作用,因为 DNA 分子特别长,容易断裂。

对于核酸的纯化应达到以下三点要求:①核酸样品中不应存在对酶有抑制作用的有机

溶剂和过高浓度的金属离子；②其他生物大分子如蛋白质、多糖和脂类分子的污染应降低到最低程度；③排除其他核酸分子的污染，如提取 DNA 分子时，应去除 RNA 分子，反之，提取 RNA 时应除去 DNA 分子。

二、核酸提取的主要步骤

提取纯化核酸总的来说分为四大步骤：样品的前处理；细胞的破碎；核酸的分离纯化，除去与核酸结合的蛋白质及多糖脂等杂质；核酸的沉淀浓缩，除去其他杂质核酸，获得均一的样品。

1.样品的前处理

新鲜的动植物组织材料，经清洗去掉非组织材料杂质。少量样品可用液氮冻结，然后快速碾磨成粉末状。动物细胞培养物有的需用胰酶消化，再离心沉淀，必要时用预冷的 PBS 液漂洗，收集沉淀的细胞。液体培养的单细胞微生物直接离心沉淀收集菌体，重悬浮在含有 EDTA 的葡萄糖低渗溶液，避免细胞裂解。

2.细胞的破碎

细胞的破碎有多种方法，包括物理方法、化学方法、酶法等。常用的物理方法有超声波法、匀浆法、液氮破碎法、Al_2O_3 粉研磨法等。由于物理方法容易导致 DNA 链的断裂，因此对大分子量 DNA，一般采用化学方法和酶法，如采用去污剂（SDS，0.5%~1.25%）和溶菌酶或蛋白酶 K1 在 Tris-HCl（pH＝8.0）的 EDTA 溶液中，温和裂解。EDTA（5 mmol/L）可与 Mg^{2+} 结合，从而抑制核酸水解酶，是核酸制备中防止酶解的重要手段。蛋白酶，去污剂在使细胞充分裂解的同时，也可使核蛋白复合体破碎，从而使更多的核酸释放出来，溶解于提取缓冲液中。为充分裂解细胞，消化蛋白，此过程可在室温 60 ℃条件下进行。以上条件主要是对 DNA 提取，为了除去混杂的 RNA，此时也可加入适量 RNA 酶。但若是提取 RNA，则从裂解开始就应抑制 RNA 酶活性，这是成败的关键。

3.核酸的分离纯化

核酸纯化最关键的步骤是去除蛋白质，要将核酸与紧密结合的蛋白质分开，而且还要避免核酸降解。从细胞裂解液等复杂的分子混合物中纯化核酸，则要先用某些蛋白水解酶消化大部分蛋白质后，再用有机溶剂抽提。从核酸溶液中去除蛋白质常用酚/氯仿抽提法，这个方法的基本原理是：交替使用酚、氯仿这两种不同的蛋白质变性剂，以增加去除蛋白杂质的效果。因为酚虽可有效地变性蛋白质，但它不能完全抑制 RNA 酶（RNase）的活性，而且酚能溶解 10%~15%的水，从而能溶解一部分 poly（A）RNA，因此 DNA 提取时一般采用饱和酚。克服这两方面的局限，对于 RNA 提取显得更加重要。为此可混合使用酚与氯仿，氯仿还能加速有机相与液相分层，去除植物色素和蔗糖。在氯仿中加入少许异戊醇的目的在于减少蛋白质变性操作过程中产生的气泡。最后用氯仿抽提处理,是为了去除核酸溶液中的痕量酚。如果下一步骤中酶反应的条件要求严格,最可靠的方法是再用水饱和的乙醚抽提一次,以彻底去除核酸样品中的痕量酚与氯仿,然后在 68 ℃水浴中放置 10 min 使痕量乙醚蒸发掉。酚/氯仿萃取原理示意图如图 8-1 所示。

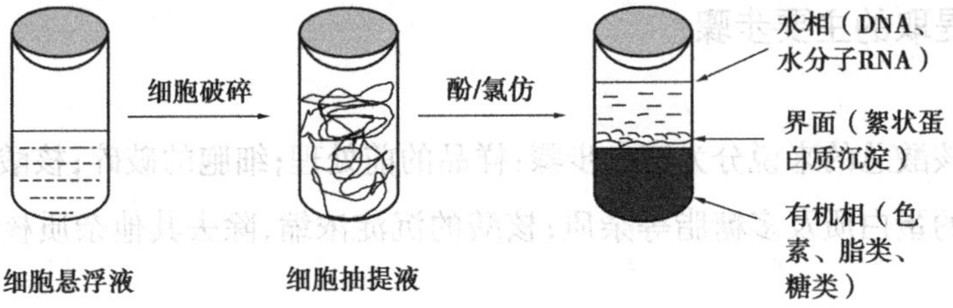

图 8-1　酚/氯仿萃取原理示意图

4.核酸的沉淀浓缩

核酸沉淀常用乙醇沉淀法。无水乙醇结合核酸分子所结合的水,使核酸沉淀,且乙醇易挥发除去,对后续酶切操作影响甚微。微量的 DNA,可加入中等浓度的单价阳离子促进沉淀。如加入 Na^+,中和了 DNA 分子上的负电荷,减少了 DNA 分子间的同性电荷相斥力,易聚合形成的钠盐 DNA 沉淀可经离心回收。回收的核酸可按所需浓度,再溶于适当的缓冲液中。甚至对低至皮克量的 DNA 或 RNA 也可定量回收。

以上是核酸 DNA 在提取时所用的主要步骤,具体的染色体 DNA、细胞器 DNA、病毒 DNA(RNA)及质粒 DNA 在提取方法上又有所不同。

三、质粒 DNA 的分离纯化

在基因工程中,质粒是携带外源基因进入细菌中扩增或表达的重要运载体,是重组 DNA 技术中必需的工具。而质粒的分离纯化则是最常用、最基本的实验技术。质粒分离重点考虑如何将之与性质相似的基因组 DNA 相互分开,在常用的分离方法中,几乎都利用了质粒分子量小和闭合环状超螺旋结构性质。质粒 DNA 分离方法有碱裂解法、煮沸法、去污剂(Triton/SDS)裂解法、CsCl-EB(氯化铯—溴乙啶)密度梯度平衡离心法、羟基磷灰石柱层析法、质粒 DNA 释放法及商业化的试剂盒等。前两种方法比较剧烈,适于小质粒,第三种方法比较温和,一般用来分离大质粒(>15 kb)。羟基磷灰石柱层析法利用核酸的带电性,可用于纯化。

1.碱裂解法

碱裂解法是小量制备 DNA 较好的方法,基本原理是:利用质粒较小且为超螺旋共价闭合环状分子,与染色体 DNA 在拓扑学上有很大差异将其分离。即在碱性(pH = 12~12.5)条件下,DNA 分子均变性,恢复中性时,线性染色体 DNA 由于两条链分开且基因组分子量大,单链互相无规则缠绕,不能准确复性,就与其他成分共沉淀;而质粒 DNA 分子小且两条闭合环状分子及时变性,也较紧密地缠绕在一起,能准确复性而留于上清溶液中。

碱裂解法获得 DNA 纯度可达到基因工程操作的要求,提取率高,能快速获得超螺旋 DNA,常用于高拷贝数质粒的分离提取。质粒的大量制备可在用微量制备的方法提取后,再采用聚乙二醇沉淀等方法纯化。

2.煮沸法

煮沸法利用加热处理 DNA 溶液时,线状染色体 DNA 容易发生变性,共价闭环的质粒 DNA 在冷却时即恢复其天然构象,变性染色体 DNA 片段与变性蛋白质和细胞碎片结合形成沉淀,而复性的超螺旋质粒 DNA 分子则以溶解状态存在液相中,通过高速离心(12 000 g)将两者分开。然后可用 5%十六烷基三甲基溴化铵(CTAB)选择性沉淀 DNA,进一步用乙醇洗涤、沉淀,保存于 TE 缓冲液中。煮沸法适用于快速提取质粒 DNA 并进行鉴定,也适用于大量提取,对纯度要求高的,可作进一步纯化处理。

3.CsCl-EB 密度梯度平衡离心

CsCl 是一种大分子量的重金属盐,长时间超速离心时,在管中形成 1~1.805 2 g/cm^3 自上而下增加的密度梯度。含有细胞裂解液的体系在长时间超速离心平衡后,DNA 的沉降速度与扩散速度达到平衡,染色体 DNA、质粒、RNA 以及蛋白质等不同浮力密度的物质可在管内不同位置形成区带。RNA 可与 Cs^+结合,因此密度最大,沉积管底,蛋白质漂浮于液面上。

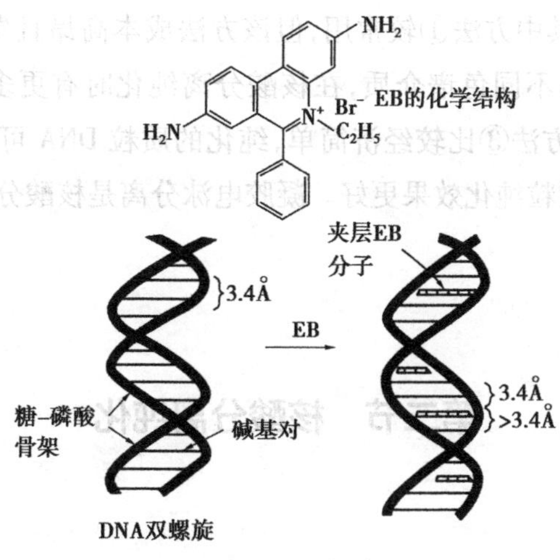

图 8-2 EB 与 DNA 结合方式示意图

密度梯度平衡离心后,不同物质区带示意图如图 8-3 所示。该法可以简便地将几种大分子分离开,所获得 DNA 纯度高,因此也可用于染色体 DNA 的分离。但是需要超速离心机,设备成本较高。

根据质粒大小和结构与基因组 DNA 的区别,还可以采用阴离子交换色谱(如 DEAE-sepharose 4B)或分子筛色谱(如 Sephacel S-100),也可选用一些特定的商品化的柱子。凝胶电泳也是一种分离不同分子量 DNA 的手段。

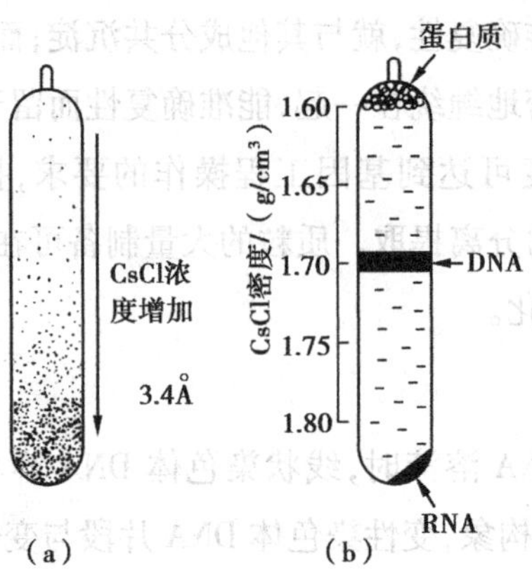

图 8-3 CsCl-EB 密度梯度平衡离心分离示意图

4.DNA 的纯化

质粒从细菌中分离出来以后,可用于 DNA 片段酶切回收、内切酶图谱分析、细菌转化、亚克隆及探针放射性标记等实验。但是对于一些 DNA 纯化要求高的实验,如哺乳类动物细胞转染、转基因动物操作等,需要进一步提高质粒 DNA 的纯度。这种纯度要求不但包括细菌染色体 DNA、RNA 及蛋白质的去除,而且还要选择质粒 DNA 的不同分子构型。一般根据后续实验对 DNA 的质量要求和具体条件加以选择。经酚/氯仿提取纯化的质粒 DNA,为了进一步纯化共价闭环(cc)质粒 DNA,可采取以下方法:①CsCl-EB 梯度平衡超速离心法;②离子交换或凝胶过滤柱色谱法;③分级聚乙二醇沉淀法;④琼脂糖凝胶电泳片段分离法(见“核酸电泳”部分)。其中方法①较常用,但该方法成本高昂且费时,小实验室往往难以实现。方法②可通过选择不同色谱介质,在核酸分离纯化时有更多的应用,设备无特殊要求,只是操作比较麻烦。方法③比较经济简单,纯化的质粒 DNA 可适用于细菌转化、酶切,尤其对碱裂解法提取的质粒纯化效果更好。凝胶电泳分离是核酸分离纯化及鉴定的常规方法,尤其适宜小片段。

第二节 核酸分离纯化

核酸在细胞中总是与各种蛋白质结合在一起的,核酸的分离主要是指将核酸与蛋白质、多糖、脂肪等生物大分子物质分开,有时还需将特定的核酸与非目的核酸分开。在分离核酸时应遵循一定的原则,要保证核酸分子一级结构的完整性,同时要排除其他分子污染。

一、核酸的种类和理化性质

根据核酸的特点和提取要求,可将其分为核 DNA、mRNA、质粒 DNA 和存在于细胞质中的核酸分子，如 rRNA，tRNA 等。

DNA 主要存在于细胞核的染色体中，核外也有少量 DNA，如线粒体 DNA(mtDNA)、叶绿体 DNA(cpDNA)等。mRNA 存在于原核生物和真核生物的细胞质及真核细胞的某些细胞器(如线粒体、叶绿体)中。质粒 DNA 一般存在于微生物中，是基因工程的常用载体，细胞质中的核酸包括非细胞形式存在的病毒和噬菌体的核酸，它们或只含 DNA，或只含有 RNA，其中一些也是基因工程的常用载体。

理论上所有真核细胞、细菌、病毒都可以提取核酸，样本的选择取决于实验目的的需要。从不同材料中提取 DNA 的具体方法不同，分离提取的难易程度也不同。对于低等生物，如病毒，从中提取 DNA 比较容易，因为多数病毒 DNA 相对分子质量较小，提取时易保持其结构完整性。细菌和真核 DNA 相对分子质量较大，因此易被机械张力剪断，所以从细菌及高等动植物中提取 DNA 难度较病毒大。

RNA 和核苷酸的纯品都呈白色粉末或结晶，DNA 则为白色类似石棉样的纤维状物。除肌苷酸、鸟苷酸具有鲜味外，核酸和核苷酸大都呈酸味。DNA、RNA 和核苷酸都是极性化合物，一般都溶于水，不溶于乙醇、氯仿等有机溶剂，它们的钠盐比游离酸易溶于水，RNA 钠盐在水中的溶解度可达 40 g/L，DNA 钠盐在水中的溶解度为 10 g/L，均呈黏性胶体溶液。在酸性溶液中，DNA、RNA 易水解，在中性或弱碱性溶液中较稳定。

天然状态的 DNA 和 RNA 以脱氧核糖核蛋白(DNP)和核糖核蛋白(RNP)的形式存在于细胞核中，它们提取的原理是相同的。要从细胞中提取 DNA 时，先把 DNP 抽提出来，除去蛋白质，再除去细胞中的糖、RNA 及无机离子等，然后就可以从中分离出 DNA。

DNP 和 RNP 的溶解度受溶液中盐浓度影响，DNP 受盐浓度的影响较大，在低浓度盐溶液中几乎不溶解，如在 0.14 mol/L 的 NaCl 溶液中溶解度最低，仅为水中溶解度的 1%，随着盐浓度的增加，溶解度也增加，至 1 mol/L NaCl 溶液中的溶解度很大，比纯水高 2 倍；RNP 受盐浓度的影响较小，在 0.14 mol/L NaCl 中溶解度较大。因此，核酸提取时常利用这一特性分离这两种核蛋白。

二、核酸酶的抑制和抑制剂

核酸提取过程中对核酸酶的抑制是关键，不同来源的核酸酶，其专一性、作用方式都有所不同，因此应根据降解核酸的类型选择不同的核酸酶抑制剂。按抑制核酸的类型不同，核酸酶抑制剂可以分为两大类。

1.DNA 酶(DNase)抑制剂

DNase 比较容易失活，其活性需要 Mg^{2+}、Ca^{2+} 等金属二价离子激活，加入少量金属离子螯合剂，如 0.01 mol/L 的 EDTA 或柠檬酸钠就可以让 DNase 基本失活。此外，表面活性剂、去垢剂等蛋白变性剂也可使 DNase 失活，常用于提取 DNA 的有十二烷基硫酸钠(SDS)和十六烷基三甲基溴化铵(CTAB)。

SDS 能使蛋白质变性,解聚细胞中的核蛋白,并与变性蛋白结合成带负电荷的复合物,该复合物在高盐溶液中形成沉淀。

CTAB 是一种阳离子去污剂,在 DNA 提取中,其作用是使蛋白质变性,让 DNA 被释放出来。CTAB 能与核酸形成复合物,该复合物可溶,能稳定存在于高盐浓度下(>0.7 mmol/L NaCl),但在低盐浓度(如 0.1~0.5 mmol/L NaCl)下,CTAB 核酸复合物就因溶解度降低而沉淀,而大部分的蛋白质及多糖等仍溶解于溶液中,通过有机溶剂抽提,去除蛋白、多糖、酚类等杂质后,加入乙醇沉淀即可使核酸分离出来。因此在利用 CTAB 法提取 DNA 时,要用 NaCl 提供一个高盐环境,使 DNP 充分溶解,在液体环境中,CTAB 同时溶解细胞膜,并结合核酸,使核酸便于分离。经离心弃上清液后,CTAB—核酸复合物用 70%~75%酒精浸泡可洗脱掉 CTAB,再通过氯仿/异戊醇(24∶1)抽提去除蛋白质、多糖、色素等来纯化 DNA,最后经异丙醇或乙醇等 DNA 沉淀剂将 DNA 沉淀分离出来。

2.RNA 酶(RNase)抑制剂

RNase 分布广泛,极易污染样品,而且耐高温、耐酸、耐碱,不宜失活。RNase 的抑制和失活是 RNA 提取的关键。

常用的 RNase 抑制剂有:皂土、焦磷酸二乙酯(DEPC)、肝素、复合硅酸盐(Iacaloid)、RNase 阻抑蛋白(RNasin)、氧钒核糖核苷复合物(vanadyl-ribonucleosidecomplex,VRC)及一些强烈的蛋白酶变性剂,如胍盐、氯化锂等。

DEPC 是一种强烈但不彻底的 RNase 抑制剂,它通过与蛋白质中的组氨酸的咪唑环结合,使蛋白质变性,从而抑制酶的活性。

异硫氰酸胍目前被认为是最有效的 RNase 抑制剂之一,异硫氰酸胍有破坏细胞结构、能使核酸从核蛋白中解离出来,并对 RNase 有强烈的变性作用。异硫氰酸胍与 β-巯基乙醇(破坏蛋白质的二硫键)合用可使 RNase 被极度抑制。盐酸胍有时也用作 RNase 抑制剂,但它是一个核酸酶的强抑制剂,并不是一种足够强的变性剂,可以完整地将 RNA 从富含 RNase 的组织中提取出来。

氧钒核糖核苷复合物是由氧钒(Ⅳ)离子和 4 种核糖核苷中的任意一种所形成的复合物,都是过渡态类似物,能与多种 RNase 结合并几乎百分之百地抑制 RNase 的活性。这 4 种氧钒核糖核苷复合物可加入完整细胞中,在 RNA 提取和纯化的所有过程中,其使用浓度都是 10 mmol/L。所得到的 mRNA 可直接在硅卵母细胞中进行翻译,并能作为某些细胞外酶促反应(如 mRNA 反转录)的模板。然而氧钒核糖核苷复合物会强烈抑制 mRNA 在无细胞体系中的翻译,因此必须用苯酚多次提取以除之。

RNase 的蛋白质抑制剂(RNasin)是从大鼠肝或人胎盘中提取得来的酸性糖蛋白,是 RNase 的一种非竞争性抑制剂,可以和多种 RNase 结合,使其失活。

Macaloid(硅藻土)是一种黏土,很多年前就发现它能吸附 RNase,用缓冲液将其制成浆液，以 0.015%(m/V)的终浓度溶解细胞。这种黏土随同它所吸附的 RNase 可在后续的 RNA 纯化过程中(如酚抽提后)经离心去除。

三、核酸分离、纯化原则和要求

为了保证分离核酸的完整性和纯度，在实验过程中应注意以下事项：

①尽量简化操作步骤，缩短提取过程，以减少各种有害因素对核酸的破坏。

②减少化学因素对核酸的降解，要避免过酸、过碱对核酸链中磷酸二酯键的破坏，操作多在 pH=4~10 的条件下进行。

③减少物理因素对核酸的降解。物理降解因素主要是机械剪切力，其次是高温。机械剪切力包括强力高速的溶液振荡、搅拌，使溶液快速地通过狭长的孔道，细胞突然置于低渗液中，细胞爆炸式破裂以及 DNA 样本的反复冻贮等，都有可能造成 DNA 链的断裂。机械剪切作用的主要危害对象是大分子线性 DNA，如真核细胞的染色体 DNA。对小分子的环状 DNA，如质粒 DNA 及 RNA，机械剪切作用的威胁相对小些。高温，如长时间煮沸，除水沸腾带来的剪切力外，高温本身对核酸分子中的有些化学键也有破坏作用。核酸提取一般在低温条件下进行，但现在发现在室温快速提取与低温提取获得的核酸的质量没有太大差异。

④防止核酸的生物降解。细胞内的或外来的各种核酸酶消化核酸链中的磷酸二酯键，直接破坏核酸的一级结构，其中 DNase 需要金属二价离子 Mg^{2+}、Ca^{2+} 的激活，使用 EDTA、柠檬酸盐钠，基本可以抑制 DNase 酶活性。RNase 不但分布广泛，而且耐高温、耐酸、耐碱、不易失活，极易污染样品，是 RNA 提取过程的主要危害因素。降低温度、改变酸碱度及盐的浓度都有利于对核酸酶活性的抑制，但均不如利用核酸酶抑制剂更有利，几种条件并用更好。

对于 DNA 的提取，抑制 DNase 活力很容易，但防止机械张力拉断则更重要。对于 RNA 的提取，因 RNA 分子较小，不易被机械张力拉断，但抑制 RNase 活力较难，故在 RNA 提取中设法抑制 RNase 更为重要。

第九章　目的基因的克隆

第一节　目的基因的克隆策略

在基因工程中,需要研究的基因称为目的基因,在获得其片段(或序列)之前有时称为目标基因或靶基因,而在基因克隆过程中有时两者均称为插入基因,因此在阅读的时候要注意区分。要对某一目的基因进行克隆,必须根据具体的条件选择相应的策略。

一、基因的电子克隆策略

随着大规模基因组测序工作在全世界展开,以及大量的基因和氨基酸序列被提交到 GenBank 数据库,庞大的 DNA 序列资源由此产生了,可利用生物信息手段对 GenBank 数据库资源进行挖掘来找到目的基因。由于这种方法简单,不需要进行基因文库的构建和筛选,主要是在计算机上进行,所以可以称其为基因的"电子克隆"(图 9-1)。

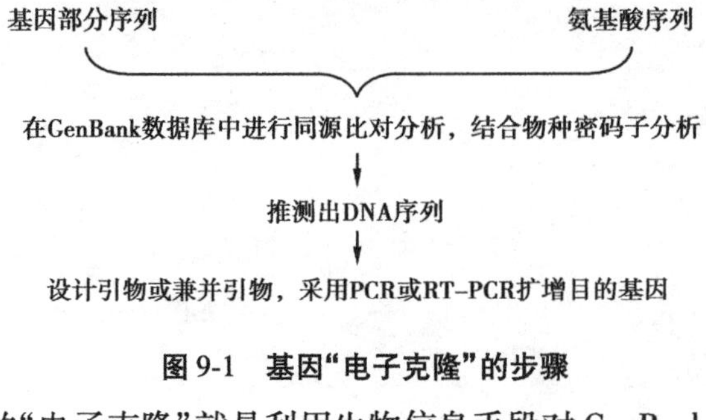

图 9-1　基因"电子克隆"的步骤

具体而言,基因的"电子克隆"就是利用生物信息手段对 GenBank 中庞大的 DNA 序列和氨基酸序列资源进行同源性检索分析,对已经完成序列分析的微生物进行大量核酸序列的分析和对比,推测这些序列的功能,然后找到候选基因序列再进行实验的功能鉴定,最终确定基因的功能和性质。基因“电子克隆”可以用已知的部分基因序列、表达序列标签(EST)、保守序列来进行“电子延伸”以获得完整的基因;也可以对已知的氨基酸序列进行“电子克隆”以获得基因序列;还可以对随机测序或者基因文库筛选获得的序列进行功能预测。

基因“电子克隆”的优点是无须进行基因文库的构建和筛选,速度快,成本较低。但是基因“电子克隆”建立在所选择的对象,或者是其近缘关系种已经完成基因组测序基础上,因而其使用受到很大的限制,获得的基因数量是有限的,并且获得的序列也需要大量的实验来进行功能鉴定。

随着生物信息学的发展,数据库检索在核酸序列同源性检索、电子基因定位、电子延伸、电子克隆和电子表达以及蛋白质功能分析、基因鉴定等方面起到了重要作用,已成为认识生物个体生长发育、繁殖分化、遗传变异、疾病发生、衰老死亡等生命过程的有力工具。

二、基因合成的策略

基因合成是指在体外人工合成双链 DNA 分子的技术。它与寡核苷酸(引物)合成有所不同。

寡核苷酸合成是利用 DNA 自动合成仪,按照设定的序列通过化学反应将核苷酸一个一个连接成单链的寡核苷酸序列。所用化学反应和操作细节随不同的仪器而改变,最广泛应用的方法是亚磷酰胺法。随着的寡核苷酸序列的延长,其回收率会随着每一个碱基的延伸呈线性降低,所以化学合成的片段很难超过 200 bp。基因合成则是在化学合成的寡核苷酸基础上进一步合成双链 DNA 分子,所能合成的长度范围为 50 bp~12 kb。

基因合成适用于已知核苷酸序列的、相对分子质量较小的目的基因。如果已经获得某一蛋白质全部氨基酸顺序或者人工设计的蛋白,推测出了编码该蛋白的 DNA 序列,也可以人工合成目的基因。

基因合成具有合成快速、简单的优点,可以消除基因内部多余的内切酶位点,方便下游的克隆和实验;可以合成一些自然界不存在或者很难从自然环境中克隆的人工设计的基因(如极端环境的基因)。基因合成还可以根据表达宿主的特点进行密码子的优化,使之更适合表达宿主的密码子偏好性;还可以通过密码子的简并性消除基因和 mRNA 内部复杂的高级结构,使之更有利于基因表达过程的转录和翻译。

由于绝大多数基因的大小超过了化学合成寡聚核苷酸片段的大小,因此,需要将合成的寡核苷酸片段连接组装成完整的基因。在基因合成中,通常是先合成一定长度的、具有特定序列的寡核苷酸片段,然后再用一定的方法组装起来。

1.连接法

连接法是指将基因设计成多个小于 200 bp 且带有黏性末端的双链寡核苷酸片段,然后根据碱基互补配对原则,序列两两合成互补的寡核苷酸片段。由于寡核苷酸片段合成结束后5′磷酸基团被切除,因此必须用T4多聚核苷酸激酶把寡聚核苷酸片段的5′端重新加上磷酸基团,并使两两互补的寡核苷酸片段退火,形成带有互补黏性末端(重叠10~15 bp)的双链寡核苷酸片段,这时,再用T4 DNA连接酶将它们彼此连接成一个完整的基因或一个基因的大片段(图9-2)。然后将连接好的DNA片段连到克隆载体上,再转化到大肠杆菌进行扩增,并进行测序分析,序列正确则表示成功合成了目的基因的DNA序列。如果要合成的基因相对分子质量较大,可以设计先合成末端带有酶切识别位点的较小亚克隆片段,分别连接到载体进行测序分析,测序正确后,酶切回收相应的片段,再连接成大片段,形成完整的基因序列。

连接法合成基因的优点是简单、快速、准确,突变率较低;缺点是合成的寡核苷酸片段的碱基数是基因全长的两倍,增加了合成的成本,当基因较大时,需要分割成较多黏性连接片段,给设计和连接都带来一定的困难。虽然通过分段或者逐步连接可以在一定程度解决连接的困难,但是会受到酶切位点使用的限制。

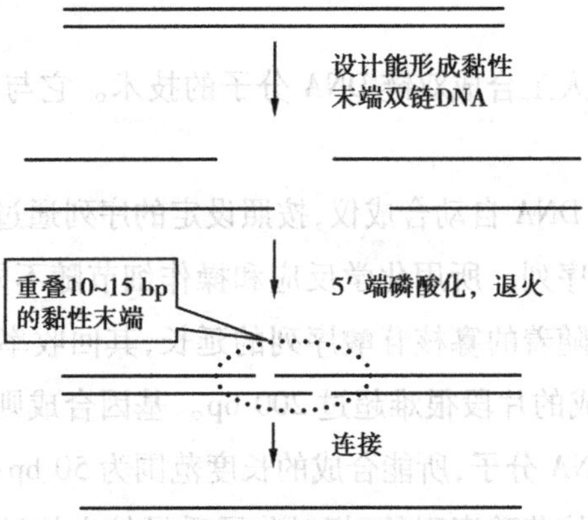

图9-2 连接法合成基因

2.聚合酶法

聚合酶法是指将基因设计成多个小于200 bp末端互补(重叠10~15 bp)的单链寡核苷酸片段,并将这些寡核苷酸片段混合后变性、退火,然后在Klenow大片段酶或*Taq*DNA聚合酶作用下,合成双链DNA片段。DNA片段经处理后连接到适当的载体上,转化大肠杆菌进行增殖和测序分析。测序正确表明成功合成了目的基因的DNA序列(图9-3)。

聚合酶法合成基因的优点是简单,只需要合成单链寡核苷酸片段,成本较连接法低;缺点是当基因片段较大时,需要经过多次循环的聚合酶反应才能获得完整的双链DNA,这样不仅会增加合成的难度,也会增加基因突变的可能性。解决的办法是利用高保真酶进行聚合反应,或者将基因分成几个亚克隆片段进行合成,分别测序,测序结果正确后再组装成完整的基因。

目的基因的人工合成不需要模板,也不需要首先获得含有目的基因的生物体,因而不受基因来源限制,是获取基因的手段之一。但是基因合成技术还没有一个统一标准的方法,较

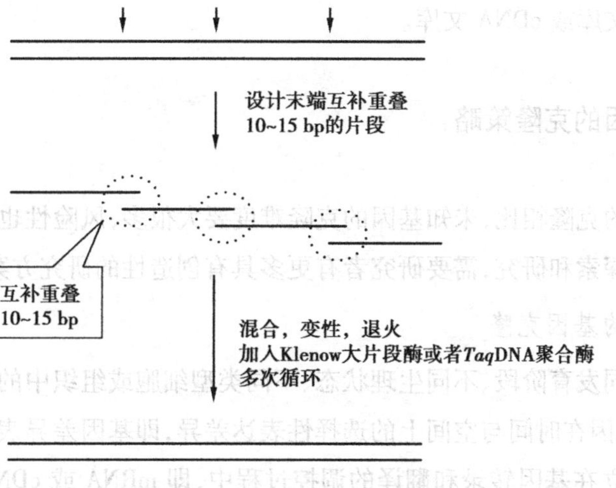

图 9-3 聚合酶法合成基因

小的基因，合成的难度小，大分子的基因，难度很大，其成功率取决于操作人员的实验技能和经验。目前有不少专业的基因合成公司提供基因合成的服务，对于缺少经验的实验人员是一个比较好的选择。

三、已知基因的克隆策略

从技术层面来说，获取目的基因的常用策略有：从基因文库中筛选获取，利用 PCR 技术从含有目的基因的模板 DNA 中扩增，根据已知的基因序列人工合成等。因此，基因的克隆要根据实验的基础、目的和条件来选择策略。

①已知目的基因的全部 DNA 或 cDNA 序列，可以人工合成全长的 DNA 序列，为了节约成本和时间，更多是采用 PCR 或 RT-PCR 方法来克隆。不含内含子的基因可直接设计相应的引物，提取目的基因的总 DNA 进行 PCR 扩增；对含有内含子的真核基因，需要利用 RT-PCR，提取总 RNA，然后进行 RT-PCR 扩增，也可以合成探针筛选 cDNA 文库。

②已经知道其他物种的同源基因序列，如果基因同源性较高（95%以上），可以直接设计 PCR 引物（或者兼并引物）来扩增目的基因，也可以根据同源保守区设计引物或者兼并引物，然后利用 PCR 克隆目的基因的保守区，再利用染色体步移技术获得全长基因；对同源性较低（低于 40%）的基因可以根据其最保守区域设计探针，进行文库筛选来克隆该基因。

③已知目的基因的部分 DNA、cDNA 或 EST 序列，可以采用反向 PCR 技术，锅柄 PCR 技术等染色体步移技术来获得完整全长的基因序列。已知部分 cDNA 序列的真核基因可以采用快速末端扩增技术（RACE）来获得完整的基因，也可以利用已知序列作为探针来筛选基因文库或 cDNA 文库以获得全长基因序列。

④已知目的基因表达蛋白的氨基酸序列，可以根据蛋白质序列推导 DNA 序列，然后进行人工合成全长基因；也可以根据蛋白质序列设计兼并引物 PCR 扩增目的基因；还可以设

计探针筛选基因文库或 cDNA 文库。

四、未知基因的克隆策略

和已知基因的克隆相比,未知基因的克隆难度要大很多,风险性也高。对未知基因的克隆本身就是一种探索和研究,需要研究者有更多具有创造性的研究方案和实验设计。

1.差异表达的基因克隆

生物体在不同发育阶段、不同生理状态、不同类型细胞或组织中的结构与功能的变化差异,归根结底是基因在时间与空间上的选择性表达差异,即基因差异表达。基因差异表达的研究策略主要建立在基因转录和翻译的调控过程中,即 mRNA 或 cDNA 差异和蛋白质差异两个水平,研究得较多的是 mRNA 或 cDNA 水平。通过比较不同样品的基因差异表达,分离出表达的目的基因,是一种快速分离组织特异性表达的基因的有效方法。

(1)mRNA 差异显示技术

mRNA 差异显示技术(mRNA differential display PCR,DDRT-PCR)是由 Peng Liang 等人在 1992 年建立的筛选基因差异表达的有效方法。它是一种将 mRNA 反转录技术和 PCR 技术相结合的 RNA 指纹图谱技术。

mRNA 差异显示就是提取不同的总 RNA,然后反转录合成 cDNA。反转录时设计 12 种 oligo(dT)12MN 引物(M 为 A、C、G 中的任意一种,N 为 A、C、G、T 中的任意一种)。用这 12 种引物分别对同一总 RNA 样品进行 cDNA 合成,即进行 12 次不同的反转录反应,从而使反转录的 cDNA 具有 12 种类型。然后采用 10 个碱基组成的随机引物,对每一类 cDNA 进行反转录引物 PCR 扩增。这样通过比对不同样品的 mRNA,用测序胶电泳分离 PCR 产物,经放射自显影即可找到被扩增的差异表达的基因。通过回收差异表达的特异条带,再次进行扩增、测序,就可以获得相关基因的序列。

mRNA 差异显示技术具有简便、快速、灵敏度高和所需起始材料少的特点,此外,它还具有可以同时对多个材料或不同处理材料进行比较等优点。但 mRNA 差异显示具有较高频率的假阳性、重复性低、差异片段太小(多是 100 bp 以下),且差异大多是 poly(A)尾端的非翻译区等,因此,mRNA 差异显示技术筛选出真正有意义的 cDNA 片段并不多,虽然此技术经过了一些改进,但其缺点仍限制着此方法的充分应用。

(2)cDNA 代表性差示分析

1993 年 Lisitsyn 等建立了代表性差示分析(representational difference analysis,RDA)方法,它可以筛选出两个基因组之间的差异基因或基因片段。受 Lisitsyn 的启发,1994 年 Hubank 和 Schatz 建立了 cDNA 代表性差示分析方法,此法可以筛选 mRNA 的差异表达。

cDNA RDA 的基本原理是 mRNA 合成双链 cDNA 后,用识别 4 碱基的限制性内切酶进行消化。识别 4 碱基的限制性内切酶理论上将产生平均大小为 256 bp 的片段,因此可以保证绝大多数表达的基因至少有两个酶切位点,即每个基因的 cDNA 经识别 4 碱基的限制性内切酶处理的片段都带有该酶切位点,可以进行后续的扩增、消减、富集等操作。

cDNA RDA 的基本步骤是:

①将对照组和实验组的双链 cDNA 经酶切后,两端连接上由一个 12 寡聚核苷酸和一个 24 寡聚核苷酸组成的特定 12/24 连接头,然后补平末端并用相应的 24 寡聚引物进行 PCR 扩增,得到具有代表性的产物——扩增子,分别称为对照组(D)和实验组(T)。扩增子的代表性在于虽然经过酶切和扩增,但仍然代表着原来 cDNA 样本的几乎全部信息,而且这个产物是可以扩增的。

②将 T 和 D 再分别酶切去除原来的接头,然后将 T 连接上新的另一不同的 12/24 连接头,D 不连接接头进行消减杂交。消减杂交就是将 T 和 D 按 1∶100~1∶800 000 的比例充分混合,在一定的反应体系中充分解链和杂交,这样就形成了 3 种杂交体 DD、TD 和 TT,然后再用新的 12/24 连接头上的 24 寡聚引物进行 PCR 扩增特异片段。DD 杂交体是由 D 样品相同序列形成的杂交体,两头没有接头,就没有引物的结合位点,所以不能被扩增;TD 杂交体是由 T 和 D 两个样品同源序列形成的杂交体,只有 T 一条单链上有接头序列能和引物结合,在进行 PCR 反应时不能有效被扩增,产物只是线性增长,PCR 产物量很低;TT 杂交体是由 T 样品相同序列形成的杂交体,两头都有接头能和引物结合,进行 PCR 反应时产物呈指数增长,PCR 产物量高。杂交中加入过量的 D 样品 cDNA,保证能和 T 样品同源的 cDNA 充分杂交,这样确保了 TT 杂交体是不同于样品 D 中的特异片段。杂交进行 2~3 轮,即对差异产物进行 2~3 轮的 PCR 富集,这样就可以得到已经富集了数百万倍的差异片段,它们会很清晰地呈现在普通琼脂糖凝胶上。

cDNA RDA 进行了 PCR 富集,与传统的消减富集相比更加灵敏,可以筛选出低拷贝的差异基因。在操作方法上,cDNA RDA 具有更加简便易行、重复性好、不需同位素、假阳性率低,在 Northern 印迹上重现性好等优点。但是 cDNA RDA 所需起始材料较多,更多依赖于 PCR 技术,T 与 D 之间若存在较多差异,或 T 中存在某些基因上调表达,则难达到预期目的,而且工作量比 DDRT-PCR 大,周期长,得到的差异片段是平均为 300~600 bp 的小片段,还需要进一步克隆全长 cDNA,在极低拷贝差异基因的筛选上还不足,即使增加 PCR 富集效果也还不够理想。

(3)抑制性扣除杂交

抑制性扣除杂交(suppression subtractive hybridization,SSH)由 Diatchenk 等于 1996 年提出,其技术基本原理是以抑制 PCR 为基础的 DNA 扣除杂交法,即利用非目标序列片段两端的长反向重复序列在退火时产生"锅—柄"结构,无法与引物配对,从而选择性地抑制非目标序列的扩增。同时,根据 DNA 分子杂交的二级动力学原理,丰度高的单链 cDNA 退火时产生同源杂交的速度要快于丰度低的单链 cDNA,从而使具有丰度差别的 cDNA 相对含量基本一致。

SSH 的基本过程是:分别提取 T(tester)和 D(driver)两种不同细胞的差异 mRNA,反转录成双链 cDNA,然后用 Rsa Ⅰ或 HaeⅢ酶切,以产生大小适当的平头末端 cDNA 片段。将 T 的 cDNA 分成均等的两份,各自接上两种接头,与过量的 D 的 cDNA 变性后退火杂交,第一次杂交后有 4 种产物:a 是 T 的单链 cDNA,b 是自身退火的 T 的双链 cDNA,c 是 T 和 D 的异源双链,d 是 D 的 cDNA。第一次杂交的目的是实现 T 单链 cDNA 均等化,即使原来有丰度差别的单链 cDNA 的相对含量基本一致。由于在 T 的 cDNA 中,与 D 的 cDNA 序列相似的片段大都和 D 形成异源双链分子 c,使 T 的 cDNA 中的差异表达基因的目标 cDNA 得到大量富集。第一次杂交后,合并两份杂交产物,再加上新的变性 D 单链 cDNA,再次退火杂交,此时,只有第一次杂交后经均等化和扣除的 T 的单链 cDNA 和 D 的单链 cDNA 形成各种双链分子,这次杂交进一步富集了差异表达基因的 cDNA,产生了一种新的双链分子 e,它的两个 5′端有两个不同的接头,正是这两种不同的接头,使其在以后的 PCR 中被有效地扩增(图 9-4)。

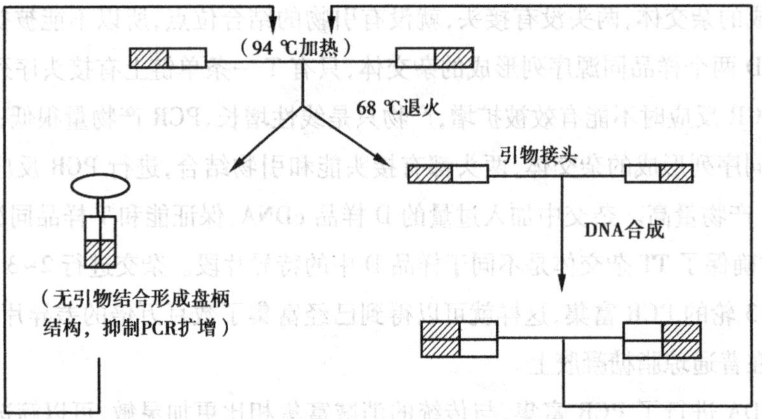

图 9-4 抑制 PCR 示意图

SSH 技术可成千倍地扩增目的片段,能分离出 T 样品上调控表达的基因,其最大优点是假阳性率大大降低,阳性率可达 94%,这是由它的两步杂交和两次 PCR 保证的。SSH 技术进行了 cDNA 片段的均等化和目标片段的富集,保证了低丰度 mRNA 也可能被检出,使得其灵敏度高于 cDNA RDA 和 DDRT-PCR。

但是 SSH 技术需要较多的起始材料,更依赖于 PCR 技术,不能同时进行数个材料之间或不同处理材料之间的比较。和 cDNA RDA 一样,需要的 mRNA 量高(保证有 2 μg 以上),否则低丰度的差异表达基因的 cDNA 很可能会检测不到;只能对两个样品进行分析,也需要进一步获得全长的 cDNA;所研究材料的差异不能太大,最好是细微差异。此外,SSH 是商业公司(CLONETECH)参与研究的成果,并推出了相应的研究用途的试剂盒,但技术细节上不如 cDNA RDA 成熟稳定。

2.有基因图位或标记的基因克隆策略

图位克隆又称定位克隆,1986 年首先由剑桥大学的 Alan Coulson 提出。它是一种根据目的基因在染色体上的位置进行基因克隆的方法。在不知道基因的表达产物和功能信息，又无适宜的相对表型用于表型克隆时，图位克隆是最常用的基因克隆技术，也是克隆植物基因的主要方法之一(图9-5)。

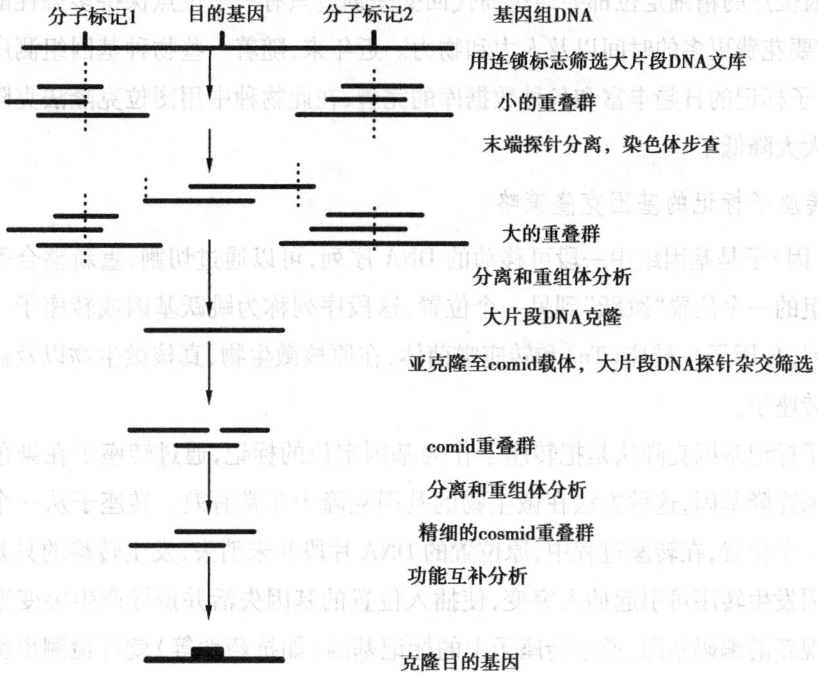

图9-5 图位基因克隆原理

图位克隆分离基因的方法：①可以根据功能基因在基因组中都有相对较稳定的基因座，再利用分离群体的遗传连锁分析将这个基因座定位到染色体的一个具体位置的基础上，通过构建高密度的分子连锁图，找到与目的基因紧密连锁的分子标记，不断缩小候选区域进而克隆到该基因；②也可以利用此物理图谱，通过染色体步移逼近目的基因或通过染色体登录的方法最终找到包含该目的基因的区域序列；③还可以使用与目的基因紧密连锁的分子标记筛选DNA文库来获得目的基因序列，最后通过遗传转化和功能互补验证，最终确定目的基因的碱基序列，并阐明其功能和疾病的生化机制。

图位克隆法分离首先要有一个根据目的基因的有无而建立起来的遗传分离群体，根据遗传分离组合关系找到与目标基因紧密连锁的分子标记，用遗传作图和物理作图将目标基因定位在染色体的特定位置；然后构建基因组文库，用分子标记筛选文库、染色体步移和亚克隆等手段获得含有目的基因的小片段克隆，再通过遗传转化和功能互补验证，最终确定目标基因的碱基序列。

图位克隆法克隆基因不仅需要构建完整的基因组文库，建立饱和的分子标记连锁图和完善的遗传转化体系，而且还要进行大量的测序工作，耗时长，工作烦琐。由于图位克隆法筛选与目标基因连锁的分子标记是克隆成功的关键，所以对基因组大、标记数目不多、重复序列较多的生物采用此法不仅投资大，而且效率低，因此图位克隆法仅应用在人类、拟南芥、水稻、番茄等图谱饱和的生物上。此外，在分析发生的变异时，可能会遇到一个性状是由不止一个基因位点控制的状况，此时利用图位克隆法来克隆此类基因变得非常困难，对其中任何一个基因位点的精细定位都要通过高代回交来创造只有一个位点保持多态性的重组近交系，这就需要花费更多的时间以及人力和物力。近年来，随着一些物种基因组测序工作的完成，各种分子标记的日趋丰富和各种数据库的完善，在此物种中用图位克隆法克隆一个基因的难度就大大降低了。

3.有转座子标记的基因克隆策略

转座(因)子是基因组中一段可移动的 DNA 序列，可以通过切割、重新整合等一系列过程从基因组的一个位置“跳跃”到另一个位置，这段序列称为跳跃基因或转座子。转座子可分插入序列(Is 因子)、转座(Tn)和转座噬菌体，在原核微生物、真核微生物以及高等动植物都发现有转座子。

转座子标记基因克隆法是把转座子作为基因定位的标记，通过转座子在染色体上的插入和嵌合来克隆基因，这种方法在微生物的基因克隆中非常有效。转座子从一个基因位置转移到另一个位置，在转座过程中，原位置的 DNA 片段并未消失，发生转移的只是转座子的拷贝。基因发生转座可引起插入突变，使插入位置的基因失活并诱导产生突变型或在插入位置上出现新的编码基因，通过转座子上的标记基因(如抗药性等)就可检测出突变基因的位置和克隆出突变基因，也可以通过质粒拯救法来获得被转座子突变的基因。

利用转座子克隆植物基因的步骤主要是：先把已分离得到的转座子与选择标记构建成含转座子的质粒载体，然后把含转座子的质粒载体导入目标植物，并利用 Southern 杂交等技术检测转座子是否从载体质粒中转座到目标植物基因组中——这是转座子定位和分离目标基因所不可缺少的步骤，最后就是转座子插入突变的鉴定及转座子的分离和克隆。

转座子标记基因的分离和克隆的方法主要有：

①质粒拯救法：提取插入转座子植株的基因组 DNA，合适的限制性内切酶消化，然后用连接酶对消化产物连接环化，再把连接产物转化大肠杆菌，利用转座子上抗性标记筛选出含有转座子的克隆，经过序列分析即可得到转座子的侧翼序列。但是质粒拯救法首先要选用合适的载体，而且不一定能得到完整的基因。

②Southern-based 分离法：通过杂交得到插入转座子的纯合突变株，构建其基因组文库，以转座子的部分序列为探针从该基因文库中筛选阳性克隆，测序分析就可以得到转座子侧翼的目的基因序列，再以这一基因片段为探针，去筛选另一个正常植株的基因组文库，或者用染色体步移技术，就可以获得完整的基因。这是转座子标签法克隆基因的常用方法。

③PCR-based 分离法：以插入转座子的纯合突变株的基因组 DNA 为 PCR 模板，以转座子上的已知序列设计相关引物，采用如反向 PCR 等的染色体步移技术或者是 TAILPCR 技术来获得转座子侧翼的目的基因序列，然后再在野生型中进行验证。

五、大规模DNA测序的基因克隆

传统的DNA测序的基因克隆流程是:构建基因组文库;分别进行基因文库筛选和亚克隆;测定亚克隆的序列;通过排列分析,获得目的DNA的全序列。但由于用于测序的克隆是随机挑选出来的,因此某些区段往往被重复测定,有时需要很长时间才能确定最后几个亚克隆的序列并拼出全序列。此外,这种测序法适用于基因文库有表型筛选的或者有标记的基因克隆,对于无表型和无标记的基因克隆,就犹如大海捞针了。此外,也可以利用随机测序克隆基因,即通过构建基因组的质粒文库,然后随机挑取克隆子进行测序分析,获得的序列再进行同源比对分析,初步分析其可能的基因功能,然后再进行实验验证所获得的序列的功能。这种方法获得的基因是随机的,无预期目的,而且只适于基因组较小的原核微生物的基因克隆。如果克隆预期的目的基因序列占整个基因组的比例很低,即使通过增加测序的样品,随机测序克隆基因法也很难保证能达到预期。

随着DNA高通量测序技术的发展和应用,微生物特别是原核微生物基因组(因其相对分子质量较小,组结构简单)采用基因组测序法对其目的基因的克隆已经变得非常简便了。但是,对于大多数高等生物来说,其基因组的相对分子质量庞大,而且结构复杂,拥有大量的重复序列,基因组测序不仅花费巨大,而且拼接工作也十分困难。大规模测序虽然能获得更多的序列,但不是一般实验室能做到的。所以转座子标签法、T-DNA标签法、图位克隆法和染色体步移技术等仍然是克隆未知目的基因的有效手段。

第二节　基因组文库的构建

把某种生物基因组的全部基因通过克隆载体储存在一个受体菌克隆子群体中,这个群体即为这种生物的基因组文库(genomic library),它包含了该生物基因组的全部序列。建立和使用基因组文库是一种分离获得所需基因的重要方法。

一、基因文库概述

基因文库又称DNA文库。广义上,某个生物的基因组DNA、特定的DNA或特定的cDNA片段与适当的载体在体外重组后,转入宿主细胞,并通过一定的选择机制筛选后得到大量的阳性菌落(或噬菌体),所有菌落或噬菌体的集合即为该生物的基因文库。

构建基因文库的意义不仅是使生物的遗传信息以稳定的重组体形式储存起来,更重要的是它还是分离克隆目的基因的主要途径之一,也是基因归类保存的有效手段。

虽然现在已经有了很多种克隆基因的方法,但是通过构建基因文库来克隆目的基因仍然是基因克隆最主要的手段之一,更是原始的创新基因克隆手段。此外,大规模的基因组测序技术也离不开基因文库的构建和筛选,精细作图更离不开基因组文库的构建。

对于复杂的染色体 DNA 分子来说,单个基因所占比例十分微小,要想从庞大的基因组中将其分离出来,一般需要先进行扩增,所以需要构建基因文库。此外,基因文库也是高等生物复杂基因组作图的重要依据,在物种基因组学研究、基因表达调控、基因片段分离等方面都具有重要的作用,也是全基因组测序必要的前期基础。

狭义的基因文库有基因组文库和部分基因文库(包括亚基因组文库和 cDNA 文库),基因文库由外源 DNA 片段、载体和宿主组成。

若大量的克隆所含的外源 DNA 不是来自某一生物基因组的 DNA,而是某一生物的特定器官或特定发育时期细胞内的 mRNA 经反转录形成的 cDNA,那么它们构成的重组 DNA 克隆群体就称为 cDNA 文库。某一生物的特定部分的 DNA,如叶绿体 DNA、质粒 DNA、线粒体 DNA 或者某一生物的特定的一条染色体的 DNA 所构建的基因文库就称为亚基因组文库。

一些文库,如酵母人工染色体文库和细菌人工染色体文库,初步筛选克隆中的外源 DNA 片段往往比较大,含有许多目的基因片段以外的 DNA 片段,因此必须将这个克隆里面大片段进一步构建成一个小片段的基因文库来筛选目的基因,这个文库就称为亚克隆文库,这个过程就叫“亚克隆”。

基因组文库构建就是利用限制性核酸内切酶或者物理手段将染色体 DNA 切割成基因水平的许多片段,然后将这些片段与适当的克隆载体拼接成重组 DNA 分子,继而转入受体菌中扩增,使每个细菌内都携带一种重组 DNA 分子的多个拷贝,不同细菌所包含的重组 DNA 分子可能来源于不同染色体的 DNA 片段,这样生长的全部细菌所携带的各种 DNA 片段就代表了整个基因组,目的基因就“躲藏”在某个细菌的重组 DNA 分子中。

基因组 DNA 文库就像图书馆存的万卷书一样,涵盖了基因组全部基因的序列,其中也包括我们所需要的目的基因。建立基因文库后需要采用适当筛选方法从众多转化子菌落中筛选出含有某一基因的菌落,再进行扩增,将重组 DNA 分离、回收以获得目的基因。

基因文库的代表性是指文库中全部克隆所携带的 DNA 片段重新组合起来在整个基因组的覆盖率,即可以从该文库中分离到基因组的任何一段 DNA 的概率。基因文库的随机性是指每个 DNA 片段在文库中出现的频率。基因文库的代表性和随机性是评价基因组文库质量的重要指标,它关系到是否能保证有效地筛选到目的基因。

为保证能从基因组文库中筛选到某个特定基因,基因组文库必须具有一定的代表性和随机性,也就是说文库中全部克隆所携带的 DNA 片段必须覆盖整个基因组,而且每个片段出现的频率都一样。在文库构建中通常采用两种策略来提高文库的代表性,一是采用部分酶切或随机物理打断的方法来切断染色体 DNA,以保证克隆的随机性,保证每段 DNA 在文库中出现的频率均等；二是增加文库重组克隆的数目，以提高其覆盖基因组的倍数，确保能包含所有染色体。

二、基因组 DNA 文库的构建策略

基因组 DNA 文库构建的基本原理是相同的，构建流程相对简单，但是构建不同载体的基因组文库在实验步骤和技术细节上有所不同，成功的关键取决于操作者的经验和对实验技能的把控。目前已有专业公司提供基因组文库构建的服务和相应的文库构建试剂盒，这样使得文库的构建变得更简便了。对于具有一定实验技能的人来说，文库构建试剂盒是一个很好的选择，可以更好地全程控制文库的质量。

1. 载体的选择

根据所选用的载体，基因组 DNA 文库可以分为质粒文库、λ 噬菌体文库、黏粒文库、人工染色体文库（细菌人工染色体文库、酵母人工染色体文库）等。各载体允许插入的片段大小不同，在操作上也有所不同。

构建大片段基因组 DNA 文库使用的载体主要有 λ 噬菌体、cos 质粒、P1 噬菌体及 PAC、BAC、YAC 等。根据特征，这些载体可以分为两类：一类是基于噬菌体改建而成的载体，这类载体利用了噬菌体的包装效率高和杂交筛选背景低的优点，如 P1 噬菌体和 PAC；另一类是经改造的质粒载体或人工染色体，其主要优点是可容纳超过 100 kb 以上的外源片段。

如果要构建的插入片段小于 50 kb，那么可以选择 cos 质粒，甚至 λ 噬菌体，再利用现有的商品化柯斯质粒载体或 λ 噬菌体载体文库构建试剂盒。试剂盒包含了处理的载体、高效率的包装混合物和合适的大肠杆菌菌株，可以方便地构建文库。

如果要求插入的片段较大，那么 P1 噬菌体、PAC 或者 BAC 都是适合的载体。BAC 有一系列商业化的 BAC 载体及配套试剂盒，操作相对容易。P1 噬菌体操作比较困难，PAC 相对简便，它们都有杂交筛选背景低的优点。BAC 稳定，很少发生 DNA 分子间的重组，易于用电击法转化大肠杆菌，比 YAC 更容易分离。

如果要求插入的片段大于 300 kb，那么 YAC 载体就是首选了。不过，应用 YAC 载体来构建基因组文库，操作非常烦琐、困难，其中基因组的提取，文库的保存、筛选和分离都要求有很高的操作技能。YAC 可用于克隆 500 kb 以上，甚至几个 Mb 的 DNA 片段，但是其重组子存在高比例的嵌合体，即一个 YAC 克隆含有两个本来不相连的独立片段，部分克隆子不稳定，在转代培养中可能会发生缺失或重排。因为 YAC 与酵母染色体具有相似的结构，难以与酵母染色体分开；相对分子质量太大，操作时容易发生染色体机械切割被打断。

总的来说，选择哪一种载体来构建基因组文库要根据实验的最终目的、实验技术手段、文库筛选方法等因素来综合判断。

一个理想的基因组 DNA 文库应当具有一定的特征，如文库的克隆总数不宜过大，以减

轻文库的保存和筛选工作的压力；重组克隆能稳定保存、扩增、筛选；插入的 DNA 片段易于从载体分子上完整卸下等。

2.真核生物的基因组文库构建程序

第一，载体 DNA 的制备。根据实验的目的要求选择合适的载体，如果是商品化的载体，工作就十分简单。如果要提前制备和处理载体，就需要对载体的制备效果进行检验。

第二，高纯度、相对分子质量大的基因组 DNA 的提取和大片段的制备。高质量的基因组 DNA 对基因组文库的构建是至关重要的，需要通过经验来选择合适的基因组 DNA 分离方法，在分离过程中保证 DNA 不被过度剪切或降解，同时也要尽量保证 DNA 的纯度。

第三，基因组 DNA 的处理和分级。不同的载体对基因组 DNA 的长度有不同的要求，必须选择合适长度的基因组 DNA 来构建基因组文库。可以采用限制性内切酶的部分酶切，或者物理方法来随机打断基因组 DNA，然后修复 DNA 末端，再利用琼脂糖电泳或者脉冲电泳进行分级分离，回收符合载体连接大小要求的 DNA 片段。

第四，使用连接酶把上述大小合适的 DNA 片段连接到载体上，并转化或侵染宿主细胞。根据载体选择最高效的转化方法，把载体和外源的连接产物导入宿主细胞。

第五，基因组文库质量的评价，重组克隆的筛选和保存。可以将小量的连接产物转化宿主，然后对文库的重组率和插入片段大小进行评价。如果构建 cos 质粒或 λ 噬菌体文库，需要用包装蛋白来包装上述连接反应产物，测定包装好的载体的滴度，然后转染，挑出重组子，鉴定插入片段的大小。如果文库的大小和质量都令人满意，就可以铺板进行文库筛选，或者扩增、保存文库。

原核生物基因组文库的构建程序基本相同于真核生物。由于原核生物的基因组小于真核生物的基因组，基因组 DNA 的提取、处理和分级都较真核生物容易。原核生物的基因组文库载体选择上，一般选择容纳量小于 50 kb 的载体（cos 质粒或 λ 噬菌体）来构建，文库的保存和筛选工作量都小于真核生物的基因组文库。

3.文库的保存

(1)影印保存法

影印保存法是用影印铺板器把一个培养平板上的菌落或者噬菌斑影印到新的培养平板上，或者影印到硝酸纤维素过滤膜上继续生长。如果有必要，还可以再次复制到新的平板或者硝酸纤维素过滤膜上。

影印保存法复制快速，文库不容易失真，可以同时复制多个备份用于筛选。但影印保存法将菌落影印到硝酸纤维素过滤膜上，会使文库的扩增过程冗长，而且有时还会发生在过滤膜保存后菌落不再生长而造成文库缺失甚至全部丢失的现象。如果影印到 LB 平板上，扩增较快，但保存时间较短。

(2)混合在液体培养基中扩增保存

方法:从琼脂糖平板上刮下所有的菌落转入含适当抗生素的培养基中,培养一定时间,加甘油至终浓度为25%,分装保存于-80 ℃。

缺点:文库菌落携带片段的不同,会使生长不均匀,导致文库中某些特定的序列过多或过少,特别是传代次数过多后,这一现象更严重。因此该法适用于表型筛选的克隆保存。

(3)于含有甘油的培养基中保存单个克隆子

方法:从平板上挑选单个菌落接种于合适的含抗生素的培养基中,菌体生长到一定浓度后,加入甘油至终浓度为25%,保存于-80 ℃。

缺点:需保存的克隆数过多,工作量大,适合经过初次筛选的克隆保存。

4.文库的筛选方法

文库的筛选主要有以下几种类型:

①表型筛选法:利用克隆子所携带的目的基因能使平板上的菌落或噬菌斑表现出易于鉴别的性状,如蓝白筛选,或者利用目的基因的表达产物能使平板的底物产生鉴别的性状。

②抗性筛选法:如二氢叶酸还原酶可以使三甲苄二氨嘧啶降解,而该化学物质可抑制大肠杆菌生长。

③分子杂交法:首先将菌落或者噬菌斑转移到膜上,然后经过裂解、变性、固定和封闭等一系列的前处理,最后利用分子探针对文库进行原位杂交筛选,找到阳性信号点对应的克隆进行再次验证。

④免疫筛选法:利用抗原抗体反应来进行原位杂交,检测目的基因所产生的蛋白质,从而筛选出含有目的基因的克隆,这种方法适用于表达型的基因文库的筛选。

⑤PCR 筛选法:根据保守序列,或者分子标记来合成引物,扩增特异性片段来筛选含有目的片段的克隆。

第三节　cDNA 文库的构建

以 mRNA 为模板,经反转录酶催化,在体外反转录成 cDNA,与适当的载体(常用噬菌体或质粒载体)连接后转化受体菌,则每个细菌含有一段 cDNA,并能繁殖扩增,这样包含着细胞全部 mRNA 信息的 cDNA 克隆集合称为该组织细胞的 cDNA 文库。cDNA 文库特异地反映某种组织或细胞中在特定发育阶段表达的蛋白质的编码基因,因此 cDNA 文库具有组织或细胞特异性。

cDNA 文库显然比基因组 DNA 文库小得多,能够比较容易从中筛选克隆得到细胞特异表达的基因。但对于真核细胞来说,从基因组 DNA 文库获得的基因与从 cDNA 文库获得的不同，基因组 DNA 文库所含的是带有内含子和外显子的基因组基因，而从 cDNA 文库中获得的是已经过剪接、去除了内含子的 cDNA。

真核生物基因组 DNA 十分庞大，其复杂程度是蛋白质和 mRNA 的 100 倍左右，而且含有大量的重复序列，采用电泳分离和杂交的方法都难以直接分离到目的基因。这是从染色体 DNA 出发直接克隆目的基因的一个主要困难。

高等生物一般具有 10^5 种左右不同的基因，但在一定时间阶段的单个细胞或个体中，都仅有 15%左右的基因得以表达，产生约 15 000 种不同的 mRNA 分子。可见，由 mRNA 出发的 cDNA 克隆要比直接从基因组克隆简单得多。

cDNA 文库在研究某类特定细胞中基因组的表达状态及表达基因的功能鉴定方面具有特殊的优势，从而使它在个体发育、细胞分化、细胞周期调控、细胞衰老和死亡调控等生命现象的研究中具有更为广泛的应用价值，是研究工作中最常使用到的基因文库。

经典 cDNA 文库构建的基本原理：用 Oligo(dT)作逆转录引物，或者用随机引物，给所合成的 cDNA 加上适当的连接接头，连接到适当的载体中获得 cDNA 文库。其基本步骤为：①mRNA的提纯获取高质量的 mRNA 是构建高质量的 cDNA 文库的关键步骤之一。②cDNA 第一条链的合成。③cDNA 第二条链的合成。④双链 cDNA 的修饰。⑤双链 cDNA 的分子克隆。⑥cDNA 文库的扩增。⑦cDNA 文库的鉴定评价。

构建全长 cDNA 文库分为噬菌体文库和质粒文库，二者大同小异。无论怎样，应当注意如下几个方面。

(1)获得起始 RNA

构建 cDNA 文库要求的 RNA 量比做 RACE 和 Northern blot 的要多，在材料允许的情况下一般的试剂盒均推荐采用纯化总 mRNA 后进行反转录，这比直接采用总 RNA 进行反转录而构建的 cDNA 文库好，虽然后者也并不是不能做。老版本 CLONTECH 的 SMART 4 的中级柱子要求纯化后的总 mRNA 量最好在 0.05~0.5 μg，这就要求起始总 RNA 量较多。虽然有的试剂盒声称少至几十个纳克的总 RNA 也可以构建 cDNA 文库，但这是针对材料极为稀缺者而言的，起始 RNA 太少还是会或多或少地影响文库的构建和文库的代表性。至于 RNA 的质量，如果采用纯化总 mRNA 后反转录，则在总 RNA 的杂质方面要求稍松，但对 RNA 的完整性则一丝不苟，要求未降解。如果直接采用总 RNA 进行反转录，则对总 RNA 的质量要求非常高，不仅要求 RNA 相当完整而无降解，而且要求多酚、多糖、蛋白、盐、异硫氰酸胍等杂质少，最好是试剂盒抽提的。

(2)反转录

这是构建 cDNA 文库中最贵的一步，也是核酸质变的一步，它将易降解的 RNA 变成了不易降解的 cDNA。反转录不成功，说明一次文库方案的夭折。反转录效率不高表现在一是部分 mRNA 被反转录了，但还有相当一部分本该反转录的 mRNA 未被反转，总的全长 cDNA 太少，这就难以构建好的全长 cDNA 文库。少量的 mRNA 降解或反转录不完全在 SMART 4

等试剂盒及手工方法构建中对文库的滴度影响不大,但对文库的全长性则有很大影响。Invitrogen 公司基于去磷酸化、去帽、RNA 接头连接后再反转录的新技术(可参考其 GeneRacer 说明书)从原理上是保证最终获得全长 cDNA 的最好方法,但对 mRNA 的完整性要求非常高,理论上讲必须是带有帽子结构和 Poly A 结构的全长 mRNA,且反转录完全,才能进入文库中。反转录完成后点样检测 cDNA 的浓度及分子量分布是很重要的。

(3)层析柱 cDNA 分级

这一步稍不注意就会影响文库的构建或影响获得的 cDNA 的片段分布特点。这一步的操作要小心,尤其在加入 cDNA 之前要通过反复悬浮和试滴保证柱子能正常工作,加入和收集 cDNA 时要精力集中。获得的每一级的 cDNA 量很少,检测时带型很暗,所以要用现做的透明薄胶检测,并根据检测结果舍弃太短的 cDNA(一般 400 bp 以下就不要了,因为短片段太多会严重影响后面的连接转化效果及文库质量)。

噬菌体文库或质粒文库均对载体与 cDNA 的连接效率要求很高,也对连接产物转染或转化大肠杆菌的效率要求很高。连接效率的高低直接关系到文库构建是否成功,更要注意的是文库连接与一般的片段克隆的连接不一样。一般的片段克隆的连接是固定长度的载体与固定长度的目的 DNA 连接,而文库连接是固定长度的载体与非固定长度的目的 DNA 连接,目的基因 cDNA 长的有 10 kb 以上,短的只有 500 bp 或更短。一系列长度不等的 cDNA 与载体连接在一起时,cDNA 长度不同,连接效率就不一样。有的专家的经验是,根据分级结果,有意识地将长度不同的 cDNA 群分别与载体连接,再分别转化或转染大肠杆菌,分别完成滴度检测,最后将不同长度级别的文库混合在一起供杂交筛选。

第四节 核酸探针的制备

核酸探针是指带有检测标记的已知核苷酸片段,能与互补核苷酸序列退火杂交,并可以被特殊的方法所探知。因此可用于待测核酸样品中特定基因序列的探测。

核酸分子杂交的基本原理是:具有一定同源性的两条核苷酸单链在一定条件下(适宜的温度及离子强度等)可按碱基互补原则退火形成双链,此杂交过程是高度特异性的。核酸分子杂交发生于两条 DNA 单链之间者(ssDNA : ssDNA)称为 DNA 杂交;发生于 RNA 链与 DNA 链单链之间者(RNA : ssDNA)称为 RNA : DNA 杂交。因此,如果把一段已知基因(DNA 或 RNA)的核苷酸序列用合适的标记物(放射性同位素、荧光色素、生物素等)标记,当作探针与变性后的单链基因组 DNA 进行杂交反应,并用合适的方法(如放射自显影技术或免疫组织化学技术)把标记物检测出来,如果两者的碱基完全配对,它们即结合双链,从而表明被测基因组 DNA 中含有已知的基因序列(同源序列或片段);检测不出结合则不含已知序列。该项技术不仅具有特异性、灵敏度高的优点，而且兼备组织化学染色的可见性和定位性，从而能够特异性地显示细胞的DNA或RNA，从分子水平去研究特定生物有机体之间是否存在着亲缘关系，并可揭示核酸片段中某一特定基因的位置。目前，这项技术已被广泛应用于分子生物学领域。近年来，随着食品微生物检测技术的发展，核酸探针技术已被越来越多地用于食品中沙门氏菌、金黄色葡萄球菌、副溶血性弧菌等食源性病原菌的快速检测。

根据核酸分子探针的来源及性质，可将其分为基因组DNA探针、cDNA探针、RNA探针及人工合成的寡核苷酸探针等。

一、基因组DNA探针

这类探针多采用分子克隆从基因文库筛选或用PCR技术扩增制备。由于真核生物基因组中存在高度重复序列，所以制备探针应尽可能选用基因的编码序列(外显子)，避免选用内含子及其他非编码序列，否则将引起非特异性杂交而出现假阳性结果。

二、cDNA探针

cDNA探针是以RNA为模板，在反转录酶的作用下合成的互补DNA，因此它不含有内含子及其他非编码序列，是一种较理想的核酸探针。cDNA探针包括双链cDNA探针和单链DNA探针。双链cDNA探针的制备方法是：首先从细胞内分离出mRNA，然后通过逆转录合成cDNA，再通过DNA聚合酶合成双链cDNA分子，再将双链cDNA分子插入载体中克隆、筛选、扩增、纯化，然后进行标记即可。单链DNA探针的制备相对来说要简单些，即将cDNA导入M13衍生载体中，产生大量单链jDNA，标记后即成。用单链DNA探针杂交，可克服双链cDNA探针在杂交反应中的两条链之间复性的缺点，使探针与靶mRNA结合的浓度提高，从而提高杂交反应的敏感性。

三、RNA探针

mRNA作为核酸分子杂交的探针是较为理想的，其优点是：①RNA/RNA和RNA/DNA杂交体的稳定性较DNA/DNA杂交体的稳定性高，因此杂交反应可以在更为严格的条件下进行(杂交温度可提高100 ℃左右)，杂交的特异性更高；②单链RNA分子不存在互补双链的竞争性结合，其与待测核酸序列杂交的效率较高；③RNA中不存在高度重复序列，因此非特异性杂交也较少；④杂交后可用RNase将未杂交的探针分子消化掉，从而使本底降低。但是，大多数mRNA中存在多聚腺苷酸尾，有时会影响其杂交的特异性，此缺点可以通过在杂交液中加入Poly(A)，将待测核酸序列中可能存在的Poly(dT)或Poly(U)封闭而加以克服。

另外,RNA 极易被环境中大量存在的核酸酶降解,因此不易操作也是限制其广泛应用的重要原因之一。事实上,极少使用真正的 mRNA 作为探针,是因为其来源极不方便——一般是通过 cDNA 克隆,甚至基因克隆经体外转录而得到 mRNA 样或 anti-mRNA 样探针。

制备 RNA 探针的方法是:首先把目的基因 cDNA 片段插入含有特异的 RNA 聚合酶启动子序列的质粒中,再将重组质粒扩增、纯化,用限制酶将质粒模板切割,使之线性化,然后在 RNA 酶的作用下,从启动子部位开始,以 cDNA 为模板进行体外转录。在体外转录反应体系中,只要提供有标记的核苷酸原料,经过体外转录后就能获得标记的 RNA 探针。

四、人工合成的寡核苷酸探针

采用人工合成的寡核苷酸片段作为分子杂交的探针,优点是可根据需要随心所欲地合成相应的序列,避免了天然核酸探针中存在的高度重复序列所带来的不利影响;由于大多数寡核苷酸探针长度只有 15~30 bp,其中即使有一个碱基不配对也会显著影响其熔解温度(T_m),因此它特别适合基因点突变分析;此外,由于序列的复杂性降低,因此杂交所需时间也较短。需要注意的是,短寡核苷酸探针所带的标记物,特别是非放射性标记较少时,其灵敏度较低,因此当它被用于单拷贝基因的 Southern 印迹杂交时,采用较长的探针为好。

寡核苷酸探针是以核苷酸为原料,通过 DNA 合成仪合成的。寡核苷酸探针的长度一般为 10~50 个核苷酸。如果靶 DNA 或靶 mRNA 的序列是已知的,合成寡核苷酸的序列就很容易确定。如果仅仅知道氨基酸的序列,由于遗传密码的兼并性,一个氨基酸兼有几个密码子编码,如以氨基酸顺序推测核苷酸顺序,则可能与天然基因不完全一致,因此探针的设计就复杂得多。在确定寡核苷酸序列时,一定要使该探针与靶基因序列特异性结合,而与无关序列不产生杂交反应。目前有专门的计算机软件帮助设计合成寡核苷酸探针,标记寡核苷酸探针常用的方法有 5′末端标记法、3′末端标记法或引物延伸法。

第十章 重组子的构建、转化和筛选

第一节 连接方式

连接就是在连接酶的催化下，使两个末端紧邻的DNA分子上两个相邻碱基的5′-磷酸基团和3′-羟基形成磷酸二酯键，从而使两个相邻碱基连接在一起。

一、连接方式

根据两个连接片段的末端性质，可以将连接分成黏性末端连接和平末端连接两种方式。黏性末端连接即进行连接反应的两个DNA末端为互补的黏性末端，这种连接效率高，是常用的连接方法；平末端连接即进行连接的两个DNA末端为平末端，这种连接方式效率低，酶用量大。

DNA重组技术中所指的连接是指利用DNA连接酶将不同的DNA片段连接成一个新的DNA分子（重组子），通常是把目的基因与载体连接成重组子，然后导入大肠杆菌进行增殖或者表达。为了使目的基因与载体连接成重组子，需要对目的基因片段和载体的末端进行处理，然后再进行连接反应。目的基因片段和载体的连接方式主要有黏性末端连接、平末端连接、同聚物加尾连接和人工黏性末端连接等方法，虽然它们在对载体和片段的处理方式上有所不同，但利用的都是DNA连接酶所具有的连接和封闭单链DNA的功能。

二、提高连接效率的策略

1.载体的酶切效率

在基因重组中用到的载体类型很多，载体的相对分子质量、提取和纯化的方法都有不同。λ 噬菌体等相对分子质量较大的载体,其提取难度比质粒载体大,对于高拷贝数的质粒,用小量碱裂解提取就可以满足一般的基因操作。现在已经有很多商品化的试剂可以快速获得高质量的载体 DNA,完全可以满足基因重组的需要。

根据需要连入载体的位点,选择对应的限制性内切酶消化载体,使载体上产生一个缺口用于插入外源片段。选择限制性内切酶时要考虑酶的星号活力、甲基化、末端的特性等;为了考虑载体的酶切效率,通常会选择一些酶切效率高的酶,如 BamH Ⅰ和 EcoR Ⅰ等。如果要采用双酶切,还要考虑两个酶的最适反应温度和缓冲液等因素对酶切效率的影响。最适反应温度差距较大的,可以分步反应,先进行低温反应,再进行高温反应;如果不能找到一种缓冲液让两个酶保持高的活力,那就要先进行第一个酶的酶切反应,然后进行回收纯化,再进行第二个酶的酶切反应。酶切完毕要进行灭活,大多数内切酶可以采用高温灭活,有些耐高温的内切酶(如 *Taq*DNA 聚合酶Ⅰ)不能用高温灭活,需要用试剂盒进行回收纯化后才能进行连接反应。

经过酶切的载体需要经过纯化才能保证得到较高重组率,单酶切的载体还需要经过去磷酸化处理以防止载体自身环化。纯化的方法一般是选择琼脂糖凝胶电泳回收目的片段,这样可以保证没有被酶切的质粒和切下的小片段与线性质粒分离,提高载体的重组率。回收的载体先进行一次不加外源 DNA 片段的连接反应,然后转化大肠杆菌感受态细胞,检验制备载体的自身环化率,合格后才和目的片段进行连接。

2.载体和插入片段的质量和纯度

连接相对分子质量较小的片段,纯度问题很容易被忽略,但是连接较大的片段或者是需要很高的重组率时,保证载体和插入片段的质量和纯度就十分重要了。实验发现,把 1~3 kb的目的片段连接到质粒上是很容易的事情,而要把大于 8 kb 的片段连接到载体上就十分困难了;PCR 产物的电泳条带清晰时,产物就容易连接,电泳条带不够清晰,甚至模糊时,连接就变得十分困难。

琼脂糖凝胶电泳回收目的片段中使用的琼脂糖的质量,质粒提取、胶回收和 PCR 产物试剂盒的质量,PCR 试剂的质量和 PCR 产物的质量等,都有可能影响载体和插入片段制备的纯度和质量,从而影响连接效率。此外,EDTA、杂蛋白质和存留有活性的酶等影响酶切的因素也会影响连接效率。

3.连接反应条件优化

连接反应体系中的组成,如酶的用量、辅助物、载体和插入片段的比率等都会对连接效率产生影响。载体不同,插入片段的长度则会有不同的比率,可以借鉴相关的经验,如果是采用试剂盒则可以按说明书进行。

对于一般的连接体系,10 μL 的反应体系中载体和片段的浓度一般为 20~100 ng,载体和插入片段的摩尔数为 1∶3~1∶2,过低会降低重组率,过高容易导致多拷贝插入。

在反应体系中添加低浓度的 PEG,可以有效地提高连接效率,所以有些公司的连接酶会附带 PEG,或提供两种连接酶缓冲液,其中一种添加有 PEG。注意添加有 PEG 的缓冲液会有悬浮状物质,需摇匀后再使用。

提高插入 DNA 的浓度、加入 DNA 载体、提高连接酶的用量、降低 ATP 的浓度和延长连接时间等都可以提高平末端连接的连接效率。平末端 DNA 连接所需的酶量比黏性末端连接所需的酶量至少多 10~20 倍,才能达到与黏性末端同样的连接效率。

虽然连接酶的最适反应温度为 30 ℃,但在这一温度下黏性末端的氢键结合不稳定,反而导致连接效果差,因此连接反应的温度通常采用 4~16 ℃,多选用 12~16 ℃反应 30 min~16 h(可以分段进行,如先低温处理再高温处理)。

第二节 重组子的构建策略

在基因重组中,插入片段来源有多种,有些插入片段的序列是已知的,有些是未知的,因此要根据目的片段的来源和性质选择一定的构建策略。

一、PCR 产物的构建策略

PCR 产物可以利用 Klenow 大片段酶或 T4 DNA 聚合酶将 PCR 产物变成平末端,然后采用平末端连接与载体连接,但其连接效率较低,所以 PCR 产物更多采用黏性末端连接与载体进行连接。根据 PCR 产物的特性可采用以下几种连接策略。

1.在 PCR 引物 5′端引入酶切位点

在引物设计上,在 5′端中增加相应的酶切位点和 1~3 个保护碱基。保护碱基的数目根据内切酶的种类不同和末端碱基数对酶切的影响不同来确定,不提倡添加过多的保护碱基,因为太多的额外碱基会增加 PCR 扩增的难度,同时增加合成费用。利用 5′端带有酶切位点的引物进行 PCR 扩增,将 PCR 产物用对应的内切酶消化,使插入片段的末端变成黏性末端,这样就可以和带有同样黏性的载体进行连接(图 10-1)。如果在上下游引物引入不同的酶切位点,就可以使 PCR 获得的目的片段定向插入载体。

2.利用 PCR 引物直接引入酶切位点

如果载体上酶切位点受限制而必须使用该酶切位点,而插入片段的序列又含有这种内切酶的识别位点,也没有同尾酶可以选择,这时就不能采用在引物 5′端上添加酶切位点的方法来使插入片段末端变成该内切酶的黏性末端。这是因为插入片段中含有这种内切酶的识

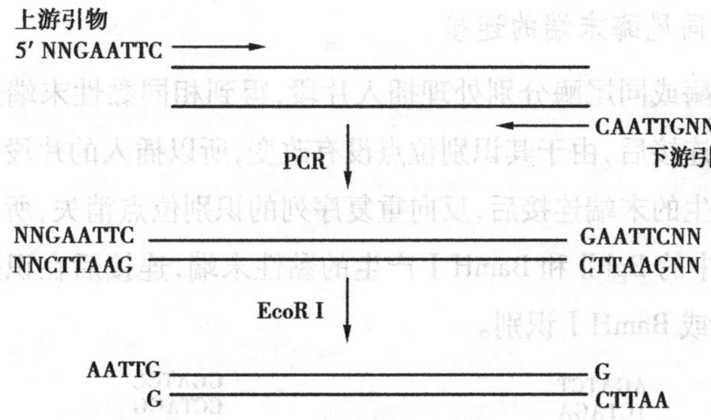

图 10-1 利用 PCR 引物 5′端引入酶切位点的方法

别位点,当用内切酶处理 PCR 产物时,同时也会把目的片段切断,连接反应中较短的片段会优先和载体连接,导致重组子只是含有小部分的插入片段,而得不到完整的插入片段。这时可以通过设计两套引物分别进行 PCR,然后将两个 PCR 产物纯化后,充分变性再复性,这样混合物中就会有 1/4 是具有相应内切酶的黏性末端。如图 10-2 中,通过设计两对引物分别进行 PCR 反应,两个 PCR 产物经过变性再复性,混合物的产物 4 末端就变成 EcoR Ⅰ和 BamH Ⅰ的黏性末端,如此就能和用 EcoR Ⅰ和 BamH Ⅰ双酶切处理过的载体进行黏性末端连接。

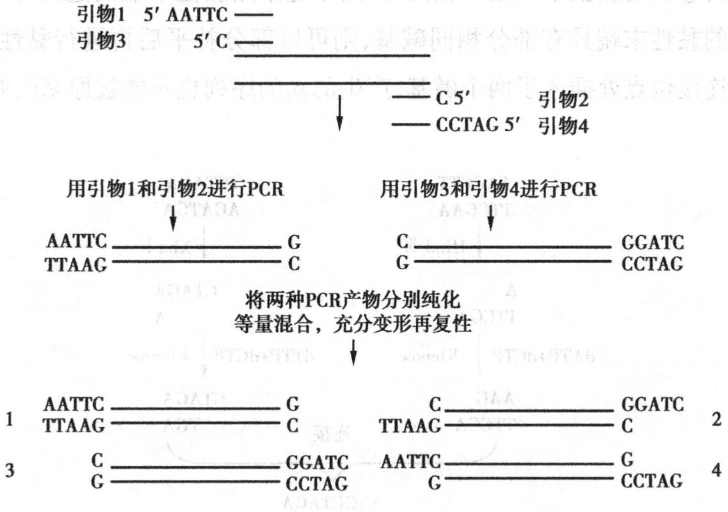

图 10-2 利用 PCR 引物直接引入酶切位点

二、制备片段的连接策略

制备片段是指经过内切酶或者其他工具酶处理的目的 DNA 片段。最简单的连接策略是将插入片段补平后再与用平端酶(如 Sma Ⅰ)处理过的载体进行平端连接,但这种方式的效率较低,尽量少用,尽可能使用黏性末端连接方式。根据片段特性和连接要求不同,制备片段的连接可以采用以下几种策略。

1.相同内切酶或同尾酶末端的连接

采用相同的内切酶或同尾酶分别处理插入片段,得到相同黏性末端进行连接。采用相同内切酶产生的末端连接后,由于其识别位点没有改变,所以插入的片段能被相同的内切酶切下。两个同尾酶产生的末端连接后,反向重复序列的识别位点消失,所以不能被原来的两种酶识别,如图 10-3 中的 BglⅡ和 BamHⅠ产生的黏性末端,连接后在识别处产生两种新的序列,都不能被 BglⅡ或 BamHⅠ识别。

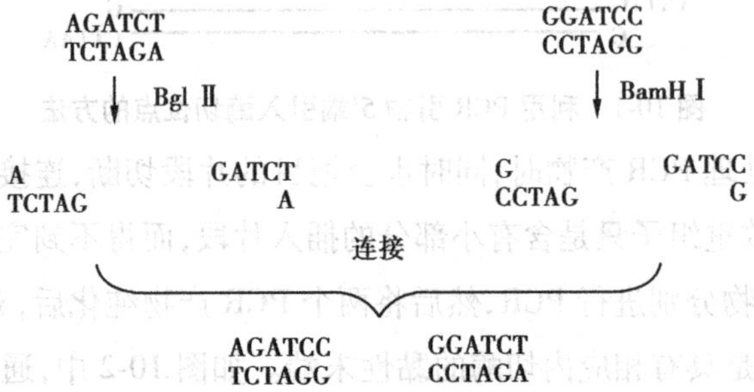

图 10-3　BglⅡ和 BamHⅠ产生的末端连接后识别位点消失

2.不同内切酶末端部分补平的连接

如果不同内切酶的黏性末端是不相同的,则不能采用黏性末端的连接方式,但是如果两个不同内切酶的黏性末端具有部分相同碱基,则可以部分补平后再进行黏性末端连接。这种连接方式在连接位点处插入了两个碱基,产生的新的序列也不能被原来的两种酶识别(图 10-4)。

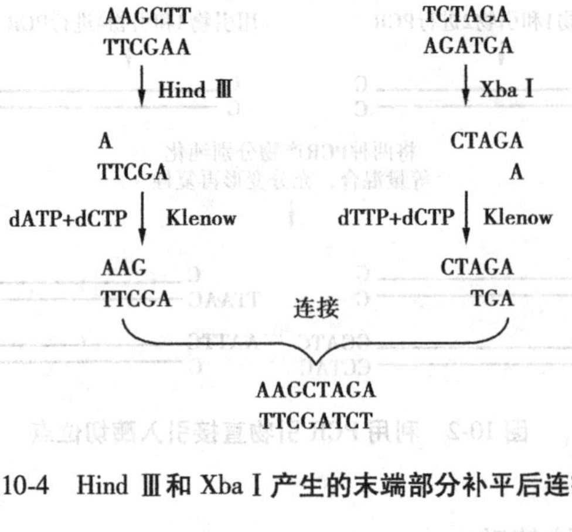

图 10-4　HindⅢ和 XbaⅠ产生的末端部分补平后连接

3.同聚物加尾连接

同聚物加尾连接法也称多聚核苷酸投影法,这个方法的基本原理是利用末端转移酶在载体和插入片段制造出互补的黏性末端,而后进行黏性末端连接。如在载体的末端添加一段 poly(G),在插入片段末端添加一段互补 poly(C),这样载体和插入片段就可以通过碱基互补进行黏性连接(图 10-5)。同聚物加尾连接法是一种人工提高连接效率的方法,属于黏性末端连接的一种特殊形式,与黏性末端连接效果一样,但是其操作步骤较多,多用于基因文库的构建。

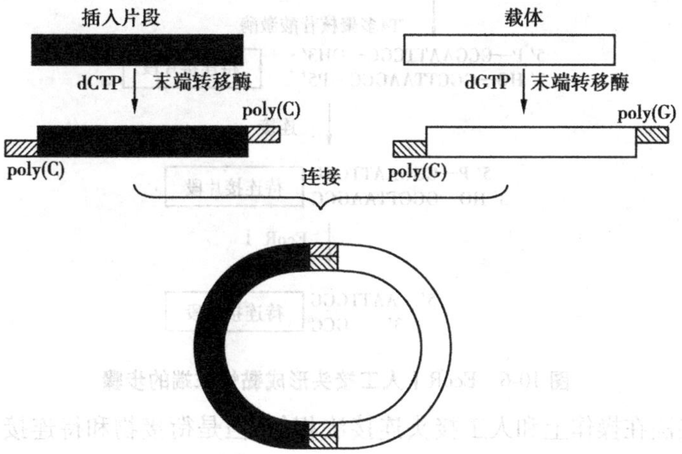

图 10-5 同聚物加尾连接方式

4.人工接头连接法

人工接头(linker)连接法是在待连接的 DNA 片段的平末端先连接上一段带有内切酶识别位点的接头或适当分子,然后再用内切酶进行酶切反应,即可使待连接的片段产生黏性末端。该方法首先是合成带有酶切位点和保护碱基的寡聚核苷酸引物,如果设计成互补的反向重复序列,就只需要合成一条引物,如果不是就需要合成两条引物;然后用 T4 多聚核苷酸激酶对引物进行磷酸化处理,使 5′端带上磷酸基团,再进行变性、复性即可得到双链的人工接头。双链人工接头和待连接的片段进行连接,然后用内切酶处理就可以使待连接的片段产生黏性末端(图 10-6)。

当复性形成双链的接头时,由于合成引物的 5′端是去磷酸化的,没有磷酸基团,无法进行连接,所以合成的引物需要进行磷酸化处理后再复性,或者复性后再进行磷酸化,使接头的 5′端带上磷酸基团,再与待连接的片段进行连接。

人工接头连接法可以有效减少载体的自连,提高重组率;重组子插入片段可进行酶切回收,也可以由一个酶切位点换成另一个酶切位点。不过该方法需要合成专门的接头,且待连接片段序列中不能与接头的酶切位点一致,如果待连接片段是未知的序列,就会存在被破坏的可能。为了解决这一不足,可以在人工接头引入多个酶切识别位点,这样更方便后续的内切酶选择。

5.DNA 衔接物连接法

DNA 衔接物连接法是采用一种人工合成的有黏性末端的特殊双链寡核苷酸短片段和待连接的片段连接,使待连接的片段产生黏性末端。与人工接头不同的是,衔接物的一个末端是某种限制酶的黏性末端,用于与载体连接,另一末端是平末端,用于与待连接的片段相连。

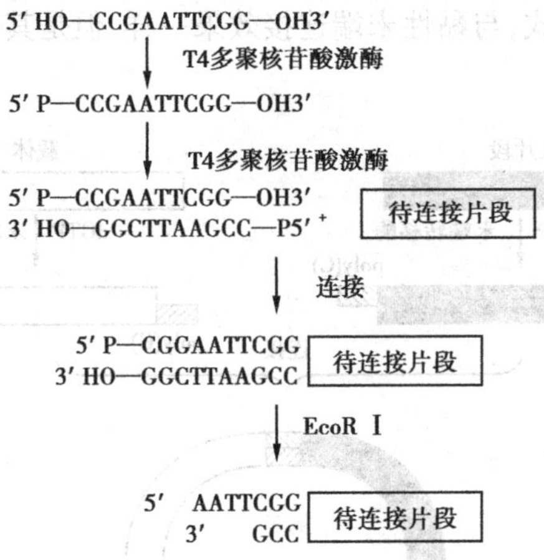

图 10-6 EcoR Ⅰ人工接头形成黏性末端的步骤

衔接物连接法在操作上和人工接头连接法相似，但是衔接物和待连接片段连接后就可以直接产生黏性末端，不需要进行内切酶的消化，从而避免了未知序列的连接片段因存在内切酶的识别位点而被切断的可能。但是该方法在操作上较人工接头连接法复杂，需要进行两次磷酸化处理。

衔接物连接法是设计合成一长一短两条能互补形成黏性末端的寡聚核苷酸引物，为了防止衔接物自身连接成二聚体，提高其和外源片段的连接效率，在制备衔接物的时候需要经过两次磷酸化：第一次是将短引物进行磷酸化处理，使衔接物只有平末端的5′端具有磷酸基团，而黏性末端的5′端没有磷酸基团，避免衔接物自身连接形成二聚体，但可以和待连接片段进行平末端连接；第二次磷酸化在衔接物与外源片段连接之后，目的是使待连接片段变成5′端具有磷酸基团的黏性末端（图 10-7），以和具有相同黏性末端的载体进行连接。

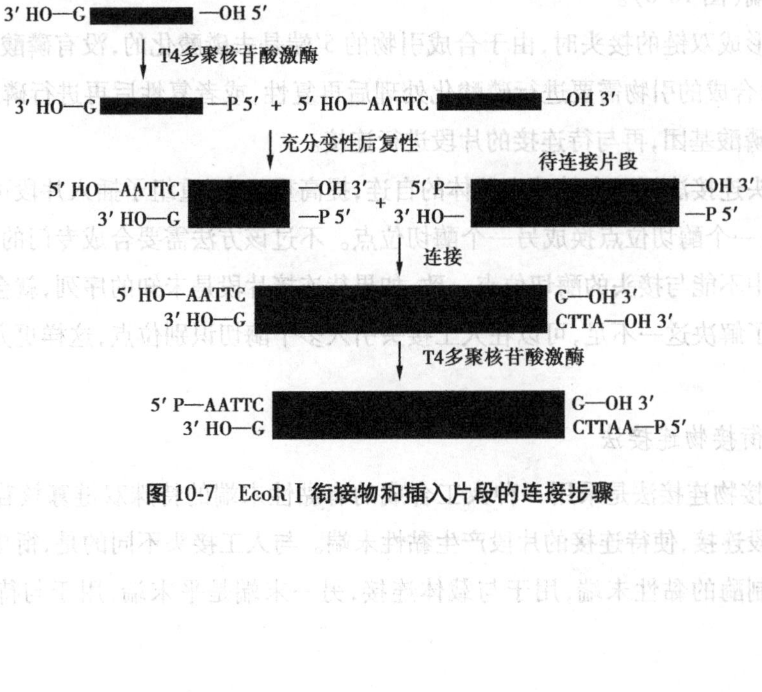

图 10-7 EcoR Ⅰ衔接物和插入片段的连接步骤

第三节 重组子导入受体细胞

目的片段与载体在体外连接成重组子后,需将其导入受体菌,随着受体菌的生长、增殖,重组 DNA 分子得到复制、扩增,经过筛选才能获得需要的“克隆子”。根据重组 DNA 时所采用的载体性质不同,导入重组 DNA 分子有转化、转染和感染等不同手段。

一、受体细胞

基因工程中的受体细胞又称宿主细胞、寄主细胞,是指能吸收外源 DNA 并使其维持稳定的细胞。

用于基因工程的宿主细胞可以分为原核细胞和真核细胞两大类。基因工程中的目的不同,对受体细胞的要求也不完全相同,良好的遗传操作系统或者转化系统是进行 DNA 重组的基本条件。

因受体细胞类型不同,重组子导入受体细胞的方法也不同。导入原核细胞的方法主要有感受态细胞转化、电转化、三亲杂交转化、转导和转染等;导入真核微生物细胞的主要方法有化学转化法、原生质体转化法和电转化法等;导入植物细胞的主要方法有农杆菌介导的 Ti 质粒转化法、多聚物介导法、电穿孔法、激光微束穿孔转化法、超声波介导法、基因枪法、脂质体介导法和显微注射法等;导入动物细胞的主要方法有病毒颗粒转导法、磷酸钙转染法、DEA-葡聚糖转染法、聚阳离子-DMSO 转染法、显微注射转基因法、电穿孔 DNA 转移法和脂质体介导法等。

由于大肠杆菌的分子遗传学研究深入,其生长迅速,操作方便,有成熟的转化方法和丰富的质粒载体类型,可满足基因工程的各种需要,因此,大肠杆菌本身既是一种受体细胞,也是基因克隆的场所和其他宿主的质粒载体的生产构建车间,大肠杆菌的转化技术也是基因工程中最常见的、最重要的转化技术。

一个 DNA 分子转化受体细胞的转化效率取决于三个内在因素:①受体细胞的感受态;②受体细胞的限制酶系统,它决定转化因子在整合前是否被分解;③受体和供体染色体的同源性,它决定转化因子的整合,因为转化因子总是与碱基顺序相同的或相近的受体 DNA 相配合,亲缘关系越近的,其同源性也越强。

转化过程所用的受体菌株一般是限制修饰系统缺陷的变异株,即不含限制性内切酶和甲基化酶的突变体(R—,M—),它可以容忍外源 DNA 分子进入体内并稳定地遗传给后代。虽然某些微生物(如酵母)没有限制性内切酶突变菌株,但可以通过增加线性外源 DNA 的量,然后利用电转化导入宿主细胞,在限制性内切酶降解外源 DNA 前就整合到宿主染色体上,并随着染色体遗传下去。有些大肠杆菌菌株虽然没有缺失限制性内切酶,但也可以进行正常的质粒转化,这得益于大肠杆菌的限制和修饰系统。

显然内切酶缺陷和重组酶缺陷的菌株不是大肠杆菌转化的必需条件,但是内切酶缺陷的菌株可以获得更高的转化率,而重组酶缺陷是保证外源片段在细胞的传代过程中不发生序列的交换重组,保持外源片段 DNA 序列的稳定性,因此,在基因的克隆以及基因重组过程中,为了保证能获得高的转化率和外源片段序列的稳定性,选择内切酶缺陷和重组酶缺陷的菌株作为转化的受体细胞是十分必要的。

二、重组子导入大肠杆菌

重组 DNA 分子导入大肠杆菌受体细胞有转化、转染和感染等不同手段,采用哪种方式要根据实验的目的和载体的类型来选择。

1.大肠杆菌的转化

(1)感受态与感受态细胞

细菌的自然转化是指一种细菌菌株捕获了来自另一种细菌菌株的 DNA,而导致性状特征发生遗传改变的生命过程。这种提供转化 DNA 的菌株叫作供体菌株,而接受转化 DNA 的寄主菌株则称为受体菌株。但是,在自然界中转化并不是细菌获取遗传信息的主要方式,不是所有细菌都能进行自然转化,细菌也不是任何生长阶段都具有吸收 DNA 的能力,细菌能从周围环境中吸收 DNA 的生理状态被称为感受态。细菌的自然转化不能满足基因工程的需要,通过物理或化学处理可提高细菌吸收 DNA 的能力。

基因工程的转化也称人工转化,是指通过人工诱导大肠杆菌出现感受态,把质粒 DNA 或以它为载体构建的重组子导入大肠杆菌细胞的过程。在基因的分子操作中,把经过物理或化学处理,处于容易吸收外源 DNA 状态的大肠杆菌细胞称为感受态细胞。感受态的出现是由于细菌表面出现许多 DNA 结合位点,这些位点只能与双链 DNA 结合,而不与单链 DNA 结合,这说明完整的双链结构对于转化活性来说是必要的。

一般用于 DNA 分子操作转化受体细胞的大肠杆菌菌株应当具备两个基本条件:第一,属于安全宿主菌;第二,具有限制酶和重组酶缺陷。

(2)感受态细胞制备的方法

目前大肠杆菌常用的感受态细胞制备方法主要有 DMSO 休克感受态法和离子感受态法,离子感受态法主要有 $CaCl_2$ 和 RbCl(KCl)法。RbCl(KCl)法制备的感受态细胞转化效率较高,也称为超级感受态法,其转化率最高可达 10^7 ~ 10^9 转化子/μg 质粒 DNA,但制备较复杂,成本较高。$CaCl_2$ 法制备感受态细胞,简便易行,其转化率为 10^3 ~ 10^5 转化子/μg 质粒 DNA,完全可以满足一般实验的要求。制备好的感受态细胞暂时不用时,可加入占总体积

15%的无菌甘油于-80 ℃保存一年，但是转化率会随着保存时间延长而降低。DMSO 休克感受态法制备的感受态细胞转化率高，成本较 RbCl 法低，但是保存时间较短（于-80 ℃保存一个月），转化率就会降低超过一半，所以较少使用。

$CaCl_2$ 转化的原理是细菌处于 0 ℃的 $CaCl_2$ 低渗溶液中，细胞膨胀成球形，溶液中的 Ca^{2+}对维持外源 DNA 的稳定性起重要作用。0 ℃时转化混合物中的 DNA 会形成一种抗 DNA 酶的羟基—钙磷酸复合物黏附于细胞表面，经 42 ℃短时间的热激处理，促进细胞吸收 DNA 复合物；接着将转化混合物放置在非选择性培养基中保温一段时间，促使在转化过程中获得新的表型（如抗 Amp）的表达，然后将此细菌培养物涂在含有氨苄青霉素的选择性平板上，30 ℃培养 8~12 h 得到的菌落都是含有质粒的，这种含有质粒的菌落也叫转化子。

在加入转化 DNA 之前，必须预先用 $CaCl_2$ 处理大肠杆菌细胞，使之呈感受态。对于绝大多数来源于大肠杆菌 K12 系列的 hsdR—，hsdM—缺失衍生菌株（hsdR 是一型限制酶；hsdM 属于 DNA 甲基化酶，是一型限制酶的一部分），1 μg 的质粒 DNA 转化可以达到 10^7~10^8 个转化子。

(3)影响转化率的因素

大肠杆菌的转化率受到转化质粒 DNA 的浓度、纯度和构型，转化细胞的生理状态，经 $CaCl_2$ 处理后的成活率，温度、酸碱度、离子浓度等转化条件的影响。所以为了提高大肠杆菌的转化率，要考虑以下 4 个方面的因素。

第一，制备的感受态细胞的生长状态和密度。

不要用经过多次转接或保存于 4 ℃的培养菌来作感受态细胞，最好从-80 ℃甘油保存的菌种中划线接种 LB 平板，挑取生长快速的单菌落于 LB 液体培养基中培养，至 A600 为 0.5~0.6 时，再划线接种 LB 平板，选择生长快速的单菌落用于制备感受态细胞。用于制备感受态细胞的菌液，其细胞生长密度以刚进入对数生长期时为好，可通过监测培养液的 A600 来控制。如 DH5α 菌株的 A600 为 0.5~0.6 时，细胞密度约为 5×10^7 个/mL（不同的菌株情况有所不同），这时细胞密度比较合适，密度过高或不足均会影响转化效率。

第二，转化 DNA 的质量和浓度。

用于转化的质粒 DNA 应主要是超螺旋态的 DNA，转化效率与源 DNA 的浓度在一定范围内成正比，当加入的 DNA 量过多或体积过大时，转化效率就会降低，1 ng 的超螺旋态的质粒 DNA 即可使 50 μL 的感受态细胞达到饱和，一般情况下，加入 DNA 溶液的体积不应超过感受态细胞体积的 10%，加入过多的 DNA 会降低转化率。开环质粒 DNA 或者质粒和外源 DNA 片段的连接产物，其转化率会远低于超螺旋质粒 DNA。此外，重组质粒的相对分子质量也会影响转化率，相对分子质量超过 15 kb 的质粒转化率就更低了。

第三，制备感受态细胞的试剂的质量。

制备感受态细胞所用到的试剂的质量包括配制试剂的水的纯度，都会影响到感受态细胞的转化率。试剂（如 $CaCl_2$ 等）均须是最高纯度的（GR 或 AR），并用超纯水配制，最好分装保存于干燥的冷暗处。另外,制备感受态细胞所用容器的清洁度是很容易被忽略的,三角瓶和离心管等用品残留的痕量洗涤剂成分都会降低感受态细胞的转化率,所以容器最好用纯净水浸泡过夜,洗干净再用。

第四,防止杂菌和杂 DNA 的污染。

整个操作过程均应在无菌条件下进行,所用器皿,如离心管、吸头等最好是新的,并经高压蒸汽灭菌处理,所有的试剂都要灭菌,且注意防止被其他试剂、DNase 或杂 DNA 污染,否则均会影响转化效率或引起杂 DNA 的转入,给之后的筛选、鉴定带来不必要的麻烦。

(4)转化基本步骤

大肠杆菌转化的基本步骤:将连接产物加入感受态细胞液中,轻轻混匀;置于冰上 20 min;42 ℃热激 45~60 s;再冰上放置 2 min;加 SOC 培养 45~60 min;取适量涂布到含有抗生素的 LB 平板上。如果转化产物是超螺旋的质粒 DNA,则可以减少 SOC 培养 45~60 min 的时间,或者省略这一步骤。

2.大肠杆菌的电穿孔转化

电穿孔转化也称电转化,是受体细胞在脉冲电场作用下,细胞壁上形成一些微孔通道,使得 DNA 分子直接与裸露的细胞膜脂双层结构接触,并引发吸收的过程。该方法可以转化相对分子质量较大的质粒,适用于所有的细菌,也可用于真核生物的转染。

电转化也适用于大肠杆菌,其基本原理是把细胞放在一种带有电极的杯子(称为电击杯)中,然后利用电脉冲仪的高压脉冲电场的作用,使大肠杆菌细胞产生瞬间的穿孔,这个穿孔足够大并可维持足够的时间,使外源 DNA 进入细胞。电转化法的转化效率比钙转化法高 2~3 个数量级,可以很容易达到 10^9 转化子/μg 质粒 DNA。转化率受到脉冲电场强度、脉冲时间和 DNA 浓度的影响。在做电转化时应注意以下事项:

①制备电转化用的感受态细胞必须用离子强度低的缓冲液,如培养至对数期的细胞用甘油或者山梨醇的 10%溶液洗涤两次就可以用于电转化,也可以分装保存于-80 ℃。

②连接产物的反应体系是含有离子的缓冲液,因此添加太多的连接产物,会使转化产物的离子强度增加,引起电转化电流过大,导致发热量瞬间增大,细胞致死率增大,从而导致转化率降低或转化失败;转化产物的离子强度较大也容易导致电击杯被击穿。

③电转化感受态细胞浓度太高、太黏稠,或者加样不均匀,容易导致电击过程产生砰的一声"爆炸";感受态浓度太稀则会导致无电转效果。

电击杯为塑料制成,上铸有嵌入式铝电极,一般商品化的电击杯采用伽马射线照射无菌处理过的无菌包装,一般建议一次性使用,如果要重复使用只能用 75%酒精来消毒,避免损坏铝电极,但是被电击击穿的电击杯不能重复使用。电击杯一般有 1,2,4 mm 三种电极间距的规格,大肠杆菌转化一般采用 1,2 mm 的规格。

电击前将电击杯放入-20 ℃冰箱内待用,所有操作过程都要尽量在冰上进行,并放置足够的时间。由于电击杯电极间小,电击后的转化液无法用移液器吸出,也不能直接倒出,需用毛细管轻吸出来。

3.大肠杆菌的转染和转导

转染是指转化感染，凡是以噬菌体(如λ噬菌体和M13等)或病毒为载体，以转化的方法将DNA导入细胞的方法均称为转染，因此转染就方法来说与转化是一样的。但是在基因工程实验中，采用λ噬菌体直接转染大肠杆菌细胞的转化率很低，无法满足对转化率要求很高的基因操作(如基因文库构建)的要求。而转导是通过λ噬菌体颗粒感染细胞的途径把载体导入受体细胞的过程。基因工程的转导是指在体外模拟λ噬菌体DNA分子在受体细胞内的包装反应，将重组的λ噬菌体DNA或重组的柯斯载体DNA在体外包装成成熟的具有感染能力的λ噬菌体颗粒，然后通过感染大肠杆菌的方式导入大肠杆菌细胞的技术。

在操作过程中将重组的λ噬菌体DNA与λ噬菌体包装蛋白抽提物混合一段时间，即可进行平板涂布，混合物还可以保存一段时间。λ噬菌体包装蛋白抽提物可以自行制备，也可以购买商品的，它的效价是决定转化率的关键因素。商品化的λ噬菌体包装蛋白抽提物使用简便，效价高，但运输和保藏过程中可能导致其效价下降。

第四节　重组子的筛选方法

将转化后的预培养物涂布到含有质粒载体选择标记对应的抗生素的平板上，这样在平板上形成的菌落都含有一定质粒载体DNA，这种菌落就称为转化子。虽然转化子都是含有载体DNA分子的，但是它们有些含有的不是重组的载体DNA分子，而是没有外源DNA的自身载体DNA分子，所以转化之后，还得利用一定的方法将连接上外源片段的转化子挑选出来，通常就把含有外源DNA重组载体的转化子称为重组子。在基因文库中，不是所有的重组子都含有所需要的目的DNA片段，经过一定的筛选方法，从大量的重组子筛选得到含有目的DNA序列的重组子，这个重组子就称为阳性克隆子或者期望重组子。

基因工程实验中筛选通常包括重组子和阳性克隆子的筛选。λ噬菌体载体或柯斯质粒载体采用转导的方式进行转化，由于没有插入外源的载体是不能被包装成有活力的颗粒的，所以它们的转化子具有很高的重组率，这两类载体多用于文库的构建，而这类文库的筛选也就是阳性克隆子的筛选。对于质粒载体来说，转化子包含无插入片段的非重组子和有插入片段的重组子，因此对其来说，筛选就是重组子的筛选。

一、重组子的筛选

重组子筛选主要是通过表型的改变或者采用琼脂糖对重组子相对分子质量的鉴定来筛

选。常见的筛选方法有以下几种。

1.抗药性筛选法

抗药性筛选法也称为插入失活法，有一些质粒载体带有两个或两个以上的抗生素抗性基因，由此可以把其中一个抗性标记作为转化子的选择标记，另一个作为重组子的筛选标记。当外源DNA插入质粒中一个抗性基因序列内部时，由于基因编码序列受到破坏，相应的抗生素抗性消失，这一现象即为插入失活，而非重组的质粒还具有这种抗性，这样就可以把重组子区分出来。

例如，pBR322质粒（图10-8），当外源基因插入BamH Ⅰ位点后，破坏了Tet抗性基因的编码序列，导致质粒失去Tet的抗性。当把转化产物涂布到含有Amp的LB平板培养基上，就可以把含有质粒的转化子筛选出来。在含有Amp的LB平板培养基长出来的菌落一部分是含有重组质粒的，一部分是含有自身环化的质粒。再把这些菌落按相同顺序分别点样接种在含有Amp和Tet的平板培养基上。在Amp培养基上生长但在Tet培养基上不能生长的单抗性菌落是含有重组质粒的，在两种抗生素培养基上都能生长的双抗性菌落是不含有重组质粒的。

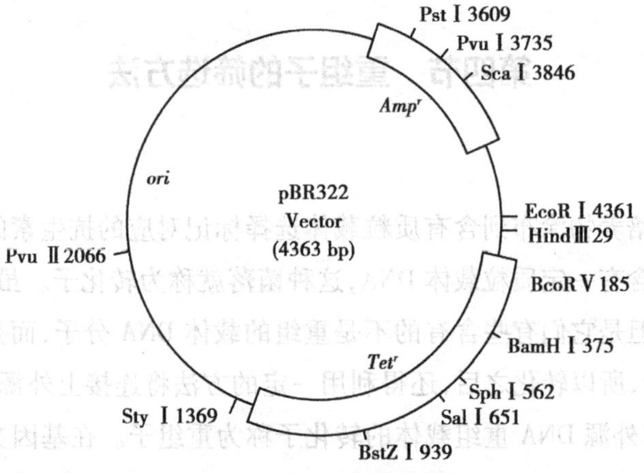

图10-8 pBR322质粒的结构图

2.插入表达筛选法

插入表达筛选法是指外源基因片段插入载体后，基因得到表达，使菌落出现表型的改变，进而把重组子区分出来。此法常用于构建的表达载体的筛选。例如在构建的淀粉酶基因表达载体的筛选中，可以在Amp的LB平板培养基上添加淀粉和锥虫蓝，淀粉能和锥虫蓝发生反应，产生蓝色的物质，使平板呈蓝色。如果载体上插入淀粉酶基因，表达后产生的淀粉酶会降解培养基中的淀粉，使得菌落位置产生水解透明圈；反之蓝色菌落所含有的载体没有插入淀粉酶基因。

3.形成噬菌斑筛选法

对于以λ噬菌体为基础的载体，当外源DNA片段插入载体后形成重组λDNA，只有其分子大小为野生型λDNA的78%~105%时，才能在体外包装成具有成熟感染能力的噬菌体颗粒。转化受体菌后，转化子能在平板上裂解形成噬菌斑，而非转化子能正常生长形成菌落，两者有明显的差别，很容易区分。

4.琼脂糖电泳筛选法

提取质粒DNA进行琼脂糖电泳，可观察质粒相对分子质量的大小。由于插入外源片段的质粒相对分子质量变大，通过对照比较可区分出插入外源片段的重组子，也可以进一步通过酶切，或者利用PCR扩增插入片段，再进行电泳分析以确定阳性克隆子。提取质粒DNA进行琼脂糖电泳分析的鉴定成本高，工作量也大，筛选效率低。为了提高电泳的筛选效率，可以将菌体裂解后直接电泳分析。

菌体裂解电泳分析的原理是：利用碱裂解法对菌体进行裂解，然后将裂解的混合物进行电泳，通过对照比较质粒的相对分子质量大小来确定重组质粒。此法无须提取质粒DNA，可以大大提高筛选的效率。

菌体裂解电泳分析的步骤是：在血清板微孔中依次添加溶液Ⅰ 5 μL、培养过夜的菌液20 μL、溶液Ⅱ 10 μL，并用吸头吸打一次以混匀溶液，静置片刻再加入10×琼脂糖电泳上样缓冲液3 μL，然后上样；把上样的凝胶小心放入电泳槽，小心加入电泳液，使其刚好没过胶面，电泳后观察。需要注意的是，加完溶液Ⅱ后，裂解菌体的溶液比较黏稠，加样较困难，所以先加样再加缓冲液。此外在溶液Ⅰ中，RNase可以减少RNA对观察电泳结果的影响。

菌液裂解电泳法，具有快速、简单等优点，但是需要重组质粒和空白质粒的相对分子质量有一定的差异，才能达到很好的鉴别效果，但也还需要进行进一步的质粒提取并酶切电泳分析验证。

5.菌落或菌体PCR筛选法

菌落或菌体PCR筛选法的原理是：菌落或微量菌体在高温下会裂解释放出质粒，以质粒作为PCR的模板，根据插入片段序列设计引物来进行目的片段的扩增，然后用电泳分析PCR产物，若有目的条带出现，则可初步判断为重组子。

菌落或菌体PCR筛选法是取平板上的菌落或微量培养孔上的少量菌体加到PCR反应体系中，并做好对应序号的标记，然后进行PCR反应和电泳分析。该方法快速、简单，但成本较高，容易产生假阳性，初步筛选判断为重组子的菌落需要进一步扩大培养以提取质粒进行酶切验证。

二、阳性克隆子的筛选

阳性克隆子的筛选一般是指基因文库的筛选，需要从成千上万的转化子中筛选出含有目标序列的转化子，其筛选过程难度较大，因此要求有很高的筛选效率。

阳性克隆子筛选过程的难易程度，主要取决于所采用的基因克隆方案、载体类型以及目的基因的性质和来源。从文库中筛选目的基因的方法主要有表观筛选法、核酸杂交筛选法和免疫学检测法。

1.表观筛选法

表观筛选法是通过含有目的基因的转化子在平板培养基上产生特殊的表型变化来筛选阳性克隆子，其依据就是目的基因插入一定的载体后可以在大肠杆菌中表达，使平板上的菌落产生新的功能或性状，这样很容易通过形态学特征或者在平板培养基添加一定的功能检测底物区分出阳性克隆子。表观筛选法适合表达性的基因文库筛选，如原核生物的基因文库和 cDNA 文库等，表型特征一般是直接的或比较容易检测的生化酶学的特征，比如营养缺陷型相关基因、抗性基因和能在平板上呈现显色反应的基因等。表型筛选法对所使用的宿主有相应的要求：宿主不携带该种基因或为该基因的缺失突变体。

2.核酸杂交筛选法

当目标基因是未知功能的基因或一些不能在原核生物中表达的真核生物的基因时，可以利用的可能只是该基因的部分序列，这样就只能以这段序列为核酸探针，用核酸杂交筛选法从基因文库筛选目的克隆。首先将平板上的菌落或者噬菌斑转移到硝酸纤维素滤膜上，经过裂解、变性、固定和封闭等一系列的前处理，再利用分子探针对文库进行原位杂交筛选，找到阳性信号点对应的克隆后再次验证。核酸杂交筛选法虽然操作较复杂，但其筛选效率高，通用性强，只要知道一段序列就可以采用，是应用最为广泛的阳性克隆子筛选方法。

3.免疫学检测法

免疫学检测法和核酸杂交筛选法类似，只是其使用的探针不是核酸，而是特异性的抗体。免疫学检测法适用于目的基因能在宿主细胞中表达且具有目的蛋白的抗体。该方法只能用于表达型的基因文库，通常是原核生物的基因组 DNA 文库和真核生物的 cDNA 表达文库，而且，所检测的对象为宿主中不编码的基因或宿主中缺失表达的基因。

总的来说，阳性克隆子的筛选没有固定、万能的实验方案，必须根据载体文库的种类、基因的性质、实验目的和技术平台等综合因素来确定筛选方案，如 BAC 或 YAC 等大片段的基因文库可以采用混合池 PCR 筛选法，因此在制订实验方案前，需要更多地参考他人的经验。

第十一章 大肠杆菌表达系统

第一节 基因表达系统概述

基因工程中的基因高效表达是指将外源基因导入某种宿主细胞,使其能获得具有生物活性,又可高产的表达产物的活动。其主要过程包括获得和制备外源基因片段、表达载体的构建、导入一定的宿主细胞中表达等,这种表达外源基因的宿主细胞及其相应的表达载体就称为表达系统。

对于功能性基因表达,理想的表达系统一般具备4个特征:目的基因的表达产量高、表达产物稳定、生物活性高和表达产物容易分离纯化。

一般来说,基因表达系统由基因表达控制系统(简称"表达载体")和宿主系统共同组成,大肠杆菌、枯草杆菌、酵母、昆虫细胞、培养的哺乳类动物细胞,甚至整体动物都可以用于表达系统的宿主系统,不同的宿主系统需要构建不同的表达载体。外源基因可以通过特定的表达载体导入一定的宿主细胞中进行表达,虽然表达载体是基因表达系统的核心部分,但是一定表达载体必须依赖一定的宿主系统才能实现高效表达。所以要实现基因的高效表达,这两个系统必须相互配合。

在不同的表达系统中成功表达克隆外源基因的把握,取决于我们对这些系统中宿主的基因表达调控规律的认识程度。对于功能性基因表达的理想宿主细胞应最大限度地满足以下要求:容易获得较高浓度的细胞;能利用易得、廉价的培养原料;无致病性、不产生内毒素;发热量低、需氧低、适当的发酵温度和细胞形态;容易进行细胞的代谢调控;外源基因的表达产物产量、产率高,容易提取纯化;有良好的遗传操作系统或者转化系统进行DNA重组技术操作等。

用于基因工程表达系统的宿主细胞可以分为原核细胞和真核细胞两大类,常用的原核细胞有大肠杆菌、芽孢杆菌属的细菌和链霉菌等;常用的真核细胞有酵母、丝状真菌、昆虫、植物细胞和哺乳动物细胞等。

大肠杆菌的基因组DNA中有470万个碱基对,内含4 288个基因。基因组中还包含有许多插入序列,如λ噬菌体片段和一些其他特殊组分的片段,这些插入片段都是由基因的水平转移和基因重组形成的,由此表明基因组具有可塑性。正是由于大肠杆菌有高效的遗传转化体系,分子遗传学研究深入,遗传背景清楚,技术操作简单,培养条件简单,大规模发酵经济,所以它是应用最广泛、最成功的表达体系,常作为高效表达的首选体系。

特别是经过遗传改造之后,大肠杆菌已发展为一种安全的基因工程实验系统,拥有丰富的载体系列和不同菌株。基因工程中,经常使用的大肠杆菌几乎都来自K-12菌株,也使用来源于B株和C株的大肠杆菌。出于生物安全考虑,生物工程用的菌株是在不断筛选后被挑选出的菌株,这些菌株由于失去了细胞壁的重要组分,所以在自然条件下已无法生长,甚至普通的清洁剂都可以轻易地杀灭它们,这样,即便操作不慎导致活菌从实验室流出,也不易导致生化危机。此外,生物工程用的菌株基因组都被优化过,所以都带有不同的基因型(例如β-半乳糖苷酶缺陷型),可以更好地用于分子克隆实验,是用于科研目的功能型基因表达的首选表达体系。

大肠杆菌作为表达宿主的不足表现在以下几个方面:表达基因产物形式多样,包括细胞内不溶性表达(包涵体)、细胞内可溶性表达、细胞周质表达等;大肠杆菌中的表达不存在信号肽,产品多为胞内产物,提取困难;分泌能力不足,来自真核生物特别是哺乳动物的基因表达产物的蛋白质常形成不溶性的包涵体,表达产物需经变性、复性才能恢复活性;表达的蛋白质不能糖基化,通常产物蛋白质N端多余一个蛋氨酸残基;此外还存在表达产物中的内毒素很难除去等缺陷。

1978年人胰岛素基因在大肠杆菌中获得成功表达,1982年美国食品药品管理局(FDA)批准重组人胰岛素上市,这标志着全球首个基因工程药物诞生,同时大肠杆菌也被FDA批准为安全的基因工程受体生物。随着对生物制品安全的要求不断提高,2006年以来全世界越来越多的国家不再允许把大肠杆菌用于生产食品和药用蛋白。

芽孢杆菌属属于革兰氏阳性菌,具有分泌能力强、蛋白质不形成包涵体的特点,产物蛋白质不能糖基化,属于非致病性微生物,安全性高,可用于食品和药物等的工业生产,被美国FDA和中国农业农村部等部门批准为食品级安全生物。

芽孢杆菌属作为表达宿主的缺点是:有很强的胞外蛋白酶,可降解产物,能自发形成感受态的菌株少,内在的限制和修饰系统会导致质粒的不稳定性。相对于大肠杆菌表达系统,芽孢杆菌表达系统的研究还较少,存在的问题也还很多,但是随着研究的深入,其优势会逐步显现,是最具潜力的表达系统。

链霉菌是一类好氧、丝状的革兰氏阳性菌,是非常重要的工业微生物,是大规模工业生产抗生素的主要微生物,此外还用于生产一些重要的工业用酶,例如纤维素酶、半纤维素酶、蛋白酶、木质素酶、木聚糖酶、淀粉酶、胰蛋白酶等。链霉菌作为外源基因的表达宿主受到重视是因为其具有不致病、使用安全、分泌能力强、表达产物可糖基化等特点。此外，相对于真核生物来说，链霉菌的遗传背景较清楚；相对于大肠杆菌来说，它具有高效的分泌机制，同时具有成熟的大规模发酵工艺。虽然已有多种外源基因在链霉菌中成功表达，但链霉菌表达系统也有缺点，主要是能进行遗传操作的菌株很少，遗传操作较困难，和其他原核生物细胞一样，链霉菌表达系统不具有真核生物的蛋白质糖基化功能，这些都需要进一步研究和改进。

酵母是一种单细胞真菌。酿酒酵母是研究基因表达最有效的单细胞真核微生物，其基因组小，世代时间短，有单倍体、双倍体两种形式，繁殖迅速，无毒性，能外分泌，产物可糖基化，已有不少真核基因在酵母中成功表达。

丝状真菌即霉菌，是一类形成分枝菌丝真菌的统称，其作为表达宿主具有分泌能力强、能正确进行翻译后加工（肽剪切糖基化）等优点，也有成熟的发酵和后处理工艺。

哺乳动物细胞作为表达宿主，表达产物可由重组转化细胞分泌到培养液中，纯化容易，产物糖基化，接近天然产物；缺点是生长慢，生产率低，培养条件苛刻，费用高，培养液浓度低等。

第二节 大肠杆菌表达系统的主要表达元件

生物体内基因表达的调控存在转录前、转录、翻译和翻译后等多水平的调控方式，但是对于原核生物来说，基因的转录调控是最主要的调控方式，操纵子模式就是原核生物的基因转录调控方式。基因的表达都是在一定的调控元件的调控之下进行的，外源基因在宿主细胞中的表达也需要在一定的表达元件控制之下进行。外源基因在大肠杆菌中表达需要两个基本条件，第一，基因必须受控于大肠杆菌的基因表达元件或来自其他细菌但能被大肠杆菌转录和翻译系统识别的基因表达元件；第二，基因必须能够稳定地传代，使基因能稳定完整（不发生缺失和重组）地传递给子代细胞。要满足上面两个条件，就要根据操纵子的原理在克隆载体的基础上把基因表达的控制元件和外源基因按一定顺序连接起来构建表达载体。

构建表达载体需要多种元件进行合理的组合，以保证最高水平的蛋白质合成。理想的大肠杆菌表达载体具有以下特征：稳定的遗传复制、传代能力，在无选择压力的条件下能保存于宿主中；具有明显的转化筛选标记；启动子的转录是可以调控的，抑制能使转录的本底水平较低；启动子转录生成的 mRNA 能在适当位置终止，转录过程不影响表达载体的复制；具备适用于外源基因插入的酶切位点。

大肠杆菌表达载体通常包含复制起点、启动子、筛选标记、终止子和核糖体结合位点等最基本的元件，这些元件可能来源不同，但都执行相同的功能。

第三节 常见的大肠杆菌表达系统

大肠杆菌表达系统具有培养周期短、目标基因表达水平高、遗传背景清楚等优点，是目前应用最为广泛的蛋白表达系统，涵盖病毒蛋白、兽用疫苗、植物及水产研究用蛋白、细胞因子、酶类等方面。

大肠杆菌表达系统的组成：表达载体、外源基因、表达宿主菌。

①表达载体：小型环状 DNA，能自我复制。一个完整的质粒载体必须要有复制起点、启动子、插入的目的基因、筛选标记以及终止子。对大肠杆菌表达载体的要求是：a.操纵子以及相应的调控序列，外源基因产物可能会对大肠杆菌有毒害作用；b.SD 序列，即核糖体识别序列，一般 SD 序列与起始密码子之间间隔 7～13 bp，翻译效率最高；c.多克隆位点，以便目的基因插入到适合位置。

②外源基因：在大肠杆菌表达体系中要表达的基因即为外源基因，包括原核基因和真核基因。原核基因可以在大肠杆菌中直接表达出来，但是真核基因含有内含子，大肠杆菌不能对 mRNA 进行剪切，从而形成成熟的 mRNA，所以真核基因一般以 cDNA 的形式在大肠杆菌表达系统中表达。此外还需提供大肠杆菌能识别的且能转录翻译真核基因的元件。

③表达宿主菌：表达蛋白的生物体即大肠杆菌。表达宿主菌的选择在大肠杆菌蛋白表达过程中是很重要的因素——多数人会直接选择实验室曾经用过的宿主菌，而不去追究原因。对于宿主菌的选择主要根据宿主菌各自的特征及目的蛋白的特性，例如目的蛋白需要形成二硫键，可以选择 Origami 2 系列，Origami 能显著提高细胞质中二硫键的形成概率，促进蛋白可溶性及活性表达；目的蛋白含有较多稀有密码子，可用 Rosetta 2 系列，补充大肠杆菌缺乏的七种稀有密码子（AUA，AGG，AGA，CUA，CCC，GGA 及 CGG）对应的 tRNA，提高外源基因的表达水平。

第四节 外源基因在大肠杆菌中表达的主要影响因素

原核表达系统相对于真核表达系统来说是比较简单的，准备进行原核表达的时候需要考虑的因素很多，市面上存在各种不同的表达系统、载体和菌株类型可以选择，但是要实现目的基因表达产量高、表达产物稳定、生物活性高或者表达产物容易分离纯化的目的，选择适合的表达系统和正确的策略是成功的关键。

一、外源基因的表达效率

①启动子的强弱。有效的转录起始是外源基因能否在宿主细胞中高效表达的关键步骤之一,也可以说,转录起始的速率是基因表达的主要限速步骤。因此,选择强的可调控启动子及相关的调控序列,是组建一个高效表达载体首先要考虑的问题。

最理想的可调控启动子应该是:在发酵的早期阶段表达载体的启动子被紧紧地阻遏,这样可以避免出现表达载体不稳定,细胞生长缓慢或由于产物表达而引起细胞死亡等问题。当细胞数目达到一定的密度,通过多种诱导(如温度、药物等)使阻遏物失活,RNA 聚合酶快速起始转录。

②核糖体结合位点的有效性。SD 序列是指原核细胞 mRNA 5′端非翻译区同 16S rRNA 3′端的互补序列。按统计学的原则,一般 SD 序列至少含 AGGAGG 序列中的 4 个碱基。SD 序列的存在对原核细胞 mRNA 翻译起始至关重要。

③SD 序列和起始密码子 AUG 的间距。AUG 是首选的起始密码子,GUG、UUG、AUU 和 AUA 有时也用作起始密码子,但非最佳选择。另外,SD 序列与起始密码子之间的距离以 9±3为宜。

④密码子组成。尽量避免使用罕用密码子,如 AGG、AGA(Arg)、CUA(Leu)等。

二、表达质粒的拷贝数和稳定性

多数情况下,目标基因的扩增程度同基因表达成正比,所以基因扩增为提高外源基因的表达水平提供了一个方便的方法。对于原核和酵母表达体系而言,选择高拷贝数的质粒,以其为基础,组建表达载体。表达载体的稳定性是维持基因表达的必需条件,而表达载体的稳定性不但同表达载体自身特性有关,也与受体细胞的特性密切相关。所以在实际运用时,要充分考虑两方面的因素而确定好的表达系统。利用选择压力、尽量减少表达载体的大小、建立可整合到染色体中去的载体等方式,可以增加表达质粒的稳定性。

三、表达产物的稳定性

①组建融合基因,产生融合蛋白。融合蛋白的载体部分通过构象的改变,使外源蛋白不被选择性降解。这种通过产生融合蛋白表达外源基因,特别是相对分子质量较小的多肽或蛋白编码的基因,尤为合适。

②产生可分泌的蛋白。如将外源基因表达产物分泌到大肠杆菌细胞的周围或直接分泌到培养基。

③外源蛋白可以在宿主细胞中以包涵体形式表达，这种不溶性的沉淀复合物可以抵抗宿主细胞中蛋白水解酶的降解，也便于纯化。

④选用蛋白酶缺陷型大肠杆菌为宿主细胞，有可能减弱表达产物的降解。

⑤采用位点特异性突变方法，改变真核蛋白二硫键的位置，从而增加蛋白质的稳定性。

四、工程菌的培养条件

细菌在100 L以上的发酵罐中的生长代谢活动与实验室条件下200 mL摇瓶中的生长代谢活动存在很大差异，在进行工业化生产时，工程菌株大规模培养的优化设计和控制对外源基因的高效表达至关重要。优化发酵过程既包括工艺方面的因素也包括生物学方面的因素。工艺方面的因素如选择合适的发酵系统或生物反应器，目前应用较多的有罐式搅拌反应器、鼓泡反应器和气升式反应器等。生物学方面的因素包括多方面，首先是与细菌生长密切相关的条件或因素，如发酵系统中的溶氧、酸碱度、温度和培养基的成分等，这些条件的改变都会影响细菌的生长及基因表达产物的稳定性。生物因素的第二方面是对外源基因表达条件的优化。在发酵罐内，工程菌生长到一定的阶段后，开始诱导外源基因的表达，诱导的方式包括添加特异性诱导物和改变培养温度等。使外源基因在特异的时空进行表达不仅有利于细胞的生长代谢，而且能提高表达产物的产率。生物因素的第三方面是提高外源基因表达产物的总量。外源基因表达产物的总量取决于外源基因表达水平和菌体浓度。在保持单个细胞基因表达水平不变的前提下，提高菌体密度有望提高外源蛋白质合成的总量。

五、细胞的代谢表达

重组蛋白的表达引起的代谢负荷会使宿主细胞的生理功能发生一系列的变化，其中最明显的现象就是降低了细菌的比生长速率，以维持质粒载体基因的表达活性，包括RNA的转录与外源蛋白的合成，这些都会对宿主细胞的生长产生副作用。同时在客观上也会加剧质粒分离的不稳定性。

重组大肠杆菌发酵过程产生乙酸的原因主要有两个，即设备的供氧能力不足使得重组菌的呼吸受到限制和葡萄糖的摄入速率大于重组菌有氧呼吸的能力。这两种情况都会导致底物通过乙酰磷酸途径转化为乙酸。而过重的代谢负荷会降低重组菌的最大摄氧能力，直接加剧前两种情况的出现，因此在表达过程中也更容易积累乙酸，既不利于重组大肠杆菌的生长，又会影响重组蛋白的高效表达。

由于重组基因的表达需消耗宿主大量的能源物质，宿主细胞中需要能量较多的代谢过程首先受到影响。为适应这种额外的代谢负荷，宿主细胞会在生理代谢过程中产生一系列的应激反应以维持细胞的正常功能和生存。

合理地调节好宿主细胞的代谢负荷与外源基因高效表达的关系，是提高外源基因表达水平不可缺少的一个环节。减轻代谢负荷的策略有降低质粒拷贝数、避免抗性基因、减轻热激反应、温和诱导等。

第十二章　酵母表达系统

第一节　酵母表达系统的发展

真核基因和原核基因在结构上存在着很大的差别,原核生物的基因是连续的,真核生物的基因是间断的,即真核生物基因的编码区有内含子和外显子,翻译时要把内含子切除,形成只携带外显子遗传信息的成熟 mRNA。真核基因 mRNA 的分子结构同细菌的有所差异,转录信号不同于原核生物的,大肠杆菌的 RNA 聚合酶不能识别真核的启动子。细菌的蛋白酶能够识别外来的真核基因所表达的蛋白质分子,并把它们降解掉。由于真核基因在原核细胞中表达所产生的蛋白不足,而且没有真核转录后加工的功能,不能进行前体 mRNA 的剪接,所以在原核细胞中只能表达真核的 cDNA 而不能表达其基因组基因。由于原核细胞没有真核细胞翻译后加工的功能,蛋白不能进行糖基化、磷酸化等修饰,难以形成正确的二硫键配对和空间构象折叠,因而产生的蛋白质常没有足够的生物学活性。由于真核基因在原核生物中表达的蛋白质经常是不溶的,当表达量超过细菌体总蛋白量 10%时,就很容易形成包涵体。包涵体要经过复性,使其重新散开、重新折叠,才能成为具有天然蛋白构象和良好生物活性的蛋白质。复性是一件很困难的事情,也是蛋白质产业化的瓶颈,因此,采取的策略更多的是设计载体,使大肠杆菌分泌表达出可溶性目的蛋白,但表达量往往不高。

尽管大肠杆菌表达系统有很多优点,但不是所有的基因,特别是真核生物基因都能在其中获得有效活性的表达,也没有一种表达系统能满足所有基因的表达要求。越来越多的真核基因被发现,其中多数基因功能不明,有些基因利用原核表达系统是无法获得具有天然生物活性的蛋白产物,特别是一些功能性膜蛋白、翻译后修饰的蛋白、分泌蛋白、多蛋白复合体以及带有抗原性或免疫原性的蛋白只能选择对应的真核表达系统,这都表明迫切需要发展新的真核表达系统。

真核生物基因表达和调控的复杂性远远超出我们的了解,因此发展多种真核表达系统在理论研究和实际工业化应用都具有非常重要的意义。真核表达系统具有完整翻译后的蛋白加工修饰体系,表达获得的重组蛋白更接近于天然蛋白质,它对真核生物基因的功能研究、真核生物的基因工程和基因治疗都起到重要的作用。

酿酒酵母是单细胞真核生物,它与人的生活和生产密切相关,没有致病性,具有和大肠杆菌一样容易的培养方式,又具有真核生物翻译后的修饰功能。所以酿酒酵母首先被用于构建真核表达系统。

自20世纪70年代开始,为了克服大肠杆菌表达系统表达真核基因的缺点,人们开始利用酵母进行表达系统的研究。1974年研究发现在大多数酿酒酵母中存在一种2 μm质粒,这种质粒全长6.3 kb,在二倍体的细胞中存在60~100个拷贝,使得用酵母构建一种类似于大肠杆菌表达质粒的酵母表达质粒成为可能。1978年,酿酒酵母的Leu2营养缺陷型菌株成功构建,并用于酵母的转化和筛选,标志着酵母表达系统的成功建立。到1981年,人的α-干扰素在酵母中的成功表达,使酿酒酵母成为第一个成功表达外源基因的真核表达系统。1996年完成的酿酒酵母的全基因组测序,更为人类深入研究酵母打下了良好的基础。

酵母作为表达宿主的优势有:第一,酵母具有真核生物的特征,遗传背景清楚、稳定,生长迅速,培养简单,外源基因表达系统完善。第二,酵母是一类种类繁多的生物资源,已知有80多个属约600多个种,数千个分离株。第三,有些酵母如酿酒酵母、乳酸克鲁维酵母已经被人类用于食品生产并有几十年甚至上千年的历史,安全性高,有着成熟的发酵培养工艺。

与大肠杆菌相比,酵母作为外源蛋白表达宿主具有能高水平表达重组蛋白质、细胞能快速高密度生长、不需要抗生素等优点。但是,并不是所有类型的酵母都适合做基因表达的宿主,作为基因表达宿主需要具备一定的条件,如安全无致病性;有较清楚的遗传背景,容易进行分子操作,容易进行载体的导入;培养条件简单,容易进行高密度培养;有良好的蛋白质分泌能力,有类似高等真核的翻译后修饰功能等。

酵母细胞能够分泌表达多种蛋白质,那些能够被天然宿主分泌表达的蛋白质(如糖苷酶、血清白蛋白、细胞因子等)都容易在酵母中获得分泌表达。有实验表明,许多非分泌性蛋白能在不同类型的酵母细胞中实现分泌表达。因此,当不确定某种蛋白质的表达方式时,最好尝试分泌表达。

酵母表达系统是研究真核生物基因表达和分析的有力工具,拥有转录后加工修饰功能,适用于有稳定表达功能的外源蛋白质。与昆虫表达系统和哺乳动物表达系统相比,酵母表达系统还具有操作简单、成本低廉、可大规模进行发酵的优点,是最理想的重组真核蛋白质生产制备工具。

第二节　酵母表达系统构成要素

酵母表达载体和大肠杆菌的表达载体在结构上是相似的，但是由于真核生物与原核生物存在很大的差异，所以在启动子等调控元件上会有一定的差别。不同的真核生物表达载体在结构上有所不同，即使是同一种真核生物的不同类型表达载体在结构上也有所不同。

由于大肠杆菌质粒转化简单、高效，制备方便，因此为了操作上的简便，酵母表达载体一般都构建成带有大肠杆菌质粒基本骨架的大肠杆菌—酵母穿梭载体。这样就可以在大肠杆菌中完成表达载体的构建，然后导入酵母细胞中表达。

总的来说，酵母表达载体至少要含两类序列：

第一类是原核质粒的序列，包括在大肠杆菌中起作用的复制起始位点、能用在细菌中筛选克隆的抗药性基因标志等，以便载体在插入真核基因后能很方便地在大肠杆菌系统中筛选获得目的重组 DNA 分子，并复制繁殖得到足够使用的数量。

第二类是在酵母细胞中控制基因表达所需要的元件，包括启动子、增强子、转录终止子和加 poly(A) 信号序列、mRNA 剪接信号序列、能在宿主细胞中复制或增殖的序列、能用在宿主细胞中筛选的标志基因，以及供外源基因插入的单一限制性内切酶识别位点等。

酵母表达载体的基本构件包括 DNA 复制起始区、选择标记、整合介导区、有丝分裂区、表达盒，即在酵母载体的基础上增加了基因表达盒。

1.DNA 复制起始区

这是一段具有 DNA 复制起始功能的 DNA 序列，它能使载体在酵母细胞中具有复制并分配到子代细胞的能力，使表达载体能在酵母细胞中稳定传递下去。这种序列通常来自酿酒酵母 2 μm 质粒的复制起始序列，或是酵母基因组中的自主复制序列。酵母整合型载体是整合到酵母染色体上，作为染色体的一部分随染色体的复制而复制的一类载体，这类表达载体的构建不需要 DNA 复制起始区，但是在非整合型载体中 DNA 复制起始区是必不可少的。

2.选择标记

选择标记是载体转化酵母时筛选转化子所必需的元件，它能和宿主的基因型配合，或者能使宿主产生新的表型，从而筛选出重组子。酵母表达系统筛选标记一般可以分为两类，一类是营养缺陷型筛选标记，如 ura3、his3、leu2、lys3 等，它能互补宿主的营养缺陷型基因，使转化子在特定基本培养基上生长；另一类是显性筛选标记，主要是 G418、放线菌酮（CYH）、潮霉素等抗性标记。显性筛选标记的优点是它可以用于野生型酵母菌株的转化，也可以用于多倍体酵母，而营养缺陷型筛选标记几乎无法在多倍体酵母中使用。

3.整合介导区

这是一段与宿主基因组序列高度同源的 DNA 序列,它可以介导载体和宿主染色体为基础发生同源重组,使载体整合到染色体上,对于整合性载体是必不可少的。理论上染色体的任何序列都可以作为整合介导区,但是方便使用的是营养缺陷型筛选标记。如果需要获得多拷贝的重组菌可以采用基因组的重复序列(如 18S rDNA、Ty 序列)。18S rDNA 在生物中是最为保守的基因之一,多拷贝广泛分布于染色体上,一个酵母有超过 500 个 18S rDNA 基因。Ty 序列即酵母转座子因子,是由分散的 DNA 重复序列家族组成的,在不同品系的酵母中它们所处的位点不同。Ty 因子提供了一个较小的同源区,是由宿主系统介导的重组的靶子。

4.有丝分裂区

有丝分裂区的作用就是当细胞处于有丝分裂时,能帮助游离型载体在母细胞和子细胞之间平均分配,它是决定转化子稳定性的重要因素。常用的有丝分裂区是来自酵母的着丝粒片段,此外来自酿酒酵母的 2 μm 质粒的 STB 片段也有助于提高游离载体的稳定性。有丝分裂区不是整合型载体所必需的,但缺少有丝分裂区的游离型载体很难稳定传代到子细胞。

5.表达盒

表达盒是指由目的基因、启动子和转录终止子共同构成的一个单顺反子结构,它是酵母表达载体最重要的核心元件,其作用是控制基因的转录和终止。表达盒除了启动子和转录终止子之外,还有 Kozak 序列、poly(A)信号序列等,如果要构建分泌表达还需要有信号肽序列。

启动子控制基因的转录起始,酵母的启动子大小一般为 1~2 kb,不同的酵母会采用不同的启动子,也有组成型启动子等。一般来说,外源基因在酵母中的表达水平与启动子的强弱密切相关,所以筛选高效的启动子来表达外源基因就显得更为重要了。常用于构建酵母表达载体的酵母启动子有与糖代谢相关的启动子,如三磷酸甘油醛脱氢酶(GAP)启动子和磷酸甘油酸激酶(PGK)启动子;与醇代谢相关的启动子,如甲醇氧化酶(AOX)启动子和甲醛脱氢酶(FLD)启动子;半乳糖调节的启动子,如 GAL1、GAL7 和 GAL10 等。

与糖代谢相关的启动子,如 PGK、GAP、乙醇脱氢酶Ⅰ(ADHⅠ)和 α-烯醇化酶(ENOⅠ)的启动子等在早期被看作组成型启动子,能在酵母菌中高水平组成表达。但后来发现它们能被葡萄糖诱导,例如用 PGK 启动子表达 α-干扰素时,在醋酸盐作碳源的培养基中加葡萄糖,表达可提高 20~30 倍。这类启动子已广泛应用于实验室,有的也用于工业。GAL1、GAL7 和 GAL10 属于强调节启动子,用作真核生物转录调节的关键模式系统,多用于科研项目。

第三节　常用的酵母表达系统

酵母作为宿主用于表达高等真核生物重组蛋白表现出很多的优点，有着巨大的发展潜力。丰富的酵母资源为开发出多种以酵母为表达宿主的表达系统提供了物质基础，不同种类的酵母表达系统在表达调控上存在着一定程度的差异。

一、酵母双杂交系统

酵母双杂交系统是基于对真核生物调控转录起始过程的认识建立的。细胞起始基因转录需要有反式转录激活因子的参与。反式转录激活因子，例如酵母转录因子 GAL4 在结构上是组件式的，往往由两个或两个以上结构上可以分开、功能上相互独立的结构域构成，其中有 DNA 结合功能域(DNA-BD)和转录激活结构域(DNA-AD)。它们是转录激活因子发挥功能所必需的。单独的 BD 虽然能和启动子结合，但是不能激活转录。而不同转录激活因子的 BD 和 AD 形成的杂合蛋白仍然具有正常的激活转录的功能。如酵母细胞的 Gal4 蛋白的 BD 与大肠杆菌的一个酸性激活结构域 B42 融合得到的杂合蛋白仍然可结合到 Gal4 结合位点并激活转录。

在酵母双杂交系统中，“诱饵”蛋白 X 克隆至 DNA-BD 载体中，表达 DNA-BD/X 融合蛋白；待测试蛋白 Y 克隆至 AD 载体中，表达 AD/Y 融合蛋白。一旦 X 与 Y 蛋白间有相互作用，则 DNA-BD 和 AD 也随之被牵拉靠近，恢复行使功能，激活报告重组体中 LacZ 和 HIS3 基因的表达。

酵母双杂交系统能在体内测定蛋白质的结合作用，具有高度敏感性，主要是由于：

①采用高拷贝和强启动子的表达载体使杂合蛋白过量表达。

②信号测定是在自然平衡浓度条件下进行的，而如免疫共沉淀等物理方法为达到此条件需进行多次洗涤，降低了信号强度。

③杂交蛋白间稳定度可被激活结构域和结合结构域结合形成转录起始复合物而增强，后者又与启动子 DNA 结合，此三元复合体使其中各组分的结合趋于稳定。

④通过 mRNA 产生的多种稳定的酶使信号放大。同时，酵母表型、X-Gal 及 HIS3 蛋白表达等检测方法均很敏感。

二、巴斯德毕赤酵母表达系统

20 世纪 80 年代，巴斯德毕赤酵母(以下简称“毕赤酵母”)曾被用于生产单细胞蛋白

(SCP),有很好的发酵基础,菌体密度可达 100 g/L 干重。其生长培养液包括无机盐、微量元素、生物素、氮源和碳源等组合,廉价而无毒。它能在以甲醇为唯一碳源的培养基中快速生长,其中醇氧化酶 AOX—甲醇代谢途径的关键酶可达细胞可溶性蛋白的 30%。而在以葡萄糖、甘油或乙醇为碳源的培养细胞中则检测不到 AOX。AOX 的合成是在转录水平调控的,其基因启动子具有明显的调控功能,可用于调控外源基因的表达。此调控作用是由一般碳源抑制/解抑制及碳源特殊诱导双重机制控制的。外源基因在甲醇以外的碳源中处于非表达状态,而在培养液中加入甲醇后,外源基因即被诱导表达。毕赤酵母中存在着一种被称为微体的细胞器,其中大量合成过氧化物酶,因此也称为过氧化物酶体。合成的蛋白质储存于微体中,可免受蛋白酶的降解,且不对细胞产生毒害。

自从 1987 年 Cregg 等首次用巴斯德毕赤酵母作为宿主表达外源蛋白以来,作为一种新的高效的表达系统,毕赤酵母越来越受到人们的重视,到 1995 年,已有四十多种外源蛋白在该宿主菌中获得表达。而最近几年每年报道的在毕赤酵母中表达的外源基因就有几十种,且一年比一年多。与其他表达系统相比,毕赤酵母表达系统具有以下优势:

①含有特有的强有力的 AOX(醇氧化酶基因)启动子,用甲醇可严格地调控外源基因的表达。

②表达水平高,既可在胞内表达,又可分泌型表达。在毕赤酵母中,报道的最高表达量为破伤风毒素 C 为 12 g/L,一般大于 1 g/L。一般毕赤酵母中外源基因都带有指导分泌的信号肽序列,使表达的外源目的蛋白分泌到发酵液中,有利于分离纯化;绝大多数外源基因在毕赤酵母中的表达水平比在细菌、酿酒酵母、动物细胞中表达水平高。

③发酵工艺成熟,易放大。已经有大规模工业化高密度生产的发酵工艺,且细胞干重达 100 g/L 以上,表达重组蛋白时,已成功放大到 10 000 L。

④培养成本低,产物易分离。毕赤酵母所用发酵培养基十分廉价,一般碳源为甘油或葡萄糖及甲醇,其余为无机盐,培养基中不含蛋白,有利于下游产品分离纯化;而酿酒酵母所用诱导物一般为价格较高的半乳糖。

⑤外源蛋白基因遗传稳定。一般外源蛋白基因整合到毕赤酵母染色体上,随染色体复制而复制,不易丢失。

⑥作为真核表达系统,毕赤酵母具有真核生物的亚细胞结构,具有糖基化、脂肪酰化、蛋白磷酸化等翻译后修饰加工功能。

毕赤酵母分胞内的表达和分泌到胞外两种方式。毕赤酵母本身不分泌内源蛋白,而外源蛋白的分泌需具有引导分泌的信号序列。当然,利用外源蛋白本身的信号序列很方便,因为基因的全部编码序列可以插入表达载体的单个或多个克隆位点。但在许多实验中,毕赤酵母不能利用外源基因本身的信号序列引导分泌。而由 89 个氨基酸组成的酿酒酵母的分泌信号——α 交配因子引导序列已经成功引导了几种外源蛋白的分泌,如鼠表皮生长因子,产量达 0.45 g/L。

第四节　外源基因在酵母中表达的基本策略

酵母表达系统是在酿酒酵母质粒的发现和酵母转化技术已成熟的基础上建立起来的真核表达系统。虽然许多有应用价值的外源基因成功地在其中表达，但是每一种酵母表达系统都存在一定的局限性。因此，根据所要表达基因的特性和对表达的要求来选择一定的策略，是实现外源基因成功表达的关键。

一、提高外源基因在酵母中的表达水平

外源基因表达水平的高低决定了它能否成为产品，对于医用蛋白的表达水平，要求相对较低，但对工业用蛋白的表达水平要求较高。

提高外源基因在酵母中的表达水平，有选择强的启动子来控制外源基因的转录水平、提高外源基因在宿主的拷贝数和提高外源基因表达的因素等措施。外源基因的表达量和转录水平有很大的关系，所以选择强的启动子对提高和控制外源基因的转录水平十分重要。常用的酵母启动子主要是与糖代谢相关的启动子，如 3-磷酸甘油醛脱氢酶基因的启动子（GAP）、甘油激酶基因启动子（PGK）、酸性磷酸酶基因启动子（POH5）；以及与醇代谢相关的启动子，如醇氧化酶基因启动子（AOX，IVIOX）。

提高外源基因在宿主细胞内的拷贝数对基因表达水平有明显的影响，一般来说，拷贝高的表达量也高。提高外源基因在细胞内的拷贝数的方法之一就是利用酵母天然的内源多拷贝质粒。如酿酒酵母的 2 μm 质粒和乳酸克鲁维酵母的 pKD Ⅰ质粒，在细胞中可以达到 60~100 个拷贝以上，但是这种内源质粒连上外源基因后，在非选择性培养基会存在不稳定的现象，随着培养代数的增加，拷贝数减少，有时拷贝数会低于 10 个。

不是所有的酵母都有天然的内源多拷贝质粒，但是所有的酵母都有多拷贝重复序列，因此，这类酵母想获得多拷贝的重组子，可以利用染色体中的多拷贝重复序列进行整合而得。如大多数酵母都可以将 rDNA 序列作为整合位点，经过筛选获得拷贝数为 60~100 个以上的重组子，而且在非选择性培养基上也十分稳定。

此外，一些载体以染色体上的单拷贝的序列作为整合位点介导区，也可以筛选到稳定的多拷贝转化子。如在 Pichia pastoris 中以 pPIC9K 或 pPIC3. 5K 作为载体，以 his4 或 AOX1 作为整合介导区，在 G418 的选择压力下，可以获得拷贝数超过 100 个的重组子。

外源基因在宿主中的表达是一个综合性的问题，为了提高外源基因在宿主内的表达水平，还要考虑翻译起始区前后的 mRNA 二级结构、密码子的偏好性、发酵条件的控制等因素

对基因表达的影响。外源基因存在的 A-T 富含区容易产生一些酵母转录中断序列，如含有 TTTATA 和 ATTATTTTATAAA 序列的外源基因在 PPichia pastoris 中容易发生转录提前终止现象，无法获得完整的 mRNA；Kozak 序列不合理的 mRNA 5′端的二级结构会抑制翻译的起始；施加选择压力、优化发酵条件、提高培养细胞的密度和调节细胞的代谢负荷都能有效地提高酵母工程菌的表达量。

二、提高外源基因表达产物的质量

利用酵母表达外源基因，特别是表达药用蛋白时，要求表达的产物在分子结构上尽可能地和天然蛋白保持一样，这就是表达产物的可靠性问题，或是质量问题。随着现代化检测手段的出现，可以检测到的蛋白间细微的差异越来越多，此外人们对药物蛋白的安全性要求更高了，所以表达产物的质量是基因表达必须要考虑的问题。

影响外源基因表达产物质量的因素有很多，主要的因素有：外源基因在表达系统中的遗传稳定性；细胞内产物的加工和修饰；分泌表达产物的加工和修饰。

由于大多酵母细胞都有会对外源基因进行限制和修饰的酶，以及一些转座子系统，因此外源基因在宿主细胞中的突变不可避免地会经常发生。如果外源基因在宿主细胞内是以多拷贝的形式存在，那么单个突变不会对表达产物的质量产生太大的影响；但如果是以单拷贝的形式存在的，那么单个突变就可能会改变表达蛋白的性质。有时基因突变虽然不是发生在外源基因上，但是可能会使突变酵母具有生长优势，随后在高密度发酵中成为优势群体，导致发酵时间延长，这样不仅会影响表达量，还会反过来增加外源基因的突变频率。

酵母表达产物的加工和修饰包括 N 端的甲硫氨酸残基的去除，氨基端的乙酰化，羧端的甲基化等。酵母还具有比较强的亚基装配能力，很多人的基因表达产物都可以在酵母中得到正确的加工和修饰，但是酵母很难对人的膜蛋白进行正确的加工和修饰。

大多数药用蛋白的天然构象都是糖基化的，虽然酵母的糖基化的识别位点和很多高等真核生物一样，但是酵母容易形成过长的侧链，即所谓的过糖基化现象。

糖基化代谢工程对重组蛋白生产和寻找新型药用糖蛋白有潜在的意义，糖链影响糖蛋白的药理活性（或引起过敏反应）、生理生化特性（溶解性、稳定性、折叠和分泌）及药代动力学（半衰期、靶向性、免疫原性和抗原性），如高甘露糖存在或碳水化合物末端唾液酸化缺乏时可提高糖蛋白对血浆的清除率。

三、酵母表达系统的缺陷和初步解决方法

1.重组菌的稳定性

重组菌的稳定性包括酵母工程菌的稳定性和表达产物的可靠性两方面。工程菌的稳定

性是指工程菌在高效表达和遗传上都能保持一定的稳定性,这是工程菌发酵,特别是大规模工业发酵生产中获得稳定产量的关键因素。要保持工程菌的稳定性最重要的一点就是尽量减少传代,工程菌种经常纯化,创造良好的培养条件,采用有效的菌种保存方法。在发酵工程中进行培养基和发酵条件的优化,尽量缩短发酵时间,都可以有效提高酵母工程菌的稳定性。表达产物的可靠性主要受宿主内基因重组和突变的影响,如点突变就可能会改变表达蛋白的特性。使用一些限制修饰系统缺陷的菌株可以降低缺失和重排对外源基因的影响,提高基因在细胞中的拷贝数也可以降低基因突变对表达产物的影响,因为一个基因的突变会被大量的正常基因覆盖掉。

2.转录和翻译错误

在酵母中,许多基因特定的 A-T 富含区可作为多聚腺苷酸或转录终止信号,导致仅产生低水平或截短的 mRNA。如 TTTTATA 和 ATTATTTTATAAA 序列的基因在巴斯德毕赤酵母中容易发生转录提前终止现象。稀有密码子,尤其是稀有密码子富集区往往也是制约翻译速率的因素,甚至造成翻译错误。翻译错误一般是指由于使用酵母中稀有密码子而引起翻译中断或移位,进而导致蛋白发生改变。翻译错误不仅会影响表达蛋白的均一性和产量,也可能会导致蛋白质序列发生改变。翻译错误可通过对 DNA 序列修改来防止,通过定点突变去除成熟前终止结构域和替换稀有密码子、优化 mRNA 的二级结构,都可以提高正确的翻译产物的产量。在基因中存在大量 A-T 富含区和稀有密码子密集区时,往往需要进行全基因的优化合成。

3.表达的产物不稳定,容易被降解

采用融合表达或者分泌表达,可以降低表达产物被降解的可能性。利用液泡蛋白酶缺陷型菌株也可以降低表达产物的降解,但是酵母菌一般都含有多个蛋白酶基因,蛋白酶基因缺失过多的酵母菌株会有生长缓慢的现象。

4.分泌蛋白

酵母可以对很多表达蛋白进行分泌表达,分泌表达不仅可以提高表达水平,还可以简化表达产物的纯化步骤,同时分泌表达也是表达蛋白完成一系列加工和修饰的必需步骤,这对保证表达产物的天然活性十分重要。但是很多基因在酵母中表达还存在着分泌效率不高的问题,因此寻找更高效的分泌酵母菌株是需要进一步解决的问题。

酵母能够对分泌蛋白进行翻译后的修饰,修饰程度一般很高,但其修饰模式与高等真核生物有很大的差别。因此,要得到有活性的成熟蛋白产物,选择具有翻译后修饰能力的酵母以及合适的载体就十分重要了。大多酵母生产分泌蛋白时,能够进行糖基化并形成二硫键,而且能在信号肽的引导下进行分泌,但用 KEX2 蛋白酶除去 α-因子的前导肽序列常不够完全,导致分泌蛋白有一个过长的氨基酸末端。这样的问题可采用氨基末端间隔序列解决。在 α-因子的前导肽序列和产物之间加 1 个间隔序列,这个间隔序列可在体外或体内用特异蛋白酶或酵母天冬氨酰蛋白酶切除。

5.糖基化问题

酵母能进行N-糖基化,但主要是甘露糖型,还会发生过糖基化,而这样的糖基化会导致潜在免疫性。改变表达宿主糖基化背景能使产生的糖蛋白符合要求,但由于每种糖蛋白糖基化都不同,因而要分别测试所要表达的各种临床中使用的糖蛋白。有些酵母突变体可以产生较短的糖基化链,但是这类突变体生长不好,不利于作表达宿主。糖基化也是需要进一步解决的问题。

6.蛋白折叠问题

有些蛋白在酵母中高水平表达,如人血清白蛋白在P.pastoris中可达4 g/L,但有证据表明,一些蛋白在酵母中分泌后是错误折叠的,而且滞留在内质网(ER)腔内。许多重要的分泌蛋白和膜蛋白都是由2个或多个多肽或亚基组成的多聚体蛋白,它们都在内质网完成装配。不能折叠或错误折叠的蛋白都滞留在内质网腔内,转至细胞基质,进而被蛋白酶体降解。目前,对蛋白在酵母内质网腔内折叠和分泌中的作用还不清楚,这将是阻碍发展酵母表达的一个难题。

参考文献

[1] A K TAMEZ-CASTRELLÓN, RICARDO ROMO-LUCIO, IVÁN MARTÍNEZ-DUNCKER, et al. Generation of a synthetic binary plasmid that confers resistance to nourseothricin for genetic engineering of Sporothrix schenckii[J]. Plasmid, 2018, 100: 1-5.

[2] MOHAMMAD VATANPARAST, YONGGYUN KIM. Yeast engineering to express sex pheromone gland genes of the oriental fruit moth, Grapholita molesta[J]. Journal of Asia-Pacific Entomology, 2019, 22(3): 645-654.

[3] MINGFENG CAO, JUN FENG, SAROTE SIRISANSANEEYAKUL, et al. Genetic and metabolic engineering for microbial production of poly-γ-glutamic acid[J]. Biotechnology Advances, 2018, 36(5): 1424-1433.

[4] DOREEN FEIKE, ANDREY V KOROLEV, ELENI SOUMPOUROU, ct al. Charactcrizing standard genetic parts and establishing common principles for engineering legume and cereal roots.[J]. Plant Biotechnology Journal, 2019, 17(12): 2234-2245.

[5] BARNEY A GEDDES, PONRAJ PARAMASIVAN, AMELIE JOFFRIN, et al. Engineering transkingdom signalling in plants to control gene expression in rhizosphere bacteria.[J]. Nature Communications, 2019, 10(1): 3430.

[6] JANE KOLODINSKY, SEAN MORRIS, OREST PAZUNIAK. How Consumers Use Mandatory Genetic Engineering (GE) Labels: Evidence From Vermont[J]. Agriculture and Human Values, 2019, 36: 117-125.

[7] 谯雨，王治家，张婧，等.两株 PRRSV NSP2 不同位置缺失基因工程病毒的生物学特性分析[J].中国兽医科学，2019，49(9)：1073-1081.

[8] 李崇晖，尹俊梅.蓝色花形成的基因工程进展与育种策略[J].生物技术通报，2019(11)：160-168.

[9] 赵霞，卢曙光，王竞，等.国际基因工程机器大赛在中国[J].生物工程学报，2018，34(12)：1915-1922.

[10] 吕原野,张益豪,王博祥,等.国际基因工程机器大赛对本科生科研教育的启示[J].生物工程学报,2018,34(12):1923-1930.

[11] 王晓茹,田晓蓉,陈少欣.产表阿霉素重组波赛链霉菌的构建(英文)[J].中国医药工业杂志,2018(12):1653-1661.

[12] 孙宇辰.基因工程疫苗的研究与应用[J].生物化工,2018,4(6):152-153,158.

[13] 何越,侯增淼,李晓颖,等.重组胶原蛋白海绵的制备及性状表征[J].中国组织工程研究,2019,23(6):912-916.

[14] 乔岩,杨芳,张成,等.同源转基因作物育种技术研究进展[J].分子植物育种,2018,16(24):8061-8067.

[15] 余舒斐.转基因食品安全问题的认识与管理[J].现代食品,2018,11(21):73-75.

[16] 吴凡,李德臣,郝瑜,等.转基因技术在家蚕中的应用研究进展[J].湖北农业科学,2018,57(24):15-18.

[17] 张正岩,王志刚,崔宁波.转基因玉米技术商业化风险预判研究:24 位专家举证[J].宏观质量研究,2018,6(4):122-134.

[18] 张紫璇,韩明子,高旭,等.表达鹅 γ 干扰素重组禽痘病毒的构建及其抗病毒活性的初步研究[J].中国预防兽医学报,2018,40(12):1163-1167.

[19] 尚辰,王友华,梁成真.转基因技术让花的世界更精彩[J].生命世界,2019(2):10-11.

[20] 黄佳明,姜宁,张爱忠.基因工程菌生产抗菌肽的研究进展[J].微生物学通报,2019,46(3):654-659.

[21] 苏丽艳.分子生物学主题研论式教学模式探索:以转基因技术及其应用教学为例[J].安徽农学通报,2019,25(6):129-131.

[22] 蒋少龙,蔡俊.角蛋白酶及其应用研究进展[J].食品工业科技,2019,40(6):348-354,360.

[23] 白少堃.转基因技术在动物营养学中的应用[J].畜禽业,2019,30(2):32.

[24] 董安然,成智丽,张彤,等.鱼类转基因技术研究进展[J].江西水产科技,2018(6):17-19.

[25] 孙明宇.基因工程技术及其应用进展分析[J].科技传播,2019,11(6):145-146.

[26] 李健,韩增胜,栗坤.围绕 CDIO 人才培养模式的基因工程课程教学改革[J].教育教学论坛,2019(14):143-144.

[27] 沙淼,李亚楠,李宏铎,等.大豆转基因成分测定能力验证结果与分析[J].食品安全质量检测学报,2019,10(7):2001-2006.

[28] 赵海忠,李良华,宋忠旭,等.弓形虫基因工程疫苗研究进展[J].湖北畜牧兽医,2019,40(4):10-12.

[29] 张媛,王小艳,陈博,等.基因工程改造植物乳杆菌生产光学纯 D-乳酸[J].当代化工,2019,48(4):674-678,682.

[30] 常恺欣,林晨曦,黄小明,等.转基因食品科普信息下农林类高校大学生态度研究[J].现代食品,2019(6):193-196.

[31] 朱春玲,李梅,刘丽,等.抗菌肽基因工程表达载体的研究进展[J].中国兽医杂志,2019,55(2):80-83.

[32] 郭睿,曹春振,李娜,等.合成2,3-丁二醇的肺炎克雷伯氏菌菌株的筛选及改造[J].黑龙江大学自然科学学报,2019,36(3):313-320.

[33] 欧东昌.生物技术在农业种植中的推广应用[J].河南农业,2019(17):54-55.

[34] 胡永彬,徐礼生,孙玥,等.γ-谷氨酰转肽酶基因工程菌的研究进展[J].山东化工,2019,48(12):62-64.

[35] 黄佳明,姜宁,张爱忠.乳酸菌作为基因工程菌的研究进展[J].中国饲料,2019(13):16-20.

[36] 陈洁,徐彤.水稻育种史 中国的骄傲:以人教版“从杂交育种到基因工程”为例[J].生物学通报,2019,54(4):33-35.

[37] 李姗姗.利用 GmNH23 基因过表达转基因植物对其广谱抗病毒特性的研究[D].呼和浩特:内蒙古大学,2019.

[38] 梁真洁.H5 和 H7 亚型禽流感 ELISA 抗体检测方法的建立[D].北京:中国农业科学院,2019.

[39] Theresia Evarist Mnaranara.转基因食品的可行性与可接受性:以坦桑尼亚为例[D].大连:大连理工大学,2018.

[40] Bisma Riaz.利用基因工程途径强化小麦叶酸和花青素含量的研究[D].北京:中国农业科学院,2019.

[41] 李振.基于 Red/ET 同源重组的基因簇克隆、修饰和异源表达平台的构建与应用[D].济南:山东大学,2019.

[42] 贺雪婷,张敏华,洪解放,等.大肠杆菌丁醇耐受机制及耐受菌选育研究进展[J].中国生物工程杂志,2018,38(9):81-87.

[43] 罗韬.转基因技术的利与弊[J].科学技术创新,2018(28):158-159.

[44] 梅星星.国外转基因食品非质量安全问题监管政策分析及启示[J].世界农业,2018(10):117-123.

[45] 杜吉革,刘莹,朱真,等.产气荚膜梭菌 α 毒素 C 末端的三拷贝串联表达与免疫原性分析[J].中国畜牧兽医,2018(11):3237-3245.

[46] 张守路,饶力群,汪启明.基于 RNAi 的转基因作物研发进展[J].现代农业科技,2018

(21):3-4,6.

[47] 贺鹏,马静.应用于转基因食品检测的 PCR 技术及其进展研究[J].食品安全导刊,2018(32):74-75.

[48] JOHANNES MEISIG,NILS BLÜTHGEN. The gene regulatory network of mESC differentiation: a benchmark for reverse engineering methods[J]. Philosophical Transactions of the Royal Society B:Biological Sciences,2018,373(1750):1-9.